高职高专立体化教材 计算机系列

综合布线系统设计与施工
(第 2 版)

姜大庆　洪学银　主　编

吴中华　曹钧尧　田小飞　副主编

U0283371

清华大学出版社
北 京

内 容 简 介

本书以若干典型的网络综合布线设计与施工项目为目标,遵照国内外综合布线工程最新的技术标准,系统、完整地介绍了综合布线系统设计与施工的基本知识和技术,各知识点和技能要点按照工程的实际流程进行组织。全书共分 8 章,内容主要包括综合布线系统基础知识,网络传输介质,综合布线系统的设计、施工、测试、验收和鉴定,以及项目管理等。本书每章均配有复习自测题,供学生课后复习巩固。书中还附有实训指导,有针对性地安排上机实训的内容,使本书具有更强的实用性和实效性。

本书由多年从事计算机网络技术教学工作、富有实际网络工程经验的多位教师和工程技术人员共同编写而成,语言通俗易懂,内容丰富、翔实。

本书适合作为高职高专计算机网络及相关专业的教材,也可作为网络布线技术的培训、自学用书,同时,对于从事综合布线系统设计、施工、管理和维护的技术人员来说,也是一本很实用的技术参考书。

图书在版编目(CIP)数据

综合布线系统设计与施工/姜大庆,洪学银主编. —2 版. —北京:清华大学出版社,2017(2024.1重印)
(高职高专立体化教材计算机系列)
ISBN 978-7-302-45726-8

Ⅰ. ①综…　Ⅱ. ①姜…　②洪…　Ⅲ. ①计算机网络—布线—高等职业教育—教材　Ⅳ. ①TP393.03

中国版本图书馆 CIP 数据核字(2016)第 288779 号

责任编辑:桑任松　宋延清
封面设计:刘孝琼
版式设计:杨玉兰
责任校对:石　伟
责任印制:宋　林

出版发行:清华大学出版社
　　　　网　　址:https://www.tup.com.cn, https://www.wqxuetang.com
　　　　地　　址:北京清华大学学研大厦 A 座　　　　邮　　编:100084
　　　　社 总 机:010-83470000　　　　　　　　　邮　　购:010-62786544
　　　　投稿与读者服务:010-62776969, c-service@tup.tsinghua.edu.cn
　　　　质量反馈:010-62772015, zhiliang@tup.tsinghua.edu.cn
　　　　课件下载:https://www.tup.com.cn, 010-62791865
印 装 者:三河市龙大印装有限公司
经　　销:全国新华书店
开　　本:185mm×260mm　　　　印　张:16.5　　　　字　数:370 千字
版　　次:2011 年 1 月第 1 版　2017 年 1 月第 2 版　　印　次:2024 年 1 月第 10 次印刷
定　　价:42.00 元

产品编号:069596-02

第 2 版前言

当前的计算机网络布线主要采用综合布线系统。综合布线系统具有统一的技术标准和严格的操作规范，具有高度的灵活性，能满足各种不同用户的应用需求。随着综合布线系统在网络工程中的广泛应用，作为一名从事网络规划设计和管理的专业技术人员，必须掌握综合布线系统设计与施工的知识和技能。

"综合布线系统设计与施工"是计算机网络类专业的主干课程，通过学习本课程，读者可以系统地掌握综合布线系统设计与施工的基本知识和技能。

自 2011 年《综合布线系统设计与施工》(第 1 版)出版以来，本书被很多高校选为教材，受到了广大读者的欢迎，并提出了不少宝贵的意见和建议。为适应智能建筑及其综合布线技术的发展和高职教育课程改革的需要，我们对第 1 版进行了修订，舍弃了其中过时和不用的技术内容，增加了工程项目案例的介绍，并对部分章节的习题内容进行了充实和完善。

本书具有以下特色。

(1) 在编写思想上，以适应高职高专教学改革的需要为目标，以企业需求为导向，充分吸收国内外经典综合布线教材的优点，结合当前高职院校"校企合作、工学结合"的需要，打造立体化精品教材。

(2) 在内容安排上，充分体现先进性、科学性和实用性，尽可能选取最新、最实用的技术，并依照学生可接受知识的一般规律，通过设计详细的、可实施的项目化案例(而不仅仅是功能性的小例子)，帮助学生熟练掌握知识点。全书以 ANSI/TIA/EIA 568-B、GB 50311—2007 和 GB 50312—2007 最新的综合布线技术标准为依据，按照综合布线工程的实际流程来组织教材内容，反映了综合布线工程领域的最新技术成果。书中每一章都有知识点导读、学习目标、核心概念、本章小结、复习自测题及实训指导，能够使学生快速地掌握综合布线系统设计与施工的知识和技能。

(3) 在教材形式上，利用网络等现代化技术手段，实现立体化的教学资源共享，解决国内教材建设工作中存在的教材内容更新滞后于学科发展的状况。特别为教材创建了专门的网站，提供题库、素材、录像、CAI 电子课件、案例分析等资源，实现了教师和学生在更大范围内的教学互动，及时解决教学过程中遇到的问题。

本书由多年从事计算机网络布线技术教学工作、富有实际网络工程经验的教师和工程技术人员编写而成。作者在网络综合布线系统设计与施工课程教学改革中一直致力于与布线产品厂商的合作，先后参与了实训基地共建、指导实训教学和暑期专业实践等产学研合作活动，并根据多年的教学经验、专业实践经验及学生的认知规律精心组织教材内容，实现理论够用、侧重实践、深入浅出、循序渐进的学习效果。

全书共分 8 章，建议教学学时数为 64 课时，其中，讲授 32 课时，实训 32 课时。各章的具体内容如下。

第 1 章介绍智能建筑和综合布线系统的基本概念。

第 2 章介绍网络传输介质及相关部件的基础知识。

第 3 章介绍综合布线系统设计的标准、等级及常用的名词术语。

第 4 章介绍综合布线系统各子系统的设计要领。

第 5 章介绍综合布线系统的施工技术。

第 6 章介绍综合布线系统的测试技术。

第 7 章介绍综合布线系统工程的验收和鉴定。

第 8 章介绍综合布线系统工程的招投标与施工管理。

本教材分别由南通科技职业学院的姜大庆和齐齐哈尔职业学院的洪学银担任第一、第二主编,南通科技职业学院的吴中华、曹钧尧、田小飞担任副主编,齐齐哈尔职业学院的李亚娟也参与了编写。

各章编写情况为:第 1、6 章由姜大庆编写;第 3 章由洪学银编写,第 2、8 章由曹钧尧编写,第 4 章由李亚娟编写,第 5、7 章由吴中华编写,中国工商银行内蒙古分行信息科技部的田小飞参加了教材部分内容的编写。全书由姜大庆负责统稿。

在编写过程中,编者与布线产品厂商合作,参考了大量的综合布线产品的相关资料。南通博睿计算机网络有限公司的黄虎总经理、南通天和电脑有限公司的颜峻总经理、美国 Fluke 网络公司上海办事处的王福兵先生在本书编写过程中自始至终给予了关怀与支持,他们为本书提供了大量的布线产品样品、布线测试仪器资料和综合布线工程案例,并对本书的编写提出了宝贵建议。

此外,南通天和电脑有限公司委派何咸军工程师审阅了本书书稿,从技术标准、工程规范等方面对全书内容进行了审查,确保本书内容与工程实际相吻合,在此一并表示衷心的感谢!由于企业的参与,也使本教材成为"校企合作、工学结合"教学模式改革的又一成果。

鉴于计算机网络技术发展迅速,加上编者水平有限,书中难免存在疏漏和不足之处,希望读者不吝指正。

编　者

第1版前言

当前的计算机网络布线主要采用综合布线系统。综合布线系统具有统一的技术标准和严格的操作规范，具有高度的灵活性，能满足各种不同用户的应用需求。随着综合布线系统在网络工程中的广泛应用，作为一名从事网络规划设计和管理的专业技术人员，必须掌握综合布线系统设计与施工的知识和技能。"综合布线系统设计与施工"是计算机网络类专业的主干课程，通过学习本课程，读者可以系统地掌握综合布线系统设计与施工的基本知识和技能。

本书具有以下特色。

(1) 在编写思想上，以适应高职高专教学改革的需要为目标，以企业需求为导向，充分吸收国内外经典综合布线教材的优点，结合当前高职院校"校企合作、工学结合"的需要，打造立体化精品教材。

(2) 在内容安排上，充分体现先进性、科学性和实用性，尽可能选取最新、最实用的技术，并依照学生可接受知识的一般规律，通过设计详细的可实施的项目化案例(而不仅仅是功能性的小例子)，帮助学生熟练掌握知识点。全书以 ANSI/TIA/EIA 568-B、GB 50311—2007 和 GB 50312—2007 最新的综合布线技术标准为依据，按照综合布线工程的实际流程来组织教材内容，反映了综合布线工程领域的最新技术和成果。书中每一章都有知识点导读、学习目标、核心概念、本章小结、复习自测题及实训指导，能够使学生快速地掌握综合布线系统设计与施工的知识和技能。

(3) 在教材形式上，利用网络等现代化技术手段实现立体化的教学资源共享，解决国内教材建设工作中存在的教材内容更新滞后于学科发展的状况。特别为教材创建了专门的网站，提供题库、素材、录像、CAI 电子课件、案例分析等资源，实现了教师和学生在更大范围内的教学互动，及时解决教学过程中遇到的问题。

本书由多年从事计算机网络布线技术教学工作、富有实际网络工程经验的教师和工程技术人员编写而成。作者在网络综合布线系统设计与施工课程教学改革中，一直致力于与布线产品厂商的合作，先后参与了实训基地共建、指导实训教学和暑期专业实践等产学研合作活动，并根据多年的教学经验、专业实践经验及学生的认知规律精心组织教材内容，达到理论够用、侧重实践、深入浅出、循序渐进的教学效果。

全书共分 8 章，建议教学学时数为 64 课时，其中讲授 32 课时，实训 32 课时。各章具体内容如下。

第 1 章介绍智能建筑和综合布线系统的基本概念。

第 2 章介绍网络传输介质及相关部件的基础知识。

第 3 章介绍综合布线系统设计的标准、等级及常用的名词术语。

第 4 章介绍综合布线系统各子系统的设计要领。

第 5 章介绍综合布线系统的施工技术。

第 6 章介绍综合布线系统的测试技术。

第 7 章介绍综合布线系统工程的验收和鉴定。

第 8 章介绍综合布线系统工程的招投标与施工管理。

本教材分别由南通农业职业技术学院的姜大庆和齐齐哈尔职业学院的洪学银担任第一、第二主编，南通农业职业技术学院的曹钧尧、吴中华、田小飞担任副主编，齐齐哈尔职业学院的李亚娟也参与了本书的编写。

各章编写情况为：第 1、6 章由姜大庆编写；第 3 章由洪学银编写，第 2、8 章由曹钧尧编写，第 4 章由李亚娟编写，第 5、7 章由吴中华编写，中国工商银行内蒙古分行信息科技部的田小飞参加了教材部分内容的编写。全书由姜大庆负责统稿。

在编写过程中，作者与布线产品厂商合作，参考了大量的综合布线产品的相关资料。南通天和电脑有限公司的颜峻总经理、美国 Fluke 网络公司上海办事处的王福兵先生在本书编写过程中自始至终给予了关怀与支持，他们为本书提供了大量的布线产品样品、布线测试仪器资料和综合布线工程案例，并对本书的编写提出了宝贵的建议。此外，南通天和电脑有限公司委派何咸军工程师审阅了本书书稿，从技术标准、工程规范等方面对全书内容进行了审查，确保本书内容与工程实际相吻合，在此一并表示衷心的感谢！由于企业的参与，也使本教材成为"校企合作、工学结合"教学模式改革的又一成果。

鉴于计算机网络技术发展迅速，加上编者水平有限，书中难免存在疏漏和不足之处，希望读者不吝指正。

编　者

目　　录

高职高专立体化教材 计算机系列

第1章 综合布线系统概述

综合布线系统是为适应综合业务数字网(ISDN)的需求而发展起来的一种特别设计的布线方式，它为智能建筑的各种应用子系统提供了可靠的传输通道。

综合布线系统的设计与施工是一项系统工程。要掌握综合布线技术，首先应掌握综合布线系统的结构及相关的技术规范。本章主要介绍智能建筑的概念，综合布线系统的发展、特点、技术标准及其结构组成。

通过本章的学习，学生将能够：

● 了解智能建筑的基本知识。

● 了解综合布线系统的发展及其主要特点。

● 了解综合布线系统的主要技术标准。

● 熟悉综合布线系统的结构和组成。

本章的核心概念： 智能建筑、综合布线系统、技术标准。

1.1 智 能 建 筑

智能建筑或智能大厦是信息时代的必然产物，它以建筑物为平台，兼备信息设施系统、信息化应用系统、建筑设备管理系统、公共安全系统等，集结构、系统、服务、管理及其优化组合为一体，向人们提供安全、高效、便捷、节能、环保、健康的建筑环境。随着全球社会信息化与经济国际化的深入发展，智能建筑已成为各国经济及技术等综合实力的具体象征，也是各大跨国企业集团的形象标志。

1.1.1 智能建筑的产生和发展

智能建筑起源于美国。20 世纪 50 年代，美国的跨国公司为了增强和提高建筑物的使用功能和服务水平，首先提出了楼宇自动化的要求，在建筑物内安装各种仪表、控制装置和信号显示设备，实现大楼的集中控制和监视，以便于运行操作和维护管理。

20 世纪 80 年代以后，随着科学技术的不断发展，大型建筑的服务功能不断增强，尤其是计算机技术、通信技术、控制技术以及图形显示技术的相互融合和发展，使得大厦的智能化程度越来越强，满足了现代化办公的多方面需求。1984 年 1 月，由美国联合技术公司(UTC)在美国康涅狄格州哈特福德市，对一幢旧金融建筑进行了改建，改建后的大厦称为都市大厦。在这幢大厦内添置了计算机、数字程控交换机等先进的办公设备以及高速通信等基础设施。大楼的客户不必购置设备，便可获得语音通信、文字处理、电子邮件收发、情报资料检索等服务。此外，大楼内的给排水、消防、保安、供配电、照明、交通等系统均由计算机控制，实现了自动化综合管理，使用户感到更加舒适、方便和安全，这引起了世人对智能建筑的关注，"智能建筑"这一名词也就应运而生了。

随后，智能建筑在世界各地蓬勃兴起，其中以欧美、日本兴建得最多，先后出现了一批智能化程度不同的智能大厦。

美国自20世纪90年代以后，新建和改建的办公大楼约有70%为智能化大厦；日本则制定了从智能设备、智能家庭、智能建筑到智能城市的发展计划，自1984年以后，在许多大城市建设了"智能化街区"、"智能化楼群"，新建的建筑中，有80%以上为智能化建筑；新加坡政府为推广智能建筑，拨巨资进行专项研究，计划将新加坡建成"智能城市花园"。其他国家如法国、瑞典、英国、泰国等，也不断兴建智能建筑。

20世纪80年代后期，智能建筑概念开始引入中国。中国香港的智能建筑发展较早，相继出现了汇丰银行大厦、立法会大厦、中银大厦等一批智能化程度较高的智能建筑。1986年，智能建筑被列为国家"七五"重点科技攻关项目，开始进行可行性研究，该项目于1991年通过鉴定。1992年，中国进入了智能大厦的高速发展阶段，其发展速度和规模在世界上绝无仅有。近几年，在国内建造的很多建筑已打出"智能建筑"的牌子，如北京的京广中心和中华大厦，上海的博物馆、金茂大厦和浦东上海证券交易大厦，广东的国际大厦，深圳的深房广场等，开创了国内智能建筑的先河。目前，全国已有上千幢智能大厦。

智能建筑已成为当代建筑业和电子信息业共同谋求的发展方向。目前，世界各国政府和各大跨国企业集团均对智能建筑给予了极大的关注，各国政府也制定了种种法规、政策及工程技术标准以促进其迅速发展。

我国为了实现智能大厦的规范化建设，于1995年由中国工程建设标准化协会通信工程委员会发布了《建筑与建筑群综合布线系统工程设计规范》，建设部在1997年颁布了《建筑智能化系统工程设计管理暂行规定》，在1998年10月又颁布了《建筑智能化系统工程设计和系统集成专项资质管理暂行办法》，2003年发布了《智能建筑工程质量验收规范》(GB 50339—2003)，2006年又发布了《智能建筑标准》(GB/T 50314—2006)等，相关的技术标准也不断地发布和修订。这些标准促进了我国智能建筑的建设在规范化的轨道上发展。

1.1.2　智能建筑的概念

智能建筑是社会信息化与经济国际化的必然产物，具有多学科交叉、多技术系统综合集成的特点。由于智能建筑发展历史较短、发展速度较快，所以目前尚无统一的确切概念。

美国智能化学会对智能建筑下的定义是：智能建筑是将结构、系统、服务、管理进行优化组合，获得高效率、高功能与高舒适性的大楼，从而为人们提供一个高效和具有经济效益的工作环境。日本建筑杂志载文提出：智能建筑就是高功能的大楼，即建筑环境必须适应智能建筑的要求，可以方便、有效地利用现代通信设备，并采用楼宇自动化技术，具有高度综合的管理功能。我国业内人士一般认为：智能建筑是指利用系统集成方法，将计算机技术、通信技术、控制技术与建筑艺术有机结合，通过对设备的自动监控，对信息资源的管理和对使用者的信息服务及与建筑的优化组合，所获得的投资合理、适合信息社会要求，具有安全、高效、舒适、便利和灵活等特点的建筑物。由此可见，智能建筑是多学科、跨行业的系统工程。

随着信息技术的不断发展，通信技术、网络应用的普及，建筑物内的所有公共设施将都可以采用"智能"系统，从根本上提高大楼的综合智能化。

智能系统的主要设备通常是放置在智能化建筑内的系统集成中心(System Integrated Center，SIC)。它通过建筑物内的综合布线系统(Generic Cabling System，GCS)与各种终端设备，如通信终端(电话机、计算机等)和传感器(烟雾、压力、温度、湿度等)连接，实现"感知"建筑内各个空间的"信息"，并通过计算机处理，给出相应的对策，再通过通信终端或控制终端(如步进电机、各种阀门、电子锁、开关等)产生相应的反应，使大楼具有"智能"。这样一来，建筑物的使用者和管理者就可以对大楼的供配电、空调、给排水、照明、消防、保安、交通、数据通信等全套设施都能实施按需服务控制，大楼的管理和使用效率将大大提高，而能耗的开销也将降低。智能化建筑通常具有四大主要特征：即楼宇自动化(Building Automation，BA)、通信自动化(Communication Automation，CA)、办公自动化(Office Automation，OA)和布线综合化(Cabling Generalization，CG)。前三化就是所谓的"3A"(智能建筑)。智能建筑的结构示意图如图 1-1 所示。

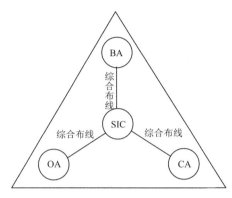

图 1-1 智能建筑的结构示意图

由图 1-1 可知，智能建筑是由智能化建筑环境内的系统集成中心利用综合布线连接并控制"3A"系统所组成的。

1.1.3 智能建筑的组成和功能

智能建筑由系统集成中心(SIC)、综合布线系统(GCS)、办公自动化系统(OAS)、通信自动化系统(CAS)、楼宇自动化系统(BAS)五大部分组成，其系统组成和功能如图 1-2 所示。

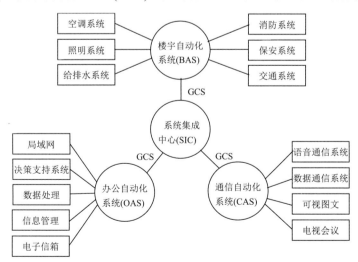

图 1-2 智能建筑的系统组成和功能

1．系统集成中心

系统集成中心(SIC)是以计算机为主体的智能大厦的最高层控制中心，它通过综合布线系统，将各子系统连接为一体，对整个大厦实施统一管理和监控，同时，为各子系统之间建立起一个标准信息交换平台。

为了实现不同系统的互连互通，SIC应满足下列要求。

(1) 接口界面要标准化、规范化，以实现各个子系统之间的信息交换及通信。

(2) 对整个建筑物系统实施统一管理和控制。

(3) 对建筑物内各个子系统的信息进行实时处理，并且要具有很强的信息处理及信息通信能力。

2．综合布线系统

综合布线系统(GCS)是由线缆及相关连接硬件组成的信息传输通道，可以传输数据、语音、影像和图文等多种信息。它是智能建筑中连接"3A"系统各类信息设备的基础设施，采用积木式结构、模块化设计、统一的技术标准，完全能满足智能建筑信息的传输要求。

3．办公自动化系统

办公自动化系统(OAS)是把计算机技术、通信技术、系统科学及行为科学，应用于传统的数据处理技术难以处理的、数据庞大且结构不明确的业务上。它以计算机为中心，采用传真机、复印机、打印机、电子邮件等一系列现代办公及通信设施，全面而广泛地收集、整理、加工、使用信息，为科学管理和科学决策提供服务。

从办公自动化系统的业务性质来看，主要有以下三项任务。

(1) 电子数据处理(EDP)。主要处理办公中大量繁琐的事务性工作，如发送通知、打印文件、汇总表格、组织会议等。将上述繁琐的事务交给计算机来完成，以达到提高工作效率、节省人力的目的。

(2) 管理信息系统(MIS)。主要对信息流进行控制管理，一般是把各种独立的信息经过信息交换和资源共享等方式，相互联系起来，以获得准确、快捷、及时、优质的功效。其基本功能包括文档资料管理、数据分析、电子邮件和电子数据交换等。

(3) 实现决策支持系统(DSS)。决策是根据预定目标做出的决定，是高层次的管理工作。决策过程包括提出问题、搜集资料、拟订方案、分析评价、最后决策等一系列活动。OA系统能自动地分析、采集信息、提供各种优化方案，帮助决策者做出正确、明智的决定。

4．通信自动化系统

通信自动化系统(CAS)能实现智能建筑内各种图像、文字、语音及信息等数据的高速通信。而且，它可以同时与外部通信网相连，交流信息。

通信自动化系统一般包含下列子系统：

- 电话系统。
- 传真系统。
- 会议电视和会议电话系统。
- 闭路电视系统。
- 可视图文系统。

- 电子邮件信箱系统。
- 数据传输系统。
- 计算机局域网络。
- 卫星通信系统。

通信传输线路目前有两大类：有线线路和无线线路。在无线传输线路中，除微波、红外线外，主要是利用通信卫星。但是，由于无线传输存在着抗干扰能力差、信息传输能力弱、保密性差等难以克服的缺点，目前，主要是作为辅助和备份传输线路使用，不适合在智能建筑中大量使用。所以，目前在智能建筑中主要采用有线传输。当然，对于部分确实有需求的写字楼，可以在用户工作区里采用无线局域网络(WLAN)，以提高灵活性。

5．楼宇自动化系统

楼宇自动化系统(BAS)是利用现代自动化技术对建筑物内的环境及设备运转情况进行实时监控和管理，从而在楼宇内形成安全、健康、舒适、高效的生活环境和工作环境，并能保证系统运行的经济性和管理的智能化。按设备的功能、作用及管理模式，该系统可分为下列子系统：

- 火灾报警与消防联动控制系统。
- 空调及通风监控系统。
- 照明监控系统。
- 安防系统。
- 给排水监控系统。
- 交通监控系统。

楼宇自动化系统连续不断地对建筑物内的各种机电设备运行情况进行监控，采集各处的现场数据加以处理，并按照程序和管理指令自动进行控制。因此，采用了楼宇自动化系统后，有如下几个优点。

(1) 可以集中统一地进行监控和管理，既可节省大量人力，又可提高管理水平。

(2) 可以建立完整的设备运行档案，加强设备管理，确保建筑物设备的安全运行。

(3) 可以实时监测电力用量、最优开关运行和工作循环最优运行等多种能量监管指标，实现节约能源，提高经济效益的目的。

综上所述，智能建筑实质上是利用电子信息系统集成技术，将楼宇自动化、通信自动化、办公自动化和建筑艺术有机结合起来的一种适合现代信息化社会综合要求的建筑物，综合布线系统正是实现这种结合的有机载体。

1.1.4 智能建筑与综合布线的关系

由于智能建筑是集通信技术、计算机技术、控制技术和建筑技术等多种高新科技之大成者，所以智能建筑工程项目内容极为广泛。作为智能建筑中的神经系统——综合布线系统，是智能建筑的关键部分和基础设施之一，它与建筑工程的规划设计、施工安装和维护使用都有着极为密切的关系，主要表现在以下几个方面。

(1) 综合布线系统是衡量智能化建筑的智能化程度的重要标志。在衡量智能建筑的智能化程度时，既不是看建筑物的体积和外观，也不是看内部装修好坏和设备是否配备齐全，主要是看综合布线系统的配线能力。如设备配置是否经济合理、技术功能是否完善、网络分布是否合理、工程质量是否优良等。这些都是决定智能建筑的智能化程度高低的因素，因为智能化建筑能否为用户更好地服务，综合布线系统具有决定性的作用。

(2) 综合布线系统使智能化建筑充分发挥智能化效能，它是智能化建筑中必备的基础设施。综合布线系统把智能建筑内的通信、计算机和各种设施及设备相互连接，形成完整配套的整体，以实现高度智能化的要求。由于综合布线系统能适应各种设施当前的需要和今后的发展，具有兼容性、可靠性、灵活性和管理科学性等特点，所以它是智能建筑能够保证高效优质服务的基础设施之一。在智能建筑中，假如没有综合布线系统，各种设施和设备因无信息传输介质而无法正常运行，智能化也就难以实现。

(3) 综合布线系统能适应今后智能化建筑和各种科学技术发展的需要。建筑工程是百年大计，房屋的使用寿命一般较长，大都在几十年以上。因此，目前在规划和设计新的建筑时，应考虑如何适应今后发展的需要。由于综合布线系统具有很高的适应性和灵活性，能在今后相当长的时期满足客观发展需要，因此，对于新建的高层或重要的智能化建筑，应根据建筑物的使用性质和今后发展等各种因素，积极采用综合布线系统；对于近期不拟设置综合布线系统的建筑，应在工程中考虑今后设置布线系统的可能性，在主要通道或路由等关键部位，适当预留房间、洞孔和线槽，以便今后安装综合布线系统，避免打洞穿孔或拆卸地板及吊顶装置等。

总之，综合布线系统分布于智能化建筑中，必然会有相互融合的需要，同时，又可能发生彼此矛盾的问题。因此，在综合布线系统的规划、设计、施工和使用等各个环节，都应与负责建筑工程的有关单位密切联系、协调配合，采取妥善合理的方式来处理，以满足各方面的要求。

1.2 综合布线系统概述

如前所述，智能建筑的重要组成部分是综合布线系统，它是由通信电缆、光缆、各种软电缆及有关连接硬件构成的通用布线系统，能支持多种应用系统。它既能使语音、数据、图像设备和交换设备与其他信息管理系统彼此相连，又能使这些设备与外部通信网相连接。

综合布线由不同系列和规格的部件组成，其中包括传输介质、相关连接硬件(如配线架、连接器、插座、插头、适配器等)以及电气保护设备等。这些部件可用来构建各种子系统，它们都有各自的具体用途，不仅易于实施，而且能随需求的变化而平稳升级。

一个设计良好的综合布线系统对其服务的设备应具有一定的独立性，并能互连许多不同应用系统的设备，如模拟式或数字式的语音交换机，也应能支持图像等设备，如电视会议、监控电视。

目前，在商用建筑布线工程的实施上，往往遵循结构化布线系统(Structured Cabling System，SCS)标准。结构化布线系统是仅限于电话和计算机网络的布线，它的产生是随着电信技术的发展而出现的。当建筑物内的电话线和数据线缆越来越多时，人们需要建立一套完善可靠的布线系统，以对成千上万的线缆进行端接和集中管理。

结构化布线系统的代表产品称为建筑与建筑群综合布线系统(Premises Distribution

System，PDS)，通常所说的综合布线系统就是指结构化布线系统。

1.2.1 综合布线系统的发展过程

综合布线系统的发展与楼宇自动化系统密切相关。

早在 20 世纪 50 年代初期，一些发达国家就在高层建筑中采用电子器件组成控制系统，把各种仪表、信号灯以及操作按键通过各种线路接到分散在现场各处的机电设备上，用来集中监控设备的运行情况，并对各种机电系统实现手动或自动控制。由于电子器件较多，且线路又多又长，因而控制点数目受到很大的限制。

随着微电子技术的发展，以及建筑物功能的日益复杂化，到了 20 世纪 60 年代末，开始出现数字式自动化系统。

20 世纪 70 年代，楼宇自动化系统迅速发展，开始采用专用计算机系统进行管理、控制和显示。

20 世纪 80 年代中期，伴随着超大规模集成电路技术和信息技术的发展，出现了智能化建筑物。

1984 年，首座智能建筑在美国出现后，传统布线的不足就日益暴露出来，如电话电缆、有线电视线缆、计算机网络线缆等，都是由不同的厂商各自设计和安装，采用不同的线缆及终端插座，各个系统互相独立。由于各个系统的终端插座、终端插头、配线架等设备都无法兼容，所以，当设备需要移动或因技术发展而需要更换设备时，就必须重新布线。这样，既增加了资金的投入，也使得建筑物内线缆杂乱无章，增加了管理和维护的难度。

随着全球社会信息化与经济国际化的深入发展，人们对信息共享的需求日趋迫切，这就需要一个适合信息时代的布线方案。

美国电话电报公司(AT&T)的贝尔实验室的专家们经过多年的研究，在该公司的办公楼和工厂试验成功的基础上，于 20 世纪 80 年代末期，在美国率先推出了结构化布线系统(Structured Cabling System，SCS)，其代表产品是 SYSTIMAX Premises Distribution System (SYSTIMAX PDS)。该系统在我国国家标准 GB/T 50311—2000 中，命名为综合布线系统 GCS(Generic Cabling System)。

近年来，随着我国经济的高速发展和国力日渐强盛，各种高层建筑和现代化的公共建筑不断涌现，尤其是作为信息社会象征之一的智能建筑，备受用户关注。为了满足客户的需要，适应通信、计算机及有关技术(如控制技术和图形显示技术)相互融合的发展趋势，加快通信网数字化、智能化、自动化和综合化的进程，要求在现代化建筑中广泛采用综合布线系统。

综合布线系统已成为我国现代化建筑工程中的热门课题，也是建筑工程和通信工程设计及施工中相互结合的一项十分重要的内容。

1.2.2 综合布线与传统布线的比较

综合布线是在传统布线的基础上发展起来的一种新技术，与传统布线相比，在兼容性、开放性、灵活性、可靠性、先进性和经济性等方面具有明显的优越性，是目前国内外公认的技术先进、服务质量优良的布线系统，正被广泛地推广使用。

1．兼容性

综合布线的首要特点是它的兼容性，即可以适用于多种应用系统。在传统布线中，为一幢大楼或一个建筑群内的语音或数据线路布线时，往往是采取不同型号、不同厂家生产的电缆线、配线插座以及接头等。例如，程控交换系统通常采用4芯双绞线，计算机网络系统通常采用8芯双绞线。这些不同的设备使用不同的配线材料，而连接这些不同配线的接头、插座及端子板也彼此互不相同、互不相容。一旦需要改变终端机或电话机位置时，就必须敷设新的线缆，以及安装新的插座和接头。

综合布线将语音、数据与监控设备的信号线经过统一的规划和设计，采用相同的传输介质、信息插座、交连设备、适配器等，把这些不同信号综合到一套标准的布线中。在使用时，用户可不定义某个工作区的信息插座的具体应用，只把某种终端设备(如个人计算机、电话、视频设备等)插入这个信息插座，然后在管理间和设备间的交连设备上做相应的接线操作，这个终端设备就被接入各自的系统中了。由此可见，综合布线与传统布线相比，具有很强的兼容性。

2．开放性

对于传统的布线方式，只要用户选定了某种设备，也就选定了与之相适应的布线方式和传输介质。如果更换另一种设备，那么，原来的布线就要全部更换。可以想象，对于一个已经完工的建筑物，这种变化是十分困难的，要增加很多投资。

综合布线由于采用开放式体系结构，符合多种国际上现行的标准，因此，它几乎对所有著名厂商的产品都是开放的，如计算机设备、交换机设备等；并支持所有通信协议，如802.3、ATM等。

3．灵活性

传统的布线方式是封闭的，其体系结构是固定的，若要迁移设备或增加设备，是相当困难的，甚至是不可能的。

综合布线系统中，由于所有信息系统均采用相同的传输介质和物理星型拓扑结构，因此，所有信息通道都是通用的。每条信息通道可支持电话、传真和多用户终端。以太网、令牌环工作站(采用超5类、6类连接方案，可支持千兆以太网等应用)所有设备的开通及更改均不需要改变布线，只须增减相应的应用设备以及在配线架上进行必要的跳线管理即可。另外，组网也可灵活多样，甚至在同一房间中，用户终端、以太网工作站、令牌环工作站可以并存，为用户组织信息流提供了必要条件。

4．可靠性

传统的布线方式由于各个应用系统互不兼容，因而，在一个建筑物中往往要有多种布线方案。因此，建筑系统的可靠性要由所选用的布线可靠性来保证，当各个系统布线不当时，会造成交叉干扰。

综合布线采用高品质的材料和组合压接的方式，构成一套高标准的信息传输通道。相关线缆和连接件均通过ISO认证，每条通道都要采用专用仪器测试链路阻抗及衰减，以保证其具有可靠的电气性能。应用系统布线全部采用点到点端接，任何一条链路的故障均不影响其他链路的运行，这就为链路的运行维护及故障检修提供了方便，从而保障了应用系统的可靠运行。此外，由于各应用系统采用相同的传输介质，因而可互为备用。

5. 先进性

综合布线系统通常采用光纤与双绞线相结合和星型结构的物理布线方式，这种方式十分合理地构成了一套完整的布线系统。系统各部分都采用高质量材料和标准化部件，并在安装施工过程中经过了严格的检查和测试，从而保证了整个系统在技术性能上优良可靠，完全可以满足目前和今后的通信需求。

6. 经济性

综合布线系统将分散的专业布线系统综合到标准化的信息网络系统中，减少了布线系统的线缆品种和设备数量，简化了信息网络结构，统一了日常维护管理，大大减少了维护工作量，节约了维护管理费用。因此，采用综合布线系统，虽然初次投资较多(占整个建筑的 3%～5%)，但从总体上看，符合技术先进、经济合理的要求。

1.2.3 综合布线的技术标准

综合布线系统是一个复杂的系统，它包括各种线缆、插接件、转接设备等多种设备，还包括多项技术实现手段。提供综合布线系统设备的厂家很多，各家产品特点不同，设计思想与理念也不同。要想使各家产品互相兼容，使综合布线系统更具有开放性，集成度更高，更便于使用和管理，就必须制定出一系列的标准或规范。

目前，已经出台了有关综合布线系统的多种国际、国家及行业标准。

1. 美国标准

美国国家标准协会(ANSI)电信工业协会(TIA)/电子工业协会(EIA)于 1991 年制定了 TIA/EIA 568 民用建筑线缆标准。经过改进，于 1995 年 10 月正式修订为 ANSI/TIA/EIA 568-A 商业建筑物电信综合布线标准。此后，随着通信应用领域的技术进步，该标准经过不断演变和修改，于 2002 年 6 月，出台了 TIA/EIA 568-B 标准，2008 年 10 月又出台了最新的 TIA/EIA 568-C 系列标准，并逐步替代 TIA/EIA 568-B 标准。

此外，常用的美国国家标准还有以下几个。

- ANSI/TIA/EIA 569-A：商业建筑物电信布线路径及空间距标准。
- ANSI/TIA/EIA 570-A：住宅电信布线标准。
- ANSI/TIA/EIA TSB-67：非屏蔽双绞线布线系统传输性能现场测试规范。
- ANSI/TIA/EIA TSB-72：集中式光缆布线准则。
- ANSI/TIA/EIA TSB-75：大开间办公环境的附加水平布线惯例。

2. 欧洲标准

英国、法国、德国等国于 1995 年 7 月联合制定了 EN 50173 一般电缆连接系统标准，供欧洲一些国家使用。

各国制定的标准有所侧重，美国标准没有提及电磁干扰方面的内容，国际布线标准提及一部分但不全面，而欧洲标准更强调电磁兼容性，提出通过线缆屏蔽层，使线缆内部的双绞线对在高带宽传输的条件下，具备更强的抗干扰能力和防辐射能力。因此，美国标准要求使用非屏蔽双绞线及相关连接器件，而欧洲标准则要求使用屏蔽双绞线及相关连接器件。

3．国际标准

国际标准化组织/国际电工技术委员会(ISO/IEC)从 1988 年开始，在美国国家标准协会制定的有关综合布线标准基础上进行修改，于 1995 年 7 月正式公布了《ISO/IEC 11801：1995(E)信息技术—用户建筑物综合布线》，作为国际标准，供各个国家使用。

4．国内标准

我国也参照 ANSI/TIA/EIA 的现行标准及修订中的草案，对建筑物综合布线系统先后制定和颁布了有关的国家标准，这些标准主要包括以下几个：

- 建筑与建筑群综合布线系统工程设计规范(GB/T 50311—2000)。
- 建筑与建筑群综合布线系统工程验收规范(GB/T 50312—2000)。
- 智能建筑设计标准(GB/T 50314—2000)。
- 大楼通信综合布线系统第一部分：总规范(YD/T 926.1—2001)。
- 大楼通信综合布线系统第二部分：综合布线系统用电缆光缆技术要求(YD/T 926.2—2001)。
- 大楼通信综合布线系统第三部分：综合布线系统用连接硬件技术要求(YD/T 926.3—2001)。

2007 年 10 月，我国正式颁布了《综合布线系统工程设计规范》(GB 50311—2007)和《综合布线系统工程验收规范》(GB 50312—2007)国家标准。该标准是依据中国具体的实际情况，结合国际上的相关标准、与之相关的其他国家标准以及技术发展的动态，提出的一份既有继承性，又有现实指导价值，还有着一定的超前意识的标准，它标志着我国综合布线标准又跨上了一个新的台阶，使得综合布线行业的产品、设计、施工和验收更为规范。这两个国家标准是目前我国智能建筑综合布线领域的现行标准，也是本教材编写的主要依据。

从 2008 年开始，中国工程建设标准化协会信息通信专业委员会综合布线工作组又连续发布了下列技术白皮书，以满足综合布线技术的快速发展和市场需求。

- 综合布线系统管理与运行维护技术白皮书：2009 年 6 月发布。
- 数据中心布线系统工程应用技术白皮书(第二版)：2010 年 10 月发布。
- 屏蔽布线系统设计与施工检测技术白皮书：2009 年 6 月发布。
- 光纤配线系统设计与施工技术白皮书：2008 年 10 月发布。

2010 年又启动了对上述白皮书的修订工作，准备上报为国家标准，以满足技术发展和行业规范的需要。

1.3 综合布线系统的结构和组成

综合布线系统是一种开放结构的布线系统，一般采用星型拓扑结构。该结构下的每个分支子系统都是相对独立的单元，对每个分支子系统的改动都不影响其他子系统，只要改变节点连接方式，就可使用综合布线在星型、总线型、环型、树型等结构之间进行转换。

各种综合布线系统标准对综合布线系统的组成划分具有明显的差别。美国标准把综合布线系统划分为 6 个独立的子系统，国际标准将其划分为 3 个子系统和工作区布线，而我国国家标准《综合布线系统工程设计规范》(GB 50311—2007)则建议综合布线系统工程按照 7 个子系统进行设计。

1.3.1 北美标准

根据 ANSI/TIA/EIA 制定的商用建筑布线标准，即 TIA/EIA 568-B 和 TIA/EIA 569 以及其他相关标准，综合布线系统主要针对电话、传真、计算机网络，即语音和数据应用，未来还将包括电视会议、图文传真、语音邮件、卫星通信等通信技术。

综合布线采用模块化的结构，按每个模块的作用，可把它划分成以下 6 个子系统。

- 工作区子系统。
- 水平干线子系统。
- 垂直干线子系统。
- 管理间子系统。
- 设备间子系统。
- 建筑群子系统。

图 1-3 所示为综合布线系统组成结构示意图。

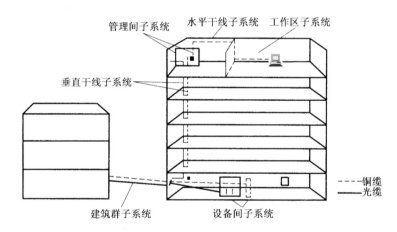

图 1-3 综合布线系统组成结构示意图

从图 1-3 中可以看出，各个子系统相互独立，可以单独设计、单独施工，更改其中任何一个子系统，均不会影响其他子系统。下面简要介绍这 6 个子系统。

1. 工作区子系统

工作区子系统由信息插座及终端设备连接到信息插座的连线(或接插软线)组成，如图 1-4 所示。

工作区子系统常见的接入终端设备有计算机、电话机、传真机、电视机等。因此，工作区也对应地配备计算机网络插座、电话语音插座、CATV 电视插座等，并配置相应的连接线缆，如 RJ45-RJ45 连接线缆、RJ11-RJ11 电话线、有线电视电缆。

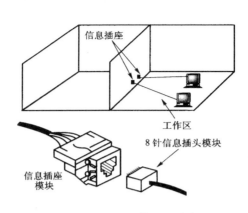

图 1-4　工作区子系统

　　值得注意的是，在进行终端设备和信息插座连接时，可能需要某种电气转换装置，例如转换接头，可使不同尺寸和类型的插头与信息插座相匹配，提供引线的重新排列，允许多对线缆分成较少的几对，并使终端设备与信息插座相连接。但是，在国际标准《ISO/IEC 11801：1995(E)信息技术—用户建筑物综合布线》中规定，这些电气转换装置不属于工作区的一部分。

2．水平干线子系统

　　水平干线子系统是将工作区的信息插座与楼层管理区的管理器件相连的线缆，如图 1-5 所示。

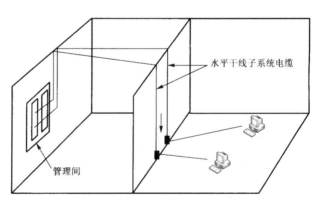

图 1-5　水平干线子系统

　　水平干线子系统与垂直干线子系统的区别在于：水平干线子系统中的水平电缆一般是处在同一楼层上，线缆一端接在配线间的配线架上，另一端接在信息插座上。在建筑物内，垂直干线子系统总是位于垂直的弱电井中，并采用大对数电缆或光缆，而水平干线子系统多为 4 对屏蔽或非屏蔽双绞线电缆。这些双绞线电缆能支持大多数终端设备。在需要高带宽应用时，水平干线子系统也可以采用光缆，构建一个光纤到桌面的传输系统。

　　当水平干线子系统的服务面积较大时，在这个区域可设置二级交接间。这种情况的水平线缆一端接在楼层配线间的配线架上，另一端还要通过二级交接间的配线架连接后，再端接到信息插座上。

3．垂直干线子系统

垂直干线子系统由设备间和楼层配线间之间的连接线缆组成，安装在建筑物的弱电竖井内，采用大对数电缆或光缆，两端分别端接在设备间和楼层配线间的配线架上，如图1-6所示。垂直干线电缆的规格和数量由每个楼层所连接的终端设备类型及数量决定。

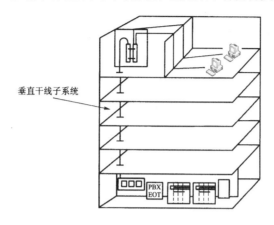

图 1-6　垂直干线子系统

4．管理间子系统

管理间子系统位于楼层配线间或设备间内，其主要设备包括局域网交换机、布线配线系统、机柜、电源和其他有关设备，布线配线系统的结构如图1-7所示。

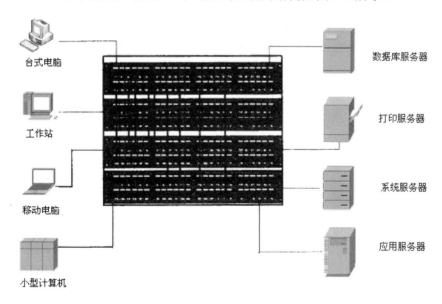

图 1-7　布线配线系统的结构

在楼层配线间内，水平干线电缆与垂直干线电缆端接，设备间内垂直干线电缆与设备连接，都需要安装相应的布线配线系统对线路进行端接(交连或互连)，并通过跳线进行线路的调整、测试等管理工作，以实现综合布线系统的线路管理灵活性。当工作区内的终端设备需要移动到另一个工作区时，只需要简单地进行跳线插拔调整即可实现。

布线配线系统通常称为配线架，由各种各样的跳线板和跳线组成。跳线有多种类型，如光纤跳线和双绞线跳线、单股跳线和多股跳线等。

5. 设备间子系统

设备间子系统由设备间内安装的电缆、连接器和有关的支撑硬件组成。设备间是在每一幢大楼的适当地点放置综合布线线缆和相关连接硬件及其应用系统的设备场所，即通常所说的网络中心机房或信息中心机房，在这里安装、运行和管理系统的公共设备，如计算机局域网主干通信设备、各种公共网络服务器和电话程控交换设备等。为便于设备的搬运和各种汇接，设备间的位置通常选在每一幢大楼的1～3层。

6. 建筑群子系统

建筑群是由两个或两个以上建筑物组成的，这些建筑物彼此之间要进行信息交流。综合布线系统的建筑群干线子系统是由连接各建筑物之间的线缆组成的。

建筑群综合布线所需要的硬件包括电缆、光缆和防止电缆的浪涌电压进入建筑物的保护设备等。

建筑群子系统常用大对数电缆和光缆作为传输线缆，线缆辐射方式一般有3种情况：架空电缆、直埋电缆和地下管道电缆，或者是这三种的任何组合，具体情况要根据造价及建筑群的具体现场环境而定。

1.3.2　中国标准

我国国家标准《综合布线系统工程设计规范》(GB 50311—2007)在认真总结原《建筑与建筑群综合布线系统工程设计规范》(GB/T 50311—2000)执行过程中的经验和教训的基础上，广泛听取了国内有关单位和专家的意见，并参考国内外相关标准的内容，加以补充、完善和修改。

该标准规定，综合布线系统的基本构成如图1-8所示。

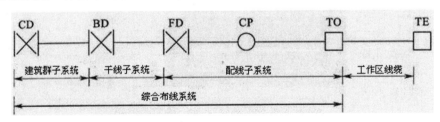

图1-8　综合布线系统的基本构成

综合布线系统采用的主要布线部件有以下几种。

- 建筑群配线设备(Campus Distributor，CD)：终接建筑群主干线缆的配线设备。
- 建筑物配线设备(Building Distributor，BD)：为建筑物主干线缆或建筑群主干线缆终接的配线设备。
- 楼层配线设备(Floor Distributor，FD)：终接水平电缆、水平光缆和其他布线子系统线缆的配线设备。

- 集合点(Consolidation Point，CP)：楼层配线设备与工作区信息点之间水平线缆路由中的连接点。配线子系统中可以设置集合点，也可以不设置集合点。
- 信息点(Telecommunications Outlet，TO)：各类电缆或光缆终接的信息插座模块。
- 终端设备(Terminal Equipment，TE)：接入综合布线系统的终端设备。

在《综合布线系统工程设计规范》(GB 50311—2007)中，建议综合布线系统工程宜按照以下 7 个子系统进行设计。

(1) 工作区。

一个独立的需要设置终端设备(TE)的区域宜划分为一个工作区。工作区应由配线子系统的信息插座模块(TO)延伸到终端设备处的连接线缆及适配器组成，相当于美国标准中的工作区子系统。

(2) 配线子系统。

配线子系统应由工作区的信息插座模块、信息插座模块至电信间配线设备(FD)的配线电缆和光缆、电信间的配线设备及设备线缆和跳线组成，相当于美国标准中的水平干线子系统，电信间即美国标准中的管理间。

(3) 干线子系统。

干线子系统应由设备间至电信间的干线电缆和光缆、安装在设备间的建筑物配线设备(BD)及设备线缆和跳线组成，相当于美国标准中的垂直干线子系统。

(4) 建筑群子系统。

建筑群子系统应由连接多个建筑物之间的主干电缆和光缆、建筑群配线设备(CD)及设备线缆和跳线组成，相当于美国标准中的建筑群子系统。

(5) 设备间。

设备间是每幢建筑物的适当地点进行网络管理和信息交换的场地。对于综合布线系统工程设计来说，设备间主要安装建筑物配线设备。电话交换机、计算机主机设备及入口设施也可与配线设备安装在一起，相当于美国标准中的设备间子系统。

(6) 进线间。

进线间是建筑物外部通信和信息管线的入口部位，并可作为入口设施和建筑群配线设备的安装场地。建筑群主干电缆和光缆、公用网和专用网电缆、光缆及天线馈线等室外线缆进入建筑物时，应在进线间置换成室内电缆、光缆。进线间一般提供给多家电信业务经营者使用，通常设于地下一层。

(7) 管理。

管理应对工作区、电信间、设备间、进线间的配线设备/缆线/信息插座模块等设施按一定的模式进行标识和记录。

综合布线系统的各个子系统构成应符合图 1-9 所示的要求。

图 1-9(a)中的虚线表示 BD 与 BD 之间、FD 与 FD 之间可以设置主干线缆。同时，建筑物 FD 可以经过主干线缆直接连至 CD，TO 也可以经过水平线缆直接连至 BD。

综合布线系统的入口设施及引入线缆构成应符合图 1-10 所示的要求。

其中，对设置了设备间的建筑物，设备间所在楼层的 FD 可以与设备中的 BD/CD 及入口设施安装在同一场地。

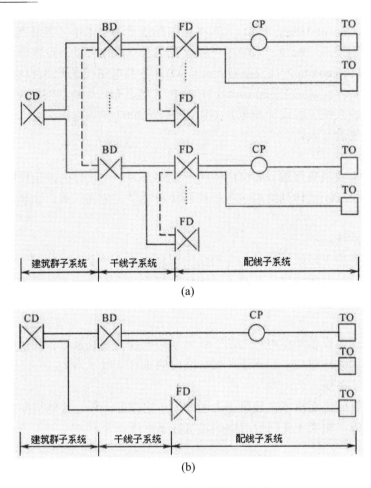

图 1-9　综合布线子系统的构成

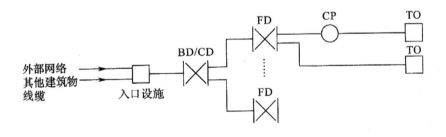

图 1-10　综合布线系统引入部分的构成

本 章 小 结

　　智能建筑是社会信息化与经济国际化的必然产物，是计算机技术、通信技术、控制技术与建筑技术密切结合的结晶，具有多学科交叉、多技术系统综合集成的特点。

　　智能建筑具有四大主要特征：即楼宇自动化、通信自动化、办公自动化和布线综合化。

整个智能建筑由系统集成中心(SIC)、综合布线系统(GCS)、楼宇自动化系统(BAS)、通信自动化系统(CAS)、办公自动化系统(OAS)五大部分组成。

综合布线系统是衡量智能化建筑的智能化程度的重要标志，是智能化建筑中必备的基础设施。它是由通信电缆、光缆、各种软电缆及有关连接硬件构成的通用布线系统，能支持多种应用系统。与传统的布线相比，综合布线系统在兼容性、开放性、灵活性、可靠性、先进性和经济性等方面具有明显的优越性。

为了使综合布线系统更具有开放性，集成度更高，更便于使用和管理，就必须制定出一系列的标准或规范。目前，已经出台的有关综合布线系统的标准主要有美国国家标准协会(ANSI)制定的 ANSI/TIA/EIA 系列标准、国际标准化组织制定的 ISO/IEC 系列标准以及我国建设部颁布的《综合布线系统工程设计规范》(GB 50311—2007)和《综合布线系统工程验收规范》(GB 50312—2007)国家标准。

综合布线系统是一种开放结构的布线系统，一般采用星型拓扑结构。该结构下的每个分支子系统都是相对独立的单元，对每个分支子系统的改动都不影响其他子系统。

美国标准把综合布线系统划分为 6 个独立的子系统：工作区子系统、水平干线子系统、垂直干线子系统、管理间子系统、设备间子系统和建筑群子系统。而我国国家标准则建议综合布线系统工程按照 7 个子系统进行设计，包括工作区、配线子系统、干线子系统、建筑群子系统、设备间、进线间和管理。

本 章 实 训

1．实训目的

通过本次实训，学生将能够：
- 了解综合布线系统的组成和结构。
- 认识综合布线系统中所用到的主要设备。
- 理解智能建筑中综合布线系统所提供的业务和实现的功能。

2．实训内容

(1) 参观一个采用综合布线系统构建的园区网或智能大厦。

(2) 画出该网络或智能大厦的系统布线示意图。

3．实训步骤

(1) 在老师或现场技术人员的带领下，了解网络或大厦的基本情况，包括建筑物的面积、层数、功能、结构、信息点的数量等。

(2) 参观建筑物的设备间，并记录设备间所用设备的名称和规格，注意各设备之间的连接情况，观察各设备和连接线上的印刷标志。

(3) 参观管理间，了解管理间的面积和设备配置，如有配线架，注意配线架的规格、标志以及线缆跳接方式。

(4) 观察水平和垂直干线子系统的布线路由和敷设方式，了解线缆的类型、规格和数量。

(5) 参观工作区，了解工作区的面积、信息插座的配置数量、类型、高度和线缆的布线方式。

(6) 在参观、做记录的基础上，收集相关资料，画出该园区网或大厦的布线结构示意图，要求在图中标明所用设备的型号、名称、数量，各系统选用传输介质的类型及数量。

复习自测题

1. 填空题

(1) 智能建筑具有_____、_____、_____和_____四个主要特征。

(2) 智能建筑由_____、_____、_____、_____和_____五大部分组成。

(3) 与传统布线相比，综合布线在_____、_____、_____、_____、_____和_____等方面具有明显的优越性。

(4) 按照美国标准，将综合布线系统划分为_____、_____、_____、_____、_____和_____6个子系统。

(5) 我国国家标准《综合布线系统工程设计规范》(GB 50311—2007)建议综合布线系统按照_____、_____、_____、_____、_____、_____和_____7个子系统来设计。

2. 简答题

(1) 什么是智能建筑？简述智能建筑的组成。

(2) 简述智能建筑与综合布线系统之间的关系。

(3) 结构化布线系统与传统布线系统相比，其主要优点是什么？

(4) 我国综合布线系统的常用技术标准有哪些？

(5) 根据 ANSI/TIA/EIA 568-B 标准和我国国家标准《综合布线系统工程设计规范》(GB 50311—2007)，综合布线系统由哪些部分组成？试简述每个部分的范围。

第2章 网络传输介质及相关部件

世界上已经建立了无数个计算机网络，这些网络建设首先要解决的是通信线路和通道传输的问题。目前，计算机通信分为两种：有线通信和无线通信。有线通信利用有线传输介质，如铜缆或光缆作为信号的传输载体，通过配线连接设备和交换设备将计算机连接起来，形成计算机通信网络；无线通信系统利用无线传输介质，如无线电波、微波和红外线作为信号的传输载体，在天空中进行信号的传输，形成计算机通信网络。

网络传输介质的选择必须考虑网络的性能、价格、使用规则、安装的难易性、可扩展性及其他一些因素。本章介绍有线传输介质的种类、特性及技术参数，以及综合布线相关部件与工具的使用。

通过本章的学习，学生将能够：
- 描述双绞线的种类和相应的特性。
- 描述同轴电缆的种类和技术参数。
- 描述光纤的种类和特性。
- 根据实际应用选择综合布线的相关部件与工具。

本章的核心概念： 双绞线、同轴电缆、光缆、综合布线部件与工具。

2.1 双 绞 线

双绞线(Twisted Pair Cable)是综合布线工程中最常用的一种传输介质，大多数数据和语音网络都使用双绞线布线。双绞线一般是由两根遵循 AWG(American Wire Gauge，美国线规)标准的绝缘铜导线相互缠绕而成。把两根绝缘的铜导线按一定密度互相绞在一起，可降低信号干扰的程度，每一根导线在传输中辐射的电波会被另一根导线上发出的电波抵消。

2.1.1 双绞线的种类与规格型号

双绞线是由两根 22～26 号具有绝缘保护层的铜导线相互缠绕而成的。把一对或多对双绞线放在一个绝缘套管中，便构成了双绞线电缆。与其他传输介质相比，双绞线在传输距离、信道宽度和数据传输速度等方面均受到一定的限制，但价格较为低廉。

双绞线可以按照以下方式进行分类：
- 按结构可分为屏蔽双绞线(Shielded Twisted Pair，STP)电缆和非屏蔽双绞线电缆(Unshielded Twisted Pair，UTP)。
- 按性能可分为 1 类/2 类/3 类/4 类/5 类/5e 类/6 类/6e 类/7 类双绞线电缆。
- 按特性阻抗可分为 100 欧姆、120 欧姆及 150 欧姆等几种。常用的是 100 欧姆的双绞线电缆。
- 按对数可分为 1 对、2 对、4 对双绞线电缆，以及 25 对、50 对、100 对的大对数双绞线电缆。

1. 屏蔽双绞线(STP)

屏蔽双绞线是在双绞线电缆中增加了金属屏蔽层，目的是为了提高电缆的物理性能和电气性能，减少电缆信号传输中的电磁干扰。电缆屏蔽层采用金属箔、金属网或金属丝等材料，能使噪声信号短路消失，另外，屏蔽层上的一些噪声电流与双绞线上的噪声电流相反，因而两者可相互抵消。

电缆屏蔽层的设计有以下几种形式：

- 屏蔽整个电缆。
- 屏蔽电缆中的线对。
- 屏蔽电缆中的单根导线。

屏蔽双绞线电缆分为STP(如图2-1所示)和ScTP(FTP)(如图2-2所示)两类，其中STP又分为STP电缆(工作频率为20MHz)和STP-A(工作频率为300MHz)电缆两种。

两类屏蔽双绞线电缆的主要区别，在于屏蔽层的设计形式不同：STP的屏蔽层屏蔽每个线对，而ScTP(FTP)的屏蔽层则屏蔽整个电缆。

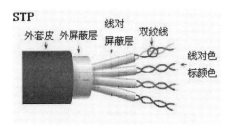

图2-1　STP屏蔽双绞线电缆

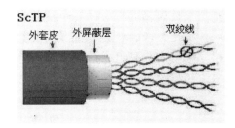

图2-2　ScTP屏蔽双绞线电缆

2. 非屏蔽双绞线(UTP)

非屏蔽双绞线没有屏蔽双绞线的金属屏蔽层，它在绝缘套管中封装了一对或一对以上的双绞线，每对双绞线按一定密度互相绞合在一起，如图2-3所示。这样可以提高系统本身抗电子噪声和电磁干扰的能力，但不能防止周围的电子干扰。其特点是直径小，节省所占用的空间，重量轻，易弯曲，有阻燃性，适用于结构化综合布线。

图2-3　非屏蔽双绞线电缆

TIA/EIA为UTP双绞线电缆定义了以下几种不同的型号。

(1) 1类(CAT-1)：电缆最高频率带宽是750kHz，主要用于报警系统或语音系统(如门铃导线)，不适用于数据传输，不是现代综合布线系统的一部分。

(2) 2类(CAT-2)：电缆最高频率带宽是1MHz，用于语音传输和最高传输速率为4Mbps的数据传输，常见于使用4Mbps规范令牌传递协议的IBM令牌环网，目前已不再使用。

(3) 3 类(CAT-3)：该类电缆的频率带宽最高为 16MHz，主要应用于语音、10Mbps 的以太网和 4Mbps 的令牌环，最大网段长为 100m，采用 RJ 形式的连接器。它是 10Base-T 以太网中的最低配置电缆。目前，3 类双绞线除了在电话布线系统中有着一定程度的应用外，其余系统已不再推荐使用。

(4) 4 类(CAT-4)：该类电缆的传输频率为 20MHz，用于语音传输和最高传输速率为 16Mbps 的数据传输，主要用于基于 16Mbps 的令牌局域网和 10Base-T 以太网。

(5) 5 类(CAT-5)：该类电缆的传输频率为 100MHz，用于 CDDI(基于双绞线的 FDDI 网络)和快速以太网，传输速率达 100Mbps，但在同时使用多对线对以分摊数据流的情况下，也可用于 1000Base-T 网络。目前，5 类双绞线电缆已广泛应用于电话、保安、自动控制等网络中，但在计算机网络布线中已逐渐失去市场。

(6) 超 5 类(CAT-5e)：超 5 类电缆的传输频率为 100MHz，传输速率可达到 100Mbps。与 5 类双绞线电缆相比，具有更多的扭绞数目，可以更好地抵抗来自外部和电缆内部其他导线的干扰，从而提升了性能，在近端串扰、综合近端串扰、衰减和衰减串扰比 4 个主要指标上都有了较大的改进。因此，超 5 类双绞线电缆具有更好的传输性能，更适合支持 1000Base-T 网络，是目前综合布线系统的主流产品。

(7) 6 类(CAT-6)：其性能超过 CAT-5e，电缆频率带宽为 250MHz 以上，主要应用于 100Base-T 快速以太网和 1000Base-T 以太网中。6 类电缆的绞距比超 5 类电缆更密，线对间的相互影响更小，从而提高了抗串扰的性能，更适合用于全双工的高速千兆网络，是目前综合布线系统中常用的传输介质。

(8) 超 6 类(CAT-6A)：该类电缆主要应用于 1000Base-T 以太网中，其传输带宽为 500MHz。最大传输速率是 1000Mbps，与 6 类电缆相比，在串扰、衰减等方面有较大改善。

(9) 7 类(CAT-7)：该类电缆是线对屏蔽的 S/FTP 电缆，它有效地抵御了线对之间的串扰，从而在同一根电缆上可实现多个应用。其最高频率带宽是 600MHz，传输速率可达 10Gbps，主要用于万兆以太网综合布线。

建设部发布的国家标准《综合布线系统工程设计规范》(GB 50311—2007)中明确规定，综合布线铜缆系统的分级与类别划分应当符合表 2-1 中的要求。

表 2-1　铜缆布线系统的分级与类别

系统分级	支持带宽(Hz)	支持应用器件	
		电　缆	连接硬件
A	100k	—	—
B	1M	—	—
C	16M	3 类	3 类
D	100M	5/5e 类	5/5e 类
E	250M	6 类	6 类
F	600M	7 类	7 类

注：3 类、5/5e 类(超 5 类)、6 类、7 类布线系统应能支持向下兼容的应用

为了便于管理，UTP 的每对双绞线均用颜色标识。4 对 UTP 电缆分别使用橙色、绿色、蓝色和棕色线对表示。每对双绞线中，有一根为线对纯颜色，另一根为白底色加上线对纯颜色的条纹或斑点，具体的颜色编码如表 2-2 所示。

表2-2　4对UTP电缆的颜色编码

线　对	色　标	英文缩写	线　对	色　标	英文缩写
线对-1	白—橙 橙	W—O O	线对-3	白—蓝 蓝	W—BL BL
线对-2	白—绿 绿	W—G G	线对-4	白—棕 棕	W—BR BR

安装人员可以通过颜色编码来区分每根导线，TIA/EIA标准描述了两种端接4对双绞线电缆时每种颜色的导线排列关系，分别为T568-A标准和T568-B标准，如表2-3所示。

表2-3　T568-A和T568-B标准规定的双绞线的排列

引　脚	T568-A	T568-B	引　脚	T568-A	T568-B
1	白绿	白橙	5	白蓝	白蓝
2	绿	橙	6	橙	绿
3	白橙	白绿	7	白棕	白棕
4	蓝	蓝	8	棕	棕

在网络连接中，常常采用直通网线和交叉网线两种网线，它们均是根据T568-A和T568-B标准进行制作的。

- 直通网线：网线两端均按同一标准(或为T568-A，或为T568-B)制作，用于交换机、集线器与计算机之间的连接。在同一个工程项目中，必须确保所有的端接采用相同的接线模式，即要么是T568-A，要么是T568-B，不可混用。
- 交叉网线：网线一端按T568-A标准制作，另一端按T568-B标准制作，用于交换机与交换机、集线器与集线器、计算机与计算机之间的连接。

3．大对数电缆

大对数电缆，即大对数干线电缆。大对数电缆一般为25线对(或更多)成束的电缆结构。从外观上看，是直径更大的单根电缆。它也同样采用颜色编码进行管理，每个线对束都有不同的颜色编码，同一束内的每个线对又有不同的颜色编码，如图2-4所示。

导体
绝缘层
外皮
剥线绳

图2-4　大对数电缆

4．双绞线在外观上的文字标识

对于一根双绞线，在外观上需要注意的是，每隔两英尺有一段文字。以某公司的线缆为例，该段文字为：

××××　SYSTEMS　CABLE　E138034　0100

24　AWG　(UL)　CMR/MPR　OR　C(UL)　PCC

FT4　VERIFIED　ETL　CAT5　044766　FT　0807

具体说明如下。

- ××××：表示公司名称。
- 0100：表示特性阻抗 100Ω。
- 24：表示线芯是 24 号的(线芯分为 22、24 或 26 号几种)。
- AWG：表示美国线缆规格标准。
- UL：表示已经通过 UL 认证。
- FT4：表示有 4 对线。
- CAT5：表示是 5 类线。
- 044766：表示线缆当前所处的英尺数。
- 0807：表示生产年月。

2.1.2　双绞线的电气特性参数

对于双绞线，我们最关心的是表征其性能的几个指标。常用的指标包括衰减、串扰、特性阻抗、直流环路电阻和回波损耗等，这些指标也是在综合布线认证测试中的主要参数。

1. 衰减

衰减(Attenuation)是沿链路的信号损失度量。衰减与线缆的长度有关系，随着长度的增加，信号衰减也随之增加。衰减用 dB 作为单位，表示传送端信号到接收端信号强度的比率。由于衰减随频率而变化，因此，应测量在应用范围内的全部频率上的衰减。在计算机网络中，任何传输介质都存在衰减问题，一般每 100m 的传输距离会增加 1dB 的线路噪声。衰减越低，信号传输的距离越长。

2. 串扰

串扰分近端串扰(NEXT)和远端串扰(FEXT)。

近端串扰(NEXT)损耗是一条 UTP 链路中从一对线到另一对线的信号耦合。对于 UTP 链路，NEXT 是一个关键的性能指标，也是最难精确测量的一个指标。随着信号频率的增加，其测量难度将加大。NEXT 并不表示在近端点所产生的串扰值，它只是表示在近端点所测量到的串扰值。这个量值会随电缆长度的不同而变化，电缆越长，其值变得越小。同时，发送端的信号也会衰减，对其他线对的串扰也相对变小。

远端串扰(FEXT)是信号从近端发出，而在链路的另一侧(远端)发送信号的线对向其同侧其他相邻(接收)线对通过电磁感应耦合而造成的串扰，由于存在线路损耗，因此 FEXT 的量值影响较小。测试仪主要是测量 NEXT。

与串扰有关的电气特性参数还包括相邻线对综合近端串扰、等效远端串扰、综合等效远端串扰等，对这些参数，将在本书第 6 章详细介绍。

3. 直流环路电阻

直流环路电阻是指一对导线电阻的和。它会消耗一部分信号，并将其转变成热量。双绞线电缆中，每个线对的直流电阻在 20～30℃的环境下，其最大值不能超过 30Ω，否则说明接触不良，必须检查连接点。

4．特性阻抗

特性阻抗是指链路在规定工作频率范围内呈现的电阻。无论使用 5 类，还是超 5 类或 6 类电缆，每对芯线的特性阻抗在整个工作带宽范围内应该保证恒定、均匀。链路上任何点的阻抗的不连续性，将导致该链路信号的反射和信号畸变。

与直流环路电阻不同，特性阻抗包括电阻及频率为 1～100MHz 时的电感阻抗及电容阻抗，它与一对电线之间的距离及绝缘体的电气性能有关。各种电缆有不同的特性阻抗，双绞线电缆有 100Ω、120Ω 及 150Ω 几种。

5．衰减串扰比(ACR)

在某些频率范围，串扰与衰减量的比例关系是反映电缆性能的另一个重要参数。ACR 有时也以信噪比(SNR)表示，它由最差的衰减量与 NEXT 量值的差值计算得到。ACR 值较大，表示抗干扰的能力较强。一般系统要求至少大于 10dB。

6．传输延迟

传输延迟(Propagation Delay)指信号从信道的一端到达另一端需要的时间，以纳秒(ns)为单位。传输延迟越小，表明系统性能越好。在信道连接方式、基本连接方式或永久连接方式下，对于 5 类链路，当传输 10～30MHz 频率的信号时，要求线缆中任一线对的传输延迟不超过 1000ns，对于超 5 类和 6 类链路，要求传输延迟不超过 548ns。

7．延迟偏离

延迟偏离是取短的传输延迟线对(以 0ns 表示)与其他线对间的差别。

8．回波损耗

在数据传输中，当遇到线路中阻抗不匹配时，部分能量会反射回发送端，回波损耗(Return Loss，RL)反映了因阻抗不匹配反射回来的能量大小。回波损耗对于全双工传输的应用非常重要。电缆制造过程的结构变化、连接器和布线安装三种因素是影响回波损耗数值的主要因素。

2.1.3　超 5 类布线系统

超 5 类布线系统是目前综合布线工程中使用得最多的布线系统，广泛用于办公楼、校园网、园区网、各种智能建筑和智能小区，甚至在自动化生产系统和工业以太网中也被大量采用。超 5 类布线系统是一个非屏蔽双绞线布线系统，通过对它的"链接"和"信道"性能的测试，表明它超过 TIA/EIA 568 标准的 5 类线要求。与 5 类线缆相比，超 5 类布线系统在 100MHz 的频率下运行时，可以提供 8dB 近端串扰的余量，用户的设备受到的干扰只有普通 5 类线系统的 1/4，使得系统具有更强的独立性和可靠性。

超 5 类 4 对 24AWG 非屏蔽双绞线线缆的主要性能指标如表 2-4 所示。

超 5 类的应用定位于充分保证 5 类传输千兆以太网。超 5 类布线系统是因为所有传输性能参数达到了 1000Base-T 的要求而被 IEEE 认可的千兆布线系统。在 1000Base-T 处于最差连接的情形下，超 5 类也能提供足够的性能富余。

表 2-4 ANSI/TIA/EIA 568-A 定义的超 5 类 UTP 线缆的部分性能指标

频率 (MHz)	衰减(dB)		近端串扰(dB)		综合近端 串扰(dB)		等效远端 串扰(dB)		综合等效远 端串扰(dB)		回波损耗 (dB)	
	通道 链路	基本 链路	通道 链路	基本 链路	通道 链路	基本 链路	通道 链路	基本 链路	通道 链路	基本 链路	通道 链路	基本 链路
1.0	2.4	2.1	63.3	>60.0	57.0	57.0	57.4	60.0	54.4	57.0	17.0	17.0
4.0	4.4	4.0	53.6	54.8	50.6	51.8	45.3	48.0	42.4	45.0	17.0	17.0
8.0	6.8	5.7	48.6	50.0	45.6	47.0	39.3	41.9	36.3	38.9	17.0	17.0
10.0	7.0	6.3	47.0	48.5	44.0	45.5	37.4	40.0	34.4	37.0	17.0	17.0
16.0	8.9	8.2	43.6	45.2	40.6	42.2	33.3	35.9	30.3	32.9	17.0	17.0
20.0	10.0	9.2	42.0	43.7	39.0	40.7	31.4	34.0	28.4	31.0	17.0	17.0
25.0		10.3	40.4	42.1	37.4	39.1	29.4	32.0	26.4	29.0	16.0	16.3
31.25	12.6	11.5	38.7	40.6	35.7	37.6	27.5	30.1	25.4	27.1	15.1	15.6
62.5		16.7	33.6	35.7	30.6	32.7	21.5	24.1	18.5	21.1	12.1	13.5
100	24.0	21.6	30.1	32.3	27.1	29.3	17.4	20.0	14.4	17.0	10.0	12.1

2.1.4 6 类布线系统

6 类布线系统提供比超 5 类布线系统高一倍的传输带宽，对于普通的千兆网络设备而言，6 类布线提供了更大的性能容量，使得在较恶劣的环境下依然可以保证网络传输的误码率指标，保持网络传输性能不变。

6 类布线系统依赖于不要求单独屏蔽线对的线缆，从而可以降低成本、减少体积、简化安装和消除接地问题。此外，6 类布线系统要求使用模块式 8 路连接器，线缆频率带宽可以达到 200MHz 以上，能够适应当前的语音、数据和视频系统以及千兆位应用。

6 类布线系统标准是 UTP 布线的一个标准，6 类布线系统国际标准在 2002 年已经正式颁布，为用户选择更高性能的产品提供了依据，满足了网络应用的标准组织的要求。

6 类布线系统标准的规定涉及介质、布线距离、接口类型、拓扑结构、安装技术、信道性能及线缆和连接硬件性能等方面的要求。

6 类布线系统标准规定了布线系统应当提供的最高性能，规定了允许使用的线缆及连接类型为 UTP 或 ScTP。整个系统包括应用和接口类型都要求具有向下兼容性，即在新的 6 类布线系统上可以运行以前在 3 类或 5 类系统上运行的应用，用户接口采用 8 路连接器。

6 类布线系统同 5 类布线标准一样，新的 6 类布线系统标准也采用星型拓扑结构，要求的布线距离为：永久链路的长度不能超过 90m，信道长度不能超过 100m。

6 类布线系统产品及系统频率范围应当在 1~250MHz 之间，对系统中的线缆、连接硬件、基本链路及信道在所有频点都需要测试衰减、回波损耗、延迟/失真、近端串扰、综合近端串扰、等效远端串扰、综合等效远端串扰等几种参数。

另外，6 类布线系统测试环境应当设置在最坏的情况下，对产品和系统都要进行测试，从而保证测试结果的可用性。所提供的测试结果也应当是最差值而非平均值。同时，6 类布线系统将是一个整体的规范，并且能够得到如下几方面的支持：实验室测试程序方面、现场测试要求方面、安装实践方面以及其他灵活性和长久性等方面的考虑。

有关 6 类布线的性能指标如表 2-5 所示。

表 2-5 ANSI/TIA/EIA 568-A 定义的 6 类 UTP 线缆的部分性能指标

频率 (MHz)	衰减(dB)		近端串扰(dB)		综合近端串扰(dB)		等效远端串扰(dB)		综合等效远端串扰(dB)		回波损耗(dB)	
	通道链路	永久链路	通道链路	永久链路	通道链路	永久链路	通道链路	永久链路	通道链路	永久链路	通道链路	永久链路
1.0	2.1	1.9	65.0	65.0	62.0	62.0	63.3	64.2	60.3	61.2	19.0	19.1
4.0	4.0	3.5	63.0	64.1	60.5	61.5	51.2	52.1	48.2	49.1	19.0	21.0
8.0	5.7	5.0	58.2	59.4	55.6	57.0	45.2	46.1	42.2	43.1	19.0	21.0
10.0	6.3	5.6	56.6	57.8	54.0	55.5	43.3	44.2	40.3	41.2	19.0	21.0
16.0	8.0	7.1	53.2	54.6	50.6	52.2	39.2	40.1	36.2	37.1	18.0	20.0
20.0	9.0	7.9	51.6	53.1	49.0	50.7	37.2	38.2	34.2	35.2	17.5	19.5
25.0	10.1	8.9	50.0	51.5	47.3	49.1	35.3	36.2	32.3	33.2	17.0	19.0
31.25	11.4	10.0	48.4	50.0	45.7	47.5	33.4	34.3	30.4	31.3	16.5	18.5
62.5	16.5	14.4	43.4	45.1	40.6	42.7	27.3	28.3	24.3	25.3	14.0	16.0
100.0	21.3	18.5	39.9	41.8	37.1	39.3	23.3	24.2	20.3	21.2	12.0	14.0
200.0	31.5	27.1	34.8	36.9	31.9	34.3	17.2	18.2	14.2	15.2	9.0	11.0
250.0	36.0	30.7	33.1	35.3	30.2	32.7	15.3	16.2	12.3	13.2	8.0	10.0

2.2 同 轴 电 缆

同轴电缆(Coaxial Cable)是局域网中最常见的传输介质之一,其频率特性比双绞线好,能进行较宽频带的信息传输(传输速率为 10Mbps)。由于它的屏蔽性能好,抗干扰能力强,通常用于基带传输。目前更多地使用于有线电视或视频等网络应用中,在计算机网络中运用较少。

2.2.1 同轴电缆的结构与种类

同轴电缆是由一根空心的外圆柱导体及其所包围的单根内导线所组成,由里往外依次是导体、塑胶绝缘层、金属网状屏蔽网和外套皮(如图 2-5 所示),由于导体与网状屏蔽层同轴,故名为同轴电缆。这种结构的金属屏蔽网可防止中心导体向外辐射电磁场,也可用来防止外界电磁场干扰中心导体的信号。

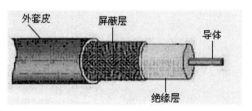

图 2-5 同轴电缆的结构

同轴电缆主要有以下几种类型。

1. 50Ω同轴电缆

50Ω同轴电缆又称基带同轴电缆,特性阻抗为 50Ω,其主要型号包括 RG-8、RG-11、

RG-58 或 58 系列，主要用于无线电和计算机局域网络。

2．75Ω同轴电缆

75Ω同轴电缆又称宽带同轴电缆，特性阻抗为 75Ω，其屏蔽层通常是用铝冲压而成的，主要型号包括 RG-6 或 6 系列、RG-59 或 59 系列，主要用于视频传输，也可用于宽带数据网络。

3．93Ω同轴电缆

93Ω同轴电缆的特性阻抗为 93Ω，其主要型号是 RG-62，主要用于 ARCnet。

同轴电缆虽然在某些方面的应用优于双绞线电缆，例如特别适合传输宽带信号(有线电视系统、模拟录像等)，但同轴电缆也有其固有的缺点，虽然屏蔽层使信号在同轴电缆中传输时几乎不受外界的干扰，但安装时，屏蔽层必须正确接地，否则会造成更大的干扰。同轴电缆支持的数据传输速度只有 10Mbps，无法满足目前局域网的传输速度要求，所以在计算机局域网布线中，已不再使用同轴电缆。

2.2.2　同轴电缆的相关技术参数

1．同轴电缆的主要电气参数

(1)　同轴电缆的特性阻抗。

同轴电缆的平均特性阻抗为 50±2Ω，沿单根同轴电缆的阻抗的周期性变化为正弦波，中心平均值±3Ω，其长度小于 2m。

(2)　同轴电缆的衰减。

一般指 500m 长的电缆段的衰减值。当用 10MHz 的正弦波进行测量时，它的值不超过 8.5dB(17dB/km)；而用 5MHz 的正弦波进行测量时，它的值不超过 6.0dB(12dB/km)。

(3)　同轴电缆的传播速度。

需要的最低传播速度为 0.77C(C 为光速)。

(4)　同轴电缆的直流回路电阻。

电缆中心导体的电阻与屏蔽层的电阻之和不超过 10 毫欧/米(在 20℃下测量)。

2．同轴电缆的物理参数

同轴电缆是由中心导体、绝缘材料层、网状织物构成的屏蔽层以及外部隔离材料层组成的。中心导体是直径为 2.17±0.013mm 的实芯铜线。绝缘材料必须满足同轴电缆电气参数。屏蔽层是由满足传输阻抗和 ECM 规范说明的金属带或薄片组成的，屏蔽层的内径为 6.15mm，外径为 8.28mm。外部隔离材料一般选用聚氯乙烯(如 PVC)或类似材料。

3．对电缆进行测试的主要状况

(1)　导体或屏蔽层的开路情况。

(2)　导体和屏蔽层之间的短路情况。

(3)　导体接地情况。

(4)　在各屏蔽接头之间的短路情况。

2.3 光　　纤

　　光纤是一种传输光束的细而柔韧的媒质，又称光导纤维。光缆由一捆光纤组成，与铜缆相比，光缆本身不需要电，虽然在建设初期所需的连接器、工具和人工成本很高，但它不受电磁干扰的影响，具有更高的数据传输速率和更远的传输距离，这使得光缆在某些应用中更具吸引力，成为目前综合布线系统中常用的传输介质之一。

　　典型的光纤结构如图 2-6 所示，自内向外为纤芯、包层及涂覆层。纤芯的折射率较高，包层的折射率较低，光以不同的角度送入光纤芯，在包层和光纤芯的界面发生反射，进行远距离的传输。包层的外面涂覆了一层很薄的涂覆层，涂覆材料为硅酮树脂或聚氨基甲酸乙酯，涂覆层的外面套塑(或称二次涂覆)，套塑的材料大多采用尼龙、聚乙烯或聚丙烯等塑料，可防止周围环境对光纤的伤害，如水、火、电击等。

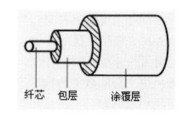

纤芯　　包层　　涂覆层

图 2-6　光纤的结构

2.3.1　光纤通信概述

1．光纤通信系统的组成

　　光纤通信系统是以光波为载体，以光纤为传输介质的通信方式，光纤通信系统的组成如图 2-7 所示。

图 2-7　光纤通信系统的组成

　　在发送端，通过光发送机，将电信号转换成光信号，再把光信号导入光纤；在接收端，光接收机负责接收光纤上传输的光信号，并将其转换为电信号，经过解码后，再做相应的处理。光发送机和光接收机可以是分离的单元，也可以使用一种称为收发器的设备，它能够同时执行光发送机和光接收机的功能。另外，光信号在光纤中只能沿着一个方向传输，所以全双工系统应采用两根光纤。

2．光纤通信的特点

　　光纤通信具有以下特点：
- 传输频带宽，通信容量大。
- 线路损耗低，传输距离远。
- 抗化学腐蚀能力强。
- 线径细，质量小。
- 抗干扰能力强，应用范围广。
- 制造资源丰富。

3．光纤通信技术的应用

信息高速公路将首先在现有光纤通道基础上增设"大道"，先将光缆铺到公路旁、住宅前，最终目标是实现光纤进入千家万户。目前，光缆线路铺设的最大问题不在于干线，而在于入户，即连接每一户居民。这是信息高速公路最大的瓶颈之一。

光纤通信是现代化通信网络的基础平台。光导纤维的巨大潜力，将使信息高速公路不仅成为数据传输媒介，还将输送电视、电话、教育、金融等多种服务，成为继 20 世纪 50 年代开始美国大规模普及电话之后最重大的通信手段革命。

展望国际光纤通信技术的发展，其趋势将是日益网络化、智能化。在信息时代，光纤网将日益发挥它的巨大作用，成为信息高速公路的强大后盾。

2.3.2　光纤的分类

光纤可以按构成光纤的材料、光传输模式、光纤的折射率分布等来进行分类。

1．按构成光纤的材料分类

按光纤构成材料的不同，光纤可分为玻璃光纤、胶套硅光纤、塑料光纤三种。

2．按传输模式分类

按传输模式的不同，光纤可分为单模光纤和多模光纤两种。

(1) 单模光纤。

单模光纤(Single Mode Fiber，SMF)采用固体激光器作为光源，在给定的工作波长上只能以单一模式的光传输信号，光信号可以沿着光纤的轴向传播，如图 2-8(a)所示，没有模分散的特性，光信号损耗很小，离散也很小，传播的距离较远。单模导入波长为 1310nm 和 1550nm。

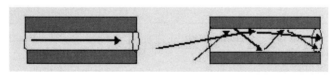

(a) 单模光纤　　　　　　　　　(b) 多模光纤

图 2-8　单模光纤和多模光纤的光轨迹

单模光纤的纤芯和包层具有多种不同的尺寸，尺寸的大小将决定光信号在光纤中的传输质量。目前，常见的单模光纤主要有 8.3μm/125μm(纤芯直径/包层直径)、9μm/125μm 和 10μm/125μm 等规格。根据 TIA/EIA 标准，用于干线布线的单模光纤具有更高的带宽且最远传输距离可以达到 3km，电话公司通过特殊设备处理，可以使单模光纤达到 65km 的传输距离，因此，单模光纤主要用于建筑物之间的互联或广域网连接。

(2) 多模光纤。

多模光纤(Multi Mode Fiber，MMF)可以使用 LED 作为光源，也可以使用激光器作为光源，在给定的工作波长上，以多个模式同时传输光信号，从而形成模分散，如图 2-8(b)所示，限制了带宽和距离，因此，多模光纤的芯大，传输速度低，距离短，成本低，多模导入波长为 850nm 和 1300nm。

目前，常见的多模光纤主要有 50μm/125μm、62.5μm/125μm 和 100μm/140μm 等规格。多模光纤主要用于建筑物内的局域网干线连接。在综合布线系统中，主要使用具有 62.5μm 纤芯直径和 125μm 包层直径的多模光纤，在传输性能要求更高的情况下，也可以使用 50μm/125μm 的光纤。

表 2-6 和表 2-7 分别列出了光纤在 100Mbps(百兆)、1Gbps(千兆)和 10Gbps(万兆)以太网中支持的传输距离。

表 2-6   百兆、千兆以太网中光纤支持的传输距离

光纤类型	应用网络	光纤直径(μm)	波长(nm)	模式带宽(MHz)	应用距离(m)
多模光纤	100Base-FX				2000
	1000Base-SX	62.5	850	160	220
	1000Base-LX			200	275
				500	550
	1000Base-SX	50	850	400	500
				500	550
	1000Base-LX		1300	400	550
				500	550
单模光纤	1000Base-LX	<10	1310	—	5000

表 2-7   万兆以太网中光纤支持的传输距离

光纤类型	应用网络	光纤直径(μm)	波长(nm)	模式带宽(MHz)	应用距离(m)
多模光纤	10G Base-S	62.5	850	160/150	26
				200/500	33
				400/400	66
		50		500/500	82
				2000	300
	10G Base-LX4	62.5	1300	500/500	300
		50		400/400	240
				500/500	300
单模光纤	10G Base-L	<10	1310	—	1000
	10G Base-E		1550	—	30000～40000
	10G Base-LX4		1300	—	1000

3. 按折射率分布分类

对于多模光纤，通常可以分为跳变式光纤和渐变式光纤两种。

跳变式光纤纤芯的折射率 n_1 和包层的折射率 n_2 都为常数，且 n_1 大于 n_2，在包芯和包层的交界面处，折射率呈现阶梯形变化，从而使得光信号在纤芯和包层的交界面上不断产生全反射并向前传送。跳变式光纤的横向色散很高。目前，单模光纤都采用跳变式光纤，而以往采用的多模跳变式光纤已经逐渐被淘汰了。

渐变式光纤纤芯的折射率 n_1 随着半径的增加而按一定规律减少，到纤芯和包层的交界面处与包层的折射率 n_2 相等，使得光信号按正弦形式传播。这种结构能减少模间色散，提高光纤带宽和传输距离。现在的多模光纤多为渐变式光纤。

图 2-9 所示为光束在两种折射率分布不同的光纤中的传播过程。

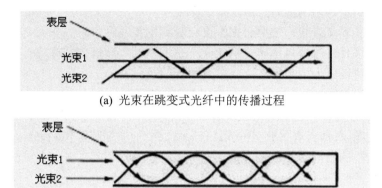

(a) 光束在跳变式光纤中的传播过程

(b) 光束在渐变式光纤中的传播过程

图 2-9 光束在两种折射率分布不同的光纤中的传播过程

2.3.3 光缆

光缆纤芯的数目就是指一根线缆中的纤芯个数，主要有 3 类。

(1) 单芯的网络护套中只有一根光纤，通常有一个较大的缓冲层和一个较厚的保护层，如图 2-10 所示。

图 2-10 单芯光缆

(2) 双芯光缆在护套中有两根光纤线芯，通常用于光纤局域网的主干网线。

(3) 多芯光缆是指在一个护套中包含了两根以上的光纤线芯，主要用于局域网，如图 2-11 所示。

图 2-11 多芯光缆

1．光缆的结构

光缆是由光纤、高分子材料、金属—塑料复合管及金属加强件等共同构成的传输介质。除了光纤外，构成光缆的材料可以分为三大类。

- 高分子材料：主要包括松套管材料、聚乙烯护套材料、无卤阻燃护套材料、聚乙烯绝缘材料、阻水油膏、阻水带、聚酯带等。
- 金属—塑料复合管：主要有钢塑复合管和铝塑复合带。
- 金属加强件：主要包括磷化钢丝、不锈钢钢丝、玻璃钢圆棒等。

光缆的结构可以分为中心管式、层绞式和骨架式三种。

(1) 中心管式光缆。

中心管式光缆是由一根二次光纤松套管或螺旋形光纤松套管(无绞合直接放在光缆的中心位置)、纵包阻水带和双面涂塑钢(铝)带、两根平行加强圆磷化碳钢丝或玻璃钢圆棒组成。中心管式光缆的结构如图 2-12 所示。

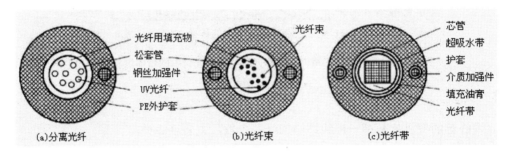

图 2-12　中心管式光缆的结构

(2) 层绞式光缆。

层绞式光缆是由多根二次被覆光纤松套管(或部分填充绳)绕中心金属加强件绞合成圆的缆芯。层绞式光缆的结构如图 2-13 所示。

图 2-13　层绞式光缆的结构

(3) 骨架式光缆。

骨架式光缆是将光纤带以矩阵形式置于 U 形螺旋骨架槽或 SZ 螺旋骨架槽中，阻水带以绕包方式缠绕在骨架上，使骨架与阻水带形成一个封闭的腔体。骨架式光缆的具体结构如图 2-14 所示。

2．光缆的分类

常见光缆的分类方法如表 2-8 所示。

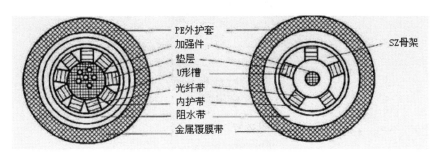

图 2-14　骨架式光缆的结构

表 2-8　常见光缆的分类方法

	光缆种类
按光缆结构分	束管式光缆、层绞式光缆、紧抱式光缆、带式光缆、非金属光缆和可分支光缆等
按敷设方式分	架空光缆、管道光缆、铠装地埋光缆、水底光缆和海底光缆等
按用途分	长途通信用光缆、短途室外光缆、室内光缆和混合光缆等
按传输模式分	单模光缆、多模光缆
按维护方式分	充油光缆、充气光缆

在综合布线系统中，主要按照光缆的使用环境和敷设方式进行分类。

(1) 室内光缆。

室内光缆的抗拉强度较小，保护层较差，但也更轻便、更经济。室内光缆主要适用于综合布线系统中的水平干线子系统和垂直干线子系统。室内光缆可以分为以下几种类型。

① 多用途室内光缆(见图 2-15)：多用途室内光缆的结构设计是按照各种室内场所的需要而定的。

图 2-15　多用途室内光缆

② 分支光缆(见图 2-16)：多用于布线终接和维护。分支光缆便于各光纤的独立布线或分支布线。

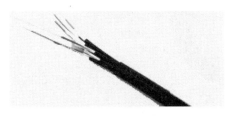

图 2-16　分支光缆

③ 互连光缆(见图 2-17)：为布线系统进行语音、数据、视频图像传输设备互连所设计的光缆，使用的是单纤和双纤结构。互连光缆连接容易，在楼内布线中可用作跳线。

图 2-17　互连光缆

(2) 室外光缆。

室外光缆的抗拉强度比较大，保护层厚重，在综合布线系统中主要用于建筑群子系统，根据敷设方式的不同，室外光缆可分为架空式光缆、管道式光缆、直埋式光缆、隧道光缆和水底光缆等。

① 架空式光缆(见图 2-18)：当地面不适宜开挖或无法开挖(如需要跨越河道敷设)时，可以考虑采用架空的方式敷设光缆。普通光缆虽然也可以架空敷设，但是往往需要预先敷设承重钢缆。而自承式架空光缆把两者合二为一，给施工带来简单和方便。

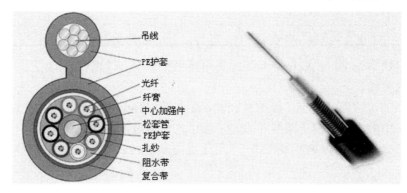

图 2-18　架空式光缆

② 管道式光缆(见图 2-19)：在新建成的建筑物中都预留了专用的布线管道，因为在布线中多使用管道式光缆。管道式光缆的强度并不大，但拥有较好的防水性能，除了用于管道布线外，还可以通过预先敷设的承重钢缆来用于架空铺设。

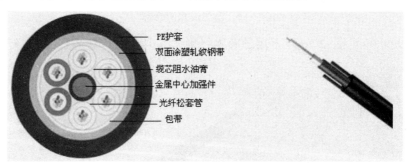

图 2-19　管道式光缆

③ 直埋式光缆(见图 2-20)：直埋式光缆在布线时需要在地下开挖一定深度的地沟(大约 1m 左右)，用于埋设光缆。直埋式光缆布线简单易行，施工费用较低，在一般光缆敷设

时使用。直埋式光缆通常拥有两层金属保护层，并且具有很好的防水性能。

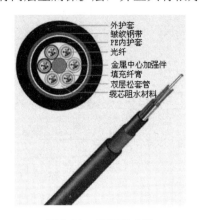

图 2-20　直埋式光缆

④　隧道光缆：隧道光缆是指经过公路、铁路等交通隧道的光缆。

⑤　水底光缆：水底光缆是指用于穿越江河、湖泊、海峡水底的光缆。

以上两种光缆需要选用优质光纤，以确保光缆具有优良的传输性能，在使用时要精确控制光纤余长，保证光缆具有优良的机械特性和温度特性。要有严格的工艺、原材料控制，保证光缆稳定工作 30 年以上。在松套管内填充特种油膏，对光纤进行关键的保护。采用全截面阻水结构，确保光缆具有良好的阻水防潮性能。中心加强构件采用增强玻璃纤维塑料(FRP)制成。双面覆膜复合铝带纵包，与 PE 护套紧密粘结，既确保了光缆的径向防潮，又增强了光缆耐侧压能力。如果在光缆中选用非金属加强构件，可以适用于多雷雨地区。

(3) 室内/室外通用光缆。

由于敷设方式的不同，室外光缆必须具有与室内光缆不同的结构特点。室外光缆要承受水蒸气扩散和潮气的侵入，必须具有足够的机械强度及对啮咬等的保护措施。室外光缆由于有 PE 护套及易燃填充物，不适合室内敷设，因此人们在建筑物的光缆入口处为室内光缆设置了一个移入点，这样，室内光缆才能可靠地在建筑物内进行敷设。

室内/室外通用光缆(见图 2-21)既可在室内使用，也可在室外使用，不需要在室外向室内的过渡点进行熔接。

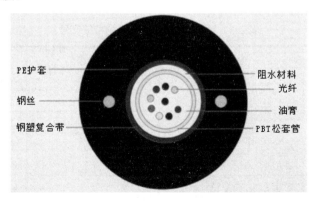

图 2-21　室内/室外通用光缆

3．光缆的规格型号

光缆的规格型号表示为形式代码和规格代码。

(1) 形式代码。

光缆的形式代码如图 2-22 所示。

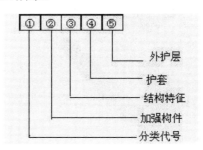

图 2-22　光缆的形式代码

① 分类代号如表 2-9 所示。

表 2-9　分类代号

代　号	含　义	代　号	含　义
GY	通信用室外光缆	GS	通信用设备内光缆
GM	通信用移动式光缆	GH	通信用海底光缆
GJ	通信用室内光缆	GT	通信用特种光缆

② 加强构件代号如表 2-10 所示。

表 2-10　加强构件代号

代　号	含　义
(无符号)	金属加强构件
F	非金属加强构件

③ 缆芯和光缆派生结构特征代号如表 2-11 所示。

表 2-11　缆芯和光缆派生结构特征代号

代　号	含　义	代　号	含　义
D	光纤带结构	T	填充式结构
S	光纤松套被覆结构	R	充气式结构
J	光纤紧套被覆结构	C	自承式结构
(无符号)	层纹结构	B	扁平形状
G	骨架槽结构	E	椭圆形状
X	缆中心带(被覆)结构	Z	阻燃结构

④ 护套代号如表 2-12 所示。

表 2-12　护套代号

代　号	含　义	代　号	含　义
Y	聚乙烯护套	W	夹带钢丝的钢(简称 W 护套)
V	聚氯乙烯护套	L	铝护套
U	聚氨酯护套	G	钢护套
A	铝(简称 A 护套)	Q	铅护套
S	钢(简称 S 护套)		

⑤　外护层代号如表 2-13 所示。

表 2-13　外护层代号

铠 装 层		外被层或外套	
代　号	含　义	代　号	含　义
0	无铠装层	1	纤维外被
2	绕包双钢带	2	聚氯乙烯套
3	单细圆钢丝	3	聚乙烯套
33	双细圆钢丝	4	聚乙烯套加覆尼龙套
4	单粗圆钢丝	5	聚乙烯保护管
44	双粗圆钢丝		
5	皱纹钢带		

(2)　规格代码。

光缆的规格由光纤数和光纤类别组成。如果同一根光缆中含有两种或两种以上规格(光纤数和类别)的光纤，中间应用"+"号连接，如图 2-23 所示。

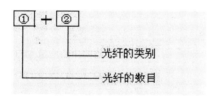

图 2-23　光缆的规格代码

①　光缆中光纤的数目：表示光缆中光纤的根数。

②　光缆中光纤的类别：分为单模光纤(如表 2-14 所示)和多模光纤(如表 2-15 所示)。

表 2-14　单模光纤的类别

代　号	名　称	材　料
B1.1(或 B1)	非色散位移型	二氧化硅
B1.2	截止波长位移型	二氧化硅
B2	色散位移型	二氧化硅
B4	非零色散位移型	二氧化硅

表 2-15　多模光纤的类别

代　号	特　性	纤芯直径(mm)	包层直径(mm)	材　料
A1a	渐变折射率	50	125	二氧化硅
A1b	渐变折射率	62.5	125	二氧化硅
A1c	渐变折射率	85	125	二氧化硅
A1d	渐变折射率	100	140	二氧化硅
A2a	渐变折射率	100	140	二氧化硅

4．光缆的防火特性

与双绞线电缆一样，在选择光缆的时候，同样也要注意其防火特性，美国国家电气法规(NEC)描述了不同类型的光缆及其使用的材料，光缆主要分为以下两种类型。

● OFC：包含金属导体填充以增加强度。
● OFN：不包含金属。

表 2-16 列出了建筑物采用不同线槽或线管时可以使用的光缆。

表 2-16　建筑物采用不同线槽或线管时可以使用的光缆

区　域	光缆类型
商业建筑物内采用 PVC 线槽或线管时光缆的选择	
A(吊顶或有空调系统)	OFNP
A(吊顶或无空调系统)	OFNP/OFNR/OFN
B(一般工作区)	OFNP/OFNR/OFN
C(弱电竖井)	OFNP/OFNR
商业建筑物内采用阻燃 PVC(金属)线槽或线管时光缆的选择	
A(吊顶或有空调系统)	OFNP/OFNR/OFN
A(吊顶或无空调系统)	OFNP/OFNR/OFN
B(一般工作区)	OFNP/OFNR/OFN
C(弱电竖井)	OFNP/OFNR/OFN

OFNP 为非传导性光纤通风道光缆，OFNR 为非传导性光纤竖井光缆，OFN 为非传导性光纤通用光缆。

2.3.4　有线传输介质的选择

在设计综合布线系统时，需要考虑实际采用的传输介质的不同性能指标。综合布线工程需要适应不同的网络性能需求和布线环境，要求选用不同的传输介质。

表 2-17 是《综合布线系统工程设计规范》(GB 50311—2007)中明确规定的综合布线系统的等级与类别选用要求。

表 2-17 综合布线系统的等级与类别选用

业务类别	配线子系统		干线子系统		建筑群子系统	
	等 级	类 别	等 级	类 别	等 级	类 别
语音	D/E	5e/6	C	3(大对数)	C	3(室外大对数)
数据	D/E/F	5e/6/7	D/E/F	5e/6/7		
	光纤	62.5μm 多模	光纤	62.5μm 多模	光纤	62.5μm 多模
		50μm 多模		50μm 多模		50μm 多模
		<10μm 单模		<10μm 单模		<10μm 单模
其他应用	可采用 5e/6 类电缆和 62.5μm 多模/50μm 多模/<10μm 单模光缆					

2.4 综合布线系统的相关器材与工具

综合布线系统的最终目标，是在建筑物内建立一条"信息高速公路"，因此，在综合布线系统工程的设计和施工过程中，除了要使用双绞线、同轴电缆、光缆等传输介质外，还需要考虑相关的连接部件与器材。

2.4.1 信息插座

信息插座是在一块金属或塑料面板上，以固定或模块化方式集成不同种类和数量的连接器，用于实现工作区子系统中用户设备与网络线缆之间的物理和电气连接，它为工作区布线提供了与水平布线相连的接口。

信息插座通常由信息模块、面板和底盒三部分组成，如图 2-24 所示。

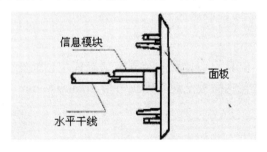

图 2-24 信息插座的结构示意图

1. 信息插座结构分类

按插孔数分：有单口、双口、三口和四口的型号。

按插孔形状分：有平面插口，斜口插口。

按面板与连接器的结合分：有固定式的和模块化的。

按安装位置分：有墙面式的、桌面式的和地面式的。

下面简要叙述按面板与连接器的结合划分的固定式的和模块化的信息插座的结构特征。

(1) 固定式信息插座。

固定式信息插座上的端口或插孔被固化在面板上，结构由厂商决定，面板上的端口数量和类型是不能改变的，如图 2-25 所示。

固定式信息插座的安装位置一般被设计在工作区的墙面、桌面或地面上，根据需要在设计时考虑安装位置和种类等。

(2) 模块化信息插座。

模块化信息插座上的端口数量和类型可以根据需要来决定，模块化信息插座安装完后，如果需要改变端口类型，只须在同一面板上更换所要的端口组件即可，而无须重新更换信息插座。由于它具有使用灵活的特点，因此成为综合布线系统首选的信息插座。

2．RJ-45 信息模块

信息插座中的信息模块通过水平干线与楼层配线架相连，通过工作区跳线与应用综合布线系统的设备相连，因此，信息模块的类型必须与水平干线和工作区跳线的线缆类型一致。RJ-45 信息模块根据 ISO/IEC 11801、TIA/EIA 568 的国际标准设计制造，该模块为 8 线式插座模块，适用于双绞线电缆的连接。RJ-45 信息模块如图 2-26 所示。

图 2-25　固定式信息插座　　　　　　　　图 2-26　RJ-45 信息模块

RJ-45 信息模块的类型要求与双绞线电缆的类型要求是一一对应的。可以分为 3 类、4 类、5 类、5e 类、6 类 RJ-45 信息模块等。

3．面板和底盒

信息插座面板用于在信息出口位置安装固定信息模块。插座面板有英式、美式和欧式三种。国内普遍采用的是英式面板，通常为正方形 86mm×86mm 规格，如图 2-27 所示。

图 2-27　插座面板

信息插座的底盒一般是用塑料材质制造的，预埋在墙体里的底盒也可以有金属材料的。底盒有单底盒和双底盒两种，图 2-28 所示为单接线底盒。一个底盒安装一个面板，并且底盒的大小必须与面板制式相匹配。接线底盒有明装和暗装两种，明装底盒可以安装在墙面上或预埋在墙体内。接线底盒内有供固定面板用的螺钉孔，随面板配有将面板固定在接线底盒上的螺钉。接线底盒上都预留了穿线孔，有的接线底盒穿线孔是通的，有的接线底盒在多个方向预留有穿线位，安装时凿穿与线管对接的穿线位即可。

图 2-28 单接线底盒

4．信息插座的设计与安装

在设计和安装信息插座时，必须根据要进行安装对象的性质考虑以下几点。

(1) 信息插座的定位。在工作区子系统中，信息插座的位置设计是否合理是非常重要的。在综合布线中，大多数标准要求连接工作站与信息插座的最大电缆长度不能超过 3m，光纤不能超过 10m。在定位一个信息插座时，要考虑到信息插座的垂直位置和水平位置。信息插座在定位垂直位置时，主要参考民用或商用电气法规(NEC)中的有关内容。信息插座在定位水平位置时，其设计应尽可能靠近工作站的位置。

(2) 信息插座的装配。如果将信息插座安装到墙壁上，可以使用如下接线底盒。

① 暗装式接线底盒。最常用的信息插座安装方法，一般使用金属或塑料制作的小盒，施工时被固定在墙壁上，接线盒内有用于固定信息插座的螺丝孔。

② 明装式接线底盒。这种底盒一般在旧建筑物中或很难在墙壁内布线时使用，线缆穿过布线槽接入并固定在墙壁表面的接线底盒中。

2.4.2 配线架

配线架是铜缆或光缆进行端接和连接的装置。建筑群配线架用于端接建筑群干线电缆和光缆；建筑物配线架用于端接建筑物内的干线电缆、干线光缆并可连接建筑群干线电缆、干线光缆；楼层配线架用于水平电缆、水平光缆与其他布线子系统或设备的连接。

1．电缆配线架

电缆配线架分为 110 型配线架系统、模块式快速配线架系统和多媒体配线架。

(1) 110 型配线架有 25 对、50 对、100 对和 300 对多种规格，它的套件还包括 4 对连接块或 5 对连接块、空白标签、标签夹和基座。110 型配线系统使用的插拔快接可以简单地进行回路的重新排列，这样就为非专业技术人员管理交叉连接系统提供了方便。110 型配线架系统如图 2-29 所示。

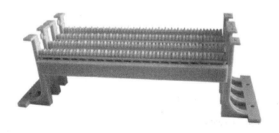

图 2-29 110 型配线架系统

(2) 模块式快速配线架又称机架式配线架，是一种 19 英寸的模块式嵌座配线架，有一个 110 型配线架装置和与其相连接的 8 针模块化插座，这种设计在工作现场进行模块端接时，可避免使用中间部件并可节省劳动力，使得管理区外观整洁、维护方便。模块式快速配线架系统如图 2-30 所示。

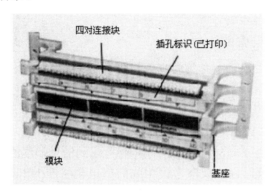

图 2-30　模块式快速配线架系统

2．光缆配线架

光缆配线架(见图 2-31)是一个可以打开的盒子，其作用是在管理子系统中对光缆进行连接，同时对光缆进行固定和保护。

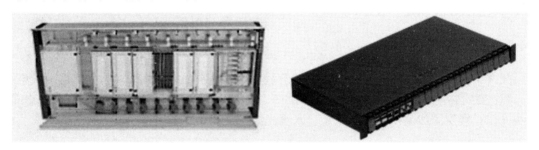

图 2-31　光缆配线架

2.4.3　连接器

连接器是用来将有线传输介质与网络通信设备或其他传输介质连接的布线部件。根据综合布线系统中使用的不同线缆，与之对应的连接器也分为三种类型。

1．双绞线连接器

在双绞线布线系统中，通常使用 RJ-45 连接器(通称为 RJ-45 水晶头)。它是一种透明的塑料接头插件，其外形与电话线的插头类似，只是电话线用的是 RJ-11 插头，是 2 针的，而 RJ-45 连接器是 8 针的。新 RJ-45 连接器头部有 8 片平行的带 V 字形刀口的铜片并排放置，V 字头的两尖锐处是较为锋利的刀口。制作双绞线插头时，将双绞线中的 8 根导线按一定的顺序插入 RJ-45 连接器的插头中，导线位于 V 字形刀口的上部，用压线钳将 RJ-45 插头压紧，这时，RJ-45 连接器中的 8 片 V 字形刀口将分别刺破每根双绞线的绝缘外皮，使得 RJ-45 连接器与双绞线中的各导线紧密连接。RJ-45 连接器及其连接如图 2-32 所示。

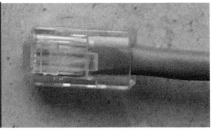

图 2-32　RJ-45 连接器及其连接

在制作 UTP 电缆的信息插座时，信息插座上有与单根电缆导线相连的狭槽，通过冲压工具或者特殊的连接器帽盖将 UTP 电缆导线压到狭槽里，狭槽穿过导线的绝缘层，直接与连接器物理接触。

2．同轴电缆连接器

同轴电缆用同轴电缆连接器端接。同轴电缆连接器有许多不同的类型，常用的有 BNC 型、F 型和 N 型。

(1)　BNC 型同轴电缆连接器。

BNC 型同轴电缆连接器(见图 2-33)是与 RG-58 细缆一起使用的，单个 BNC 型同轴电缆连接器接在 RG-58 同轴电缆的末端，是 Male 式连接器。Female 式 BNC 型同轴电缆连接器安装在通信网卡上。BNC 型同轴电缆连接器是一个卡口式连接器，连接器设计成滑动插入 Female 式的连接器中，然后通过旋转固定。旋转一半就可以把连接器锁住，往相反方向旋转则可以解除锁定。

BNC 型同轴电缆连接器在细缆以太局域网中应用广泛。RG-58 同轴电缆用 Male 式 BNC 型同轴电缆连接器端接。BNC T 型连接器用来把两条 RG-58 电缆连接在一起。细缆以太网网卡的后面装有 Female 式的 BNC 型同轴电缆连接器，这样就可以与 BNC 型同轴电缆连接器相接。

图 2-33　BNC 型同轴电缆连接器

(2)　F 型同轴电缆连接器。

F 型同轴电缆连接器一般用在有线电视系统的 RG-59 或 RG-6 同轴电缆上。F 型同轴电缆连接器是一个螺口连接器。Male 式连接器通过螺口与通信设备上的 Female 式 F 型连接器拧在一起，或者拧在 Female 式耦合器上。耦合器可以使两条同轴电缆连接在一起，耦合器通常安装在信息插座上。同轴电缆用 F 型同轴电缆连接器端接，然后接在耦合器的后面，即信息插座的后面。这是家用有线电视电缆连接的常见结构。

(3)　N 型同轴电缆连接器。

N 型同轴电缆连接器用于 RG-8 粗缆连接，主要应用于早期的以太局域网。N 型同轴电缆连接器是一个螺口连接器，用于同轴电缆的端接。N 型同轴电缆连接器是 Male 式连接器，N 型端接器和节套连接器都是 Female 式连接器。

3.光纤连接器

光纤连接器是用来对光缆进行端接的。但是,光纤连接器与铜缆连接器不同,它是把两根光缆的芯子对齐,提供低损耗的连接。连接器的对准功能使得光线可以从一条光缆进入另一条光缆或者通信设备。实际上,光纤连接器的对准功能必须非常精确。

按照不同的分类方法,光缆连接器可以分为不同的类型。按传输媒介的不同,可分为单模光缆连接器和多模光缆连接器;按结构的不同,可分为FC、SC、ST、D4、DIN、Biconic、MU、LC、MT等各种形式;按连接器的插针端面不同,可分为FC、PC(UPC)和APC;按光缆芯数分,还有单芯、多芯之分;按端面接触方式,可分为PC、UPC 和 APC 型。

在实际应用中,一般按照光缆连接器结构的不同来加以区分,多模光缆连接器接头类型有 FC、SC、ST、FDDI、SMA、MT-RJ、LC、MU 及 VF45 等,单模光缆连接器接头类型有 FC、SC、ST、FDDI、SMA、MT-RJ、LC 等。

(1) FC 型光缆连接器。

FC 型光缆连接器的外部加强方式是采用金属套,紧固方式为螺丝扣。此类连接器结构简单,操作方便,制作容易,但光缆端面对微尘较为敏感,如图 2-34 所示。

(2) SC 型光缆连接器。

SC 型光缆连接器外壳呈矩形,所采用的插针和耦合套筒的结构尺寸与 FC 完全相同。其中,插针的端面多采用 PC 或 APC 型研磨方式,紧固方式是采用插拔闩锁,不需旋转。

此类 FC 型光缆连接器价格低廉,插拔方便,介入损耗波动小,抗压强度较高,安装密度高,如图 2-35 所示。

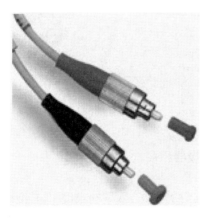

图 2-34　FC 型光缆连接器

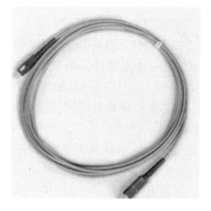

图 2-35　SC 型光缆连接器

(3) ST 型光缆连接器。

ST 型光缆连接器外壳呈圆形,所采用的插针和耦合套筒的结构尺寸与 FC 完全相同。其中,插针的端面多采用 PC 或 APC 型研磨方式,紧固方式采用螺丝扣。此类型光缆连接器适用于各种光缆网络,操作简便,且具有良好的互换性,如图 2-36 所示。

(4) MT-RJ 型光缆连接器。

MT-RJ 型光缆连接器带有与 RJ-45 型 LAN 连接器相同的闩锁机构,通过安装于小型套管两侧的导向锁对准光缆。

为便于与光收发信号相连,该连接器端面光缆为双芯排列设计,是主要用于数据传输的高密度光缆连接器，如图 2-37 所示。

图 2-36　ST 型光缆连接器

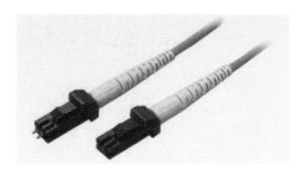

图 2-37　MT-RJ 型光缆连接器

(5) LC 型光缆连接器。

LC 型光缆连接器(见图 2-38)采用操作方便的模块化插孔(RJ)闩锁机构制成，该连接器所采用的插针和套筒的结构尺寸是普通 SC、FC 等连接器所用尺寸的一半，提高了光配线架中光缆连接器的密度。

(6) MU 型光缆连接器。

MU 型光缆连接器(见图 2-39)是以 SC 型光缆连接器为基础研发的世界上最小的单芯光缆连接器，其优势在于能实现高密度安装。

随着光缆网络向更大带宽、更大容量方向的迅速发展和 DWDM 技术的广泛应用，对MU 型光缆连接器的需求也迅速增长。

图 2-38　LC 型光缆连接器

图 2-39　MU 型光缆连接器

2.4.4　布线器材与工具

1. 布线器材

(1) 桥架。

桥架是综合布线系统的一个重要器材，它是建筑物内布线不可缺少的一个部分。桥架通常固定在楼顶或墙壁上，主要用于线缆的支撑。

根据桥架本身的形状和组成结构，可将桥架分为梯级式、托盘式和槽式桥架三种类型。

① 梯级式桥架：具有重量轻、成本低、造型别致、通风散热好等特点。它一般适用于直径较大的电缆的敷设，如地下层、垂井、活动地板下和设备间的线缆敷设。梯级式桥架的空间布置如图 2-40 所示。

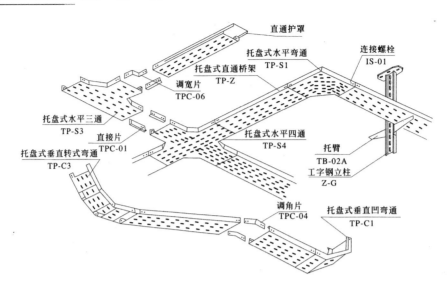

图 2-40　梯级式桥架的空间布置

②　托盘式桥架：是由带孔洞眼的底板和无孔洞眼的侧边所构成的槽形部件，或由整块钢板冲出底板的孔眼后，按规格弯制成槽形部件。它具有重量轻、载荷大、造型美观、结构简单、安装方便、散热透气性好等优点，适用于敷设环境无电磁干扰，不需要屏蔽的地段，或环境干燥、清洁、无灰、无烟等不被污染的要求不高的一般场所。托盘式桥架的空间布置如图 2-41 所示。

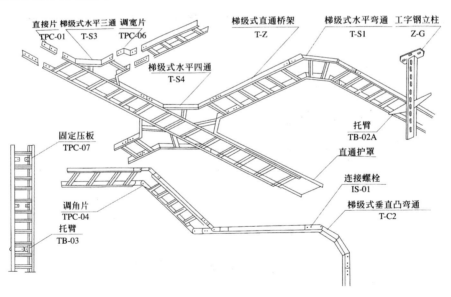

图 2-41　托盘式桥架的空间布置

③　槽式桥架：是由底板和侧边构成或由整块钢板弯制成的槽形部件，因此，有时称它为实底型电缆槽道。槽式桥架如配有盖，就成为一种全封闭的金属壳体，具有抑制外部电磁干扰，防止外界有害液体、气体和粉尘侵蚀的作用。因此它适用于需要屏蔽电磁干扰，或者防止外界各种气体或液体等侵入的场合。槽式桥架的空间布置如图 2-42 所示。

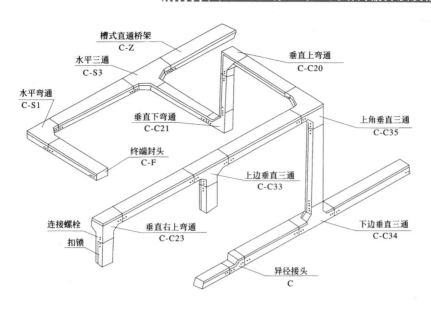

图 2-42 槽式桥架的空间布置

桥架支架是支撑电缆桥架的主要部件，它由立柱、立柱底座、托臂等组成(见图 2-43)，可满足不同环境条件(工艺管道架、楼板下、墙壁上、电缆沟内)安装不同形式(悬吊式、直立式、单边、双边和多层等)的桥架，安装时还需连接螺栓和安装螺栓(膨胀螺栓)。

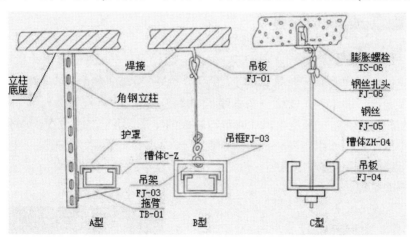

图 2-43 桥架支架

桥架安装的注意事项如下：

- 桥架装置的最大载荷、支撑间距应小于允许载荷和支撑跨距。
- 选择桥架的宽度时，应留有一定的备用空位，以便今后增添电缆。
- 当电力电缆与控制电缆较少时，可用同一电缆桥架安装，但中间要用隔板将电力电缆和控制电缆隔开敷设。
- 电缆桥架水平敷设时，桥架之间的连接头应尽量设置在跨距的 1/4 左右处。水平走向的电缆每隔 2m 左右固定一次，垂直走向的电缆每隔 1.5m 左右固定一次。
- 电缆桥架装置应有可靠接地。如利用桥架作为接地干线，应将每层桥架的端部用

16mm² 软铜线或与之相当的铜片连接(并联)起来，与接地干线相通，长距离的电缆桥架每隔 30～50m 接地一次。

- 电缆桥架在室外安装时，应在其顶层加装保护罩，防止日晒雨淋。如需焊接时，焊件四周的焊缝厚度不得小于母材的厚度，焊口必须进行防腐处理。

(2) 电缆支撑硬件。

在综合布线系统工程中，根据 ANSI/TIA/EIA 569-A 标准要求，必须对所有安装在开放式吊顶上方的电缆进行支撑，因此，综合布线系统工程中，最常用的电缆支撑硬件有吊线环、J 形钩、电缆夹和电缆扎带等。

① 吊线环。吊线环是末端开环的电缆支撑硬件，如图 2-44 所示。在综合布线系统工程中，它用螺钉固定在木制的横梁上。对于支撑 1～10 条线缆来说，非常方便。

② J 形钩。J 形钩是形状像字母 J 的电缆支撑硬件，如图 2-45 所示。它是一个预制电缆支撑设备，接在建筑物的墙壁上或横梁上，放置在电缆路径上间隔为 1.2～1.5m 的位置上，或者放置在指定的支撑点上。

图 2-44　吊线环

图 2-45　J 形钩

③ 电缆夹。电缆夹是一种常见的支撑部件，是一种弯曲的金属夹，通过吸附作用固定在建筑物横梁上，通常用于支撑一条电缆，如图 2-46 所示。

④ 电缆扎带。电缆扎带是用铝片或塑料制成的宽带，用于支撑电缆，如图 2-47 所示。这种电缆支撑部件包在一组电缆外，可以挂在 J 形钩或者支架上。如果某一电缆组要加入一条电缆，可以先去掉电缆扎带进行操作，完毕后再重新用电缆扎带扎好，使用电缆扎带可以较好地整理电缆。

图 2-46　电缆夹

图 2-47　电缆扎带

(3) 管线支撑部件。

安装在吊顶上方的管道必须用吊钩等支撑设备来支撑，可以用来固定管道，防止管道移动。支撑管道的硬件主要有管道吊钩、吊架等。

①　管道吊钩。管道吊钩是一个梨形的支架，通常用一个螺母和一个锁定圈固定在螺杆的一端，螺杆的另一端用适当的固定工具固定在建筑物结构上，混凝土固接器可以将螺杆固定在建筑物墙体上，横梁夹可以将螺杆固定在楼内支撑横梁上。通常，在综合布线工程中，管道吊钩一般应安装在吊顶空间管道的末端和管道交接处，管道吊钩必须安装在两个支撑点之间，支撑点的间隔大约 1.2m。

②　吊架。吊架式管道支撑通常设计为一个水平支撑单元，用两个螺杆固定在建筑物的吊顶上，螺杆用夹子或其他类型的扣件固定在建筑物结构上，吊架式管道通常用来支撑多管道路径。

(4)　线管。

线管材料有钢管、塑料管和混凝土管等。

①　钢管。钢管按壁厚不同，分为普通钢管(水压实验压力为 2.5MPa)、加厚钢管(水压实验压力为 3MPa)和薄壁钢管(水压实验压力为 2MPa)；按制造方法不同，分为无缝钢管和焊接钢管。

普通钢管和加厚钢管统称为水管，有时简称为厚管，它有管壁较厚、机械强度高和承压能力较大等特点，在综合布线系统中主要用在垂直干线上升管路、房屋底层。

薄壁钢管又简称薄管或电管，因管壁较薄，所以承受压力不能太大，常用于建筑物天花板内外部受力较小的暗敷管路。

工程施工中常用的钢管，以外径 mm 为单位，有 D16、D20、D25、D32、D40、D50 和 D63 等规格。一般管内填充物占 30%左右，以便于穿线。软管(俗称蛇皮管)供弯曲的地方使用。

钢管具有屏蔽电磁干扰能力强、机械强度高、密封性能好、抗弯、抗压和抗拉性能好等特点。在机房的综合布线系统中，常常在同一金属线槽中安装双绞线和电源线，这时，将电源线安装在钢管中，再与双绞线一起敷设在线槽中，会起到良好的电磁屏蔽作用。

②　塑料管。塑料管是由树脂、稳定剂以及添加剂配制挤塑成型的。综合布线系统中通常采用聚氯乙烯管材(PVC-U 管)、双壁波纹管、铝塑复合管等。

聚氯乙烯管材(PVC-U 管)是综合布线工程中使用最多的一种塑料管，管长通常为 4m、5.5m 或 6m，PVC 管具有优异的耐酸、耐碱、耐腐蚀性，耐外压强度、耐冲击强度等都非常高，具有优异的电气绝缘性能，适用于各种条件下的电线、电缆的保护套管配管工程。聚氯乙烯管及管件如图 2-48 所示。

双壁波纹管(见图 2-49)的刚性大，耐压强度高于同等规格的普通光身塑料管；重量是同规格普通塑料管的一半，从而方便施工，可减轻工人劳动强度；密封好，在地下水位高的地方使用，更能显示出其优越性；波纹结构能加强管道对土壤负荷的抵抗力，便于连续敷设在凹凸不平的地面上；使用双壁波纹管，工程造价可比普通塑料管降低 1/3。

铝塑复合管(见图 2-50)是一种良好的屏蔽材料；因此，常用作综合布线、通信线路的屏蔽管道。

③　混凝土管。混凝土管按所使用材料和制造方法的不同，分为干打管和湿打管。其中，干打管(砂浆管)在一些大型的电信通信施工中常常使用。

图 2-48　聚氯乙烯管及管件

图 2-49　双壁波纹管

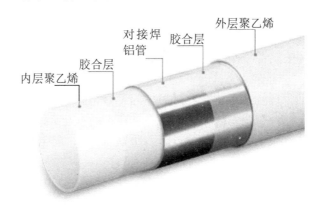

图 2-50　铝塑复合管

(5) 线槽。

线槽分为金属线槽和 PVC 塑料线槽。

PVC 塑料线槽是综合布线工程明敷管槽时广泛使用的一种材料,如图 2-51 所示。它是一种带盖板封闭式的管槽材料,盖板和槽体通过卡槽合紧。型号有 PVC-20 系列、PVC-25系列、PVC-30 系列、PVC-40 系列、PVC-60 系列等。与 PVC 槽配套的连接件有阳角、阴角、直转角、平三通、左三通、右三通、连接头、终端头等,如图 2-52 所示。

图 2-51　PVC 塑料线槽

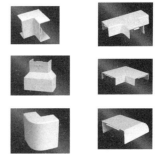

图 2-52　与 PVC 槽配套的连接件

2．布线工具

(1) 双绞线剥线钳。

双绞线剥线钳用于剥去双绞线的外护套,同时保证双绞线外端面的平整,如图 2-53 所示。在剥线时，必须想办法不在导线上留有剥线的刻痕，否则可能会损坏导线包皮下的金属导体。双绞线剥线钳也具有压线功能，将双绞线按照一定的相序插入 RJ-45 水晶头，然后把水晶头放入剥线钳的压线部位，用力压下剥线钳的手柄，听到一声轻微的"喀"响声，就完成了 RJ-45 水晶头跳线的压制。

(2) 同轴电缆剥线钳。

同轴电缆剥线钳(见图 2-54)分别对应于电缆的不同材质层，在剥线时，把同轴电缆放入剥线钳上不同孔径的剥线孔内，用剥线刀切割不同层的外皮，以导线为轴旋转剥线钳一周，然后向电缆末端拉出，除去已经切断的外皮。

图 2-53　双绞线剥线钳

图 2-54　同轴电缆剥线钳

(3) 光纤剥线钳。

光纤的外护套直径、覆盖层厚度、缓冲层厚度等都是标准化的，使用如图 2-55 所示的光纤剥线钳能够剥去外皮，而且一般不会损伤内层。

(4) 110 打线工具。

双绞线的一端连接在信息插座或配线架的相应接口处，然后使用 110 打线工具将导线压入相应的茬口。110 打线工具如图 2-56 所示。

图 2-55　光纤剥线钳

图 2-56　110 打线工具

本 章 小 结

传输介质和有关连接部件是构建综合布线系统的基础硬件。在系统设计过程中，对传输介质和有关连接部件选择合适与否，将直接影响到综合布线的可靠性和稳定性，对综合布线工程的质量至关重要。

传输介质是连接网络系统的物理媒介。双绞线是综合布线工程中最常用的一种传输介质，大多数数据和语音网络都使用双绞线布线。由于施工简单、安装容易、价格低廉，因此，是目前综合布线系统的基本传输介质；同轴电缆具有较高的屏蔽效果和高带宽、低衰减特性，目前，更多地使用于有线电视或视频等网络应用中；光缆由于其具有传输频带宽、通信容量大、线路损耗低、传输距离远、抗化学腐蚀能力强、线径细、质量小、抗干扰能力强、应用范围广等特点，随着其技术的完善和价格的走低，必将成为综合布线系统的主流产品。

相关的连接部件不但可以实现综合布线系统的连接，而且也是实现对综合布线系统进行管理的重要部件。它们的质量和性能在设计和施工时的好坏，往往起着决定性的作用。

在综合布线中，相关工具的正确使用，也往往会直接影响到传输介质连接的质量。

本 章 实 训

1．实训目的

通过本次实训，学生将能够：

● 合理地选择传输介质和布线器材。

● 正确地使用布线工具。

2．实训内容

(1) 通过市场调研、上网查阅有关资料，全面理解本章所学的相关知识。

(2) 通过对本校校园网的调研，了解传输介质和相关部件及器材在综合布线系统工程中的应用。

3．实训步骤

(1) 在教师指导下，通过各种途径，对有关传输介质和相关部件及器材进行详细的了解，并且完成实验报告。

(2) 由教师组织学生参观校园网，校园网工作人员为学生开展相关专题讲座，并对校园网进行介绍，使学生进一步理解综合布线系统设计如何科学合理地选择相应的部件。

复习自测题

1．填空题

(1) 有线传输介质主要有_____、_____、_____；无线传输介质主要有_____、_____等。

(2) 双绞线按结构可以分为_____和_____两种类型，分别简称为 UTP 和 STP。

(3) 双绞线按特性阻抗的不同，可分为_____、_____、_____几种，常用的是_____的双绞线电缆。

(4) 5 类、超 5 类双绞线的传输带宽为_____MHz，其传输速率可达_____Mbps；

高职高专立体化教材 计算机系列

6 类双绞线的传输带宽为_____MHz，其传输速率可达_____Mbps；7 类双绞线的传输带宽为_____MHz，其传输速率可达_____Mbps。

(5)　衰减串扰比(ACR)是反映电缆性能的一个重要参数，较大的 ACR 值表示对抗干扰的能力更_____，系统要求至少大于_____。

(6)　EIA/TIA 568B 中规定，双绞线的线序是_____。

(7)　同轴电缆主要有_____、_____和_____三种类型。

(8)　按照构成光纤材料的不同，可以分为_____、_____和_____；按照折射率分布的不同，可以分为_____和_____；按照传输模式的不同，可以分为_____和_____。

(9)　光缆的结构可以分为_____、_____和_____三种。

(10)　在综合布线系统中，主要按照光缆的_____和_____进行分类。

(11)　信息插座面板有_____、_____和_____，国内普遍采用的是_____面板。

(12)　电缆配线架一般分_____和_____两种。

(13)　光缆连接器按传输媒介的不同，可分为_____和_____。

(14)　桥架根据本身的形状和组成结构，可分为_____、_____和_____。

(15)　线管材料有_____、_____、_____和_____等。

(16)　线槽分为_____和_____。

(17)　用于制作双绞线连接器的工具是_____。

2.　简答题

(1)　屏蔽双绞线和非屏蔽双绞线的区别是什么？

(2)　简述双绞线的主要电气特性参数。

(3)　简述超 5 类布线系统的优点。

(4)　6 类布线系统施工时应该注意哪几方面？

(5)　简述同轴电缆的结构与种类。

(6)　简述光纤通信系统的组成。

(7)　简述室外光缆的分类和使用时的注意事项。

(8)　简述配线架的作用和连接方式。

(9)　简述连接器的种类和各自的用途。

(10)　简述桥架安装时有哪些注意事项？

第3章 综合布线系统设计概述

在设计综合布线系统工程之前，必须做好一系列的基础工作，包括分析用户需求、确定设计等级、进行产品选型、选择设计工具、熟悉设计术语等。只有做好充分的用户需求调查和预测工作，才能形成科学合理的设计方案。

本章介绍综合布线系统工程设计的基本知识，重点介绍用户需求分析的内容和方法、设计原则、设计等级，以及常用布线图设计工具的使用。

通过本章的学习，学生将能够：

- 了解用户需求分析的内容和方法。
- 能够区分综合布线系统设计等级，并按要求选定设计等级。
- 学会选择综合布线系统产品。
- 学会运用 Visio 软件进行综合布线工程图设计。
- 理解综合布线系统的总体设计原则和方法。

本章的核心概念：用户需求、设计等级、产品选型、设计软件、总体设计。

3.1 用户需求分析

综合布线系统工程用户需求的调查分析，主要是针对智能建筑的建设规模、工程范围、使用性质、用户信息需求、业务功能、通信性质、人员数量、未来扩展等进行的一项非常复杂和繁琐的工作。用户信息调查和分析的结果是综合布线系统设计的基础数据，它的准确和完善程度，将会直接影响综合布线系统的网络结构、线缆规格、设备配置、布线路由和工程投资等一系列重大问题。

3.1.1 用户需求分析的对象和范围

1. 用户需求分析的对象

综合布线系统是通过传输网络进行信息服务的基础设施，它的建设对象有智能化建筑和智能化小区两种类型。二者的智能化程度在基本功能方面有相同之处，也有一些区别。为此，在进行用户信息需求调查预测时，对它们的基本功能必须充分了解和熟练掌握。

(1) 智能化建筑。

在第 1 章中已经指出，智能建筑是通过建筑物内的综合布线系统与各种终端设备，如通信终端(电话机、计算机等)和传感器(烟雾、压力、温度、湿度等传感器)连接，实现"感知"建筑内各个空间的"信息"，并通过计算机处理，给出相应的对策，实现楼宇自动化、通信自动化、办公自动化三大功能的。楼宇自动化主要是以计算机和中央监控系统为核心，对建筑内部的供水、电力、空调、冷热源、防火、防盗及电梯等各种设备的运行情况进行集中监控和科学管理，提供适宜的温度、湿度、亮度以及空气清新的工作和生活环境，达到高效、节能、舒适、安全、方便和实用的要求；通信自动化，就是通过通信传输网络与外部公用通信设施联网，高速而准确地处理语音、数据、文字和图像等各种信息，为智能化建筑的使用者提供各种通信手段；办公自动化是以计算机为中心，配置传真机、电话机、文字处理机、复印机、打印机、声音和图像存储装置等现代化办公及通信设备(包括相应软件)，全面而广泛地收集、整理、加工、使用信息，为科学管理和科学决策提供服务。

(2)　智能化小区。

智能化小区是利用现代建筑技术及现代计算机、通信、控制等高新技术，把物业管理、安防、通信等系统集成在一起，并通过通信网络连接物业管理处，为小区住户提供一个安全、舒适、便利的现代生活环境。建设部规定，智能化小区示范工程按其智能化程度，分为三种类型：普及型、先进型和领先型，三种小区需要达到的要求如下。

①　普及型智能化小区需要达到的要求有：

● 小区内设立计算机自动化管理中心。

● 水、电、热等自动计量和收费。

● 小区实行封闭管理，具有安全防范系统和自动化监控系统。

● 住宅的火灾、有害气体泄漏实行自动报警。

● 住宅设置紧急呼叫系统。

● 对小区的关键设备和设施实行集中管理，对其运行状态实施远程监控。

②　先进型智能化小区需要达到的要求有：

● 实行小区与城市区域联网，实现互通信息和资源共享。

● 通过网络终端设备实现医疗、文化娱乐、商业等公共服务和费用自动结算(或具备实施条件)。

● 住宅用户通过家庭电脑实现阅读电子书籍和出版物等。

③　领先型(又称超前型)智能化小区除实现普及型和先进型的所有基本功能外，还应该实施小区现代信息集成系统开发，达到提高服务质量、进行有效的物业管理和改善居住环境的目标。

2．用户需求调查的范围

综合布线系统工程设计的范围，就是用户需求分析的范围。该范围包括信息覆盖的区域和区域上有什么信息两层含义，在调查工作中应统筹兼顾，全面考虑。

(1)　工程区域的大小。

综合布线系统的工程区域有单幢独立的智能化建筑和由多幢组成的智能化建筑群(包括校园式小区和智能化小区)两种。前者的用户信息预测只是单幢建筑的内部需要；后者则包括多幢组成的智能化建筑群内部的需要。显然，后者用户信息调查预测的工作量要增加若干倍。

(2)　信息业务种类的多少。

目前，综合布线系统一般用于语音、数据、图像和监控等信息业务。由于智能化的性质和功能不同，对信息业务种类的需求有可能增加或减少。在用户信息调查预测中，必须根据用户的实际需要选择信息业务的种类。

3．用户需求调查的内容

综合布线工程的用户需求调查，主要包含以下内容：

- 用户信息点的种类。
- 用户信息点的数量。
- 用户信息点的分布。
- 原有系统的应用及分布情况。
- 设备间的位置。
- 进行综合布线施工的建筑物的建筑平面图以及相关管线分布图。

4．用户需求调查的方法

综合布线是一项复杂的系统工程，必须采用正确的方法，才能获得合理的用户需求。

(1) 实地考察。

实地考察是工程设计人员获得第一手资料采用的最直接的方法，也是必需的步骤。

(2) 用户访谈。

用户访谈要求工程设计人员与招标单位的负责人通过面谈、电话交谈、电子邮件等通信方式，以一问一答的形式来获得需求信息。

(3) 问卷调查。

问卷调查通常对数量较多的最终用户提出，询问其对将要建设的网络应用的要求。问卷调查的方式，可以分为无记名问卷调查和记名问卷调查。

(4) 归纳整理需求信息。

通过各种途径获取的需求信息通常是零散的、无序的，而且并非所有需求信息都是必要的或当前可以实现的，只有对当前系统总体设计有帮助的需求信息才应该保留下来，其他的仅作为参考，或以后升级使用。

对需求信息的整理通常有下列形式：

- 将需求信息用规范的语言表述出来。
- 对需求信息列表。
- 对需求信息用图表来表示(图表带有一定的分析功能，常用的有柱图、直方图、折线图和饼图。图表的绘制工具包括 AutoCAD、Visio 等)。

由于设计单位和建设方在对综合布线工程的理解上存在一定的偏差，所以对用户需求的分析结果的确认是一个反复商讨的过程。只有得到双方认可的分析结果，才能作为下一步工作的依据。

5．用户需求分析的基本要求

为提高用户信息需求调查分析的准确性，必须遵循以下基本要求。

(1) 充分体现三个要素，提高用户信息需求预测的准确性。在智能化建筑中，对于所有用户信息业务种类(包括电话机、计算机、图像设备和控制信号装置等)的信息需求的发生点，都应包含三个要素：即用户信息点出现的时间、所在的位置和具体数量。否则，在工程设计中就无法确定配置设备和敷设线缆的时间、地点、规格和容量。因此，对这三个要素的调查预测应尽量做到准确、翔实和具体。

(2) 以近期需求为主，适当结合今后发展的需要，留有余地。智能化建筑一旦建成，其建筑性质、建设规模、结构形式、使用功能、楼层数量、建筑面积和楼层高度等一般都已经固定，并在一定程度和具体条件下，已决定其使用特点和用户性质(如办公楼或商贸业务楼等)。因此，智能化建筑内近期设置的通信引出端(又称信息插座)的位置和数量，在一般情况下是固定的。在用户信息需求预测中，应以近期需求为主，但要考虑智能化建筑的使用功能和用户性质在今后有可能变化。因此，通信引出端的分布数量和位置要适当留有发展和应变的余地。例如，对今后有可能发展变化的房间和场所，要适当增加通信引出端的数量，其位置也应布置得较为灵活，使之具有应变能力。

(3) 对各种信息终端统筹兼顾、全面调查预测。综合布线系统的主要特点之一，是能综合语音、数据、图像和监控等设备的传输性能要求，具有较高的兼容性和互换性。它要将各种信息终端设备的插头与标准信息插座互相配套使用，以连接不同类型的设备(如计算机、电话机、传真机等)。因此，在预测过程中，对所有信息终端设备都要统筹兼顾、全面考虑，不应偏废某一种信息，以免造成遗漏。

(4) 根据调查收集到的基础资料和了解的工程建设项目的情况，参照类似智能化建筑的建筑性质、建设规模和使用功能进行分析比较和预测，初步得到综合布线系统工程设计所需的用户信息，其数据可作为参考依据。

(5) 将初步得到的用户信息预测结果提供给建设单位或有关部门共同商讨，广泛听取意见。如初步预测结果是由建设单位提供时，工程设计人员应了解该预测结果的依据及有关资料，共同对初步预测结果进行分析讨论，并进行必要的补充和修正。

(6) 参照以往其他类似工程设计中的有关数据和计算指标，结合工程现场调查研究，分析预测结果与现场实际是否相符，特别是，要避免项目丢失或发生重大错误。

3.1.2 用户信息需求量的估算

由于智能化建筑的类型较多，其建筑规模、使用性质、工程范围和人员结构也不同，例如，办公大楼和商场就显然有别，因此，用户信息需求量的估算指标也有多种。

此外，智能化建筑和智能化小区是新兴事物，工程中积累的经验和数据较少，而且有关数据和参考指标也不是固定不变的，应随着科学技术的发展和形势的变化而不断修正、补充和完善。在使用这些数据和指标时，还应结合工程现场的实际情况，不宜生搬硬套，以免产生错误的后果。

1. 智能化建筑信息需求量的估算方法

(1) 综合办公楼和商贸租赁大厦。

综合办公楼和商贸租赁大厦主要有政府机关、公司总部和商贸中心，也包括专业银行、保险公司和股票证券市场，其用户信息需求的估算方法一般有以下几种。

① 按在职工作人员的数量估算。通常党政机关、金融单位、科研设计部门的每个工作人员应配有一个信息点。规模较小或不太重要的部门可以 2~3 个工作人员配有 1 个信息点。在比较特殊或重要的部门中，信息点的数量可增加到每人两个或更多。

② 按组织机构的设置估算。在一般行政机关、工矿企业、科研设计等部门中，可根据其组织机构、人员编制及对外联系的密切程度来考虑。一般单位的科室至少配有两个信息点，也可根据实际需要和业务量多少来增减信息点数量。

(2) 交通运输和新闻机构。

交通运输和新闻机构包括航空港、火车站、长途汽车客运枢纽站、航运港、通信枢纽楼、公交指挥中心等；此外，还有广播电台、电视台、新闻通信社和报社等。上述单位的智能化建筑都属于重要的公共建筑，要求很高，信息需求量大，一般有以下几种估算方法。

①　按工作人员的数量估算。根据单位的工作性质、业务量多少和对外联系密切程度进行估算，重要单位每人应配备1个信息点，一般单位最少2～3个人配有1个信息点。

②　按工作岗位设置估算。有些单位(如客运、货运调度岗位)采用的是24小时工作制，而且业务性质较重要，除必备的信息点外，还应设置备用信息点，以保证工作不间断。

③　按参与活动和来往人员的多少估算。在从事交通运输工作的智能化建筑中，参与活动和来往的人员较多，而且活动时间较长，对外联系频繁，因此，可根据上述因素估算信息点的数量。一般可以按正比例关系考虑，信息点的设置位置也应考虑人员分散活动的特点。

(3)　其他类型的重要建筑。

其他类型的重要建筑较为复杂，各有特点，其中，有高级宾馆饭店、商城大厦、购物中心、医院、急救中心、贸易展览场馆、社会活动中心或会议中心等。其估算方法除可采用上述几种外，还可采用以下几种。

①　按经营规模的大小或工作岗位的多少来估算。如商场按柜台、宾馆饭店按房间、会议中心按座位、医院按床位或门诊病人数量作为基本计量单位。但要注意，上述智能化建筑本身的差异很大，对信息的需求也就不同，在估算时必须有所区分。

②　按建筑面积大小估计。上述几种场所也可按建筑面积的大小、办公室房间的多少、商场营业面积、商贸洽谈场所数量、面积和展览摊位数来估算。

此外，还可根据建筑性质，按其内部具体单位数量来估算。如以租赁大厦的租用单位多少进行估算，或按人员数量与建筑面积相结合进行估算。

2.　智能化小区信息需求量的估算方法

智能化小区一般是以居住建筑为主，其他为公共服务设施的建筑群。它与智能化建筑有所不同，其估算参考指标也不一样。

如智能化小区为高等院校的校园建筑时，可根据其建筑性质和功能，参照智能化建筑用户信息需求的参考指标进行估算。

智能化小区中的居住建筑可分为以下几类，在用户信息需求估算时，对它们应加以区分。

(1)　按居住建筑使用对象划分：有别墅式住宅、高级干部住宅、一般干部住宅和普通住宅，后两种又称为经济适用住房。由于建筑使用对象不同，与外界的联系频繁程度和生活方式的差异，对通信的需求也有很大区别。

(2)　按居住建筑的房间数和套型划分：有小套、中套、大套和特大套；房间数分1室型、2室型、3室型和3室以上型等几种。

(3)　按居住建筑的智能化程度划分：有普及型、先进型和领先型(又称超前型)三种。

对于上述居住建筑用户信息需求的估算方法，有以下几种：

● 按建筑套数估算，并根据套型大小，分成不同的级别。

● 按每套中的房间数量估算。

● 按居住面积的智能化程度高低而分级估算。

3．用户信息需求量估算的参考指标

综合布线系统工程中的用户信息需求预测包括所有信息业务，如语音、数据、图像和自控信号等。作为综合性的信息点，估计推算较为复杂，目前尚无完全能较准确反映实际情况的数据。这里列出近期在一些工程中对属于办公性质的场所初步积累的数据。

此外，还参考国内外有关智能化小区的资料列出居住建筑的参考指标，供用户做信息需求量估算时使用，但不能作为标准的依据。

办公性质的智能化建筑和智能化小区居住建筑用户信息点的参考指标分别如表 3-1 和表 3-2 所示。

表 3-1　办公性质的智能化建筑用户信息点的参考指标

		1(一般)	2(中等)	3(高级)	4(重要和特殊)
办公室房间面积		$15m^2$ 以下/间	$10\sim20m^2$/间	$15\sim25m^2$/间	$20\sim30m^2$/间
性质	行政办公类型	1～3	2～4	3～5	4～6
	商贸租赁类型	1～3	3～5	3～5	5～7
	交通运输新闻科技类型	1～3	2～4	2～4	4～6
信息业务种类		语音、数据、图像	语音、数据、图像、监控	语音、数据、图像、监控、保安	语音、数据、图像、监控、保安、报警
备注		① 办公室房间面积一般不小于 $10m^2$/间。② 办公室房间面积大于 $30m^2$/间时，本表不适用			

表 3-2　智能化小区居住建筑用户信息点的参考指标

	特 大	大	中	小
房间数量(不包括厅)	4 室以上	3～4 室	2～3 室	1～2 室
智能化程度类型	领先型(超前型)	先进型—领先型	普及型—先进型	普及型
用户信息点数(个)	5 个以上	4～5 个	3～4 个	2～3 个
信息业务种类	所有智能化功能且有开发性的前景	语音、监控、保安、数据、报警、视频联网	语音、监控、保安、数据、报警、视频联网	语音、监控、保安、数据、报警、视频
备注	有些国外产品和资料将智能化程度分为二级或三级，与本表有所不同，这方面尚无统一规定和标准			

表 3-1 中，类别 1、2、3、4 分别为"一般"、"中等"、"高级"、"重要"和"特殊"，它们是按智能化建筑所处环境、建筑性质和使用功能来分类的。如以智能化建筑所处环境来分："一般"是指中等城市的行政办公楼；"中等"是指大中城市中的办公楼；"高级"是指首都、直辖市或特大城市中的办公楼；"重要"和"特殊"是指用户要求极高、内部功能齐全、社会影响较大的国家级办公楼。表 3-1 中的参考指标均有上、下限数值，在使用时，应根据智能化建筑的实际情况，分别取用上限或下限。

此外，表 3-1 中，信息业务是指在一般情况下所包含的内容，它不是绝对的。由于智

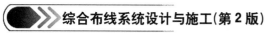

能化建筑的性质和功能不同，用户所需的信息业务各异。在用户信息需求估算时，应按智能化建筑中用户的实际需求调查数据。

表 3-2 中，将各种估算的参考指标一并列入，在表中有上、下限的数值或有两种智能化程度类型，这说明，在使用它们时有一定范围。在做用户信息需求估算时，应根据智能化小区的实际情况来确定。

3.2 建筑物的现场勘察

综合布线系统的设计和施工人员必须熟悉建筑物的结构。要熟悉建筑物的结构，主要通过两种方法，一是查阅建筑图纸，二是到现场勘察。

勘察工作一般是在新建大楼主体结构完成、综合布线系统工程中标，并将布线工程项目移交到工程设计部门之后进行。勘察参与人包括工程负责人、布线系统设计人、施工监理人、项目经理及其他需要了解工程现场状况的，当然，还应包括建筑单位的技术负责人，以便现场研究决定一些事情。

因为图纸并不总是能够显示具体的路径信息，所以在现场勘查时，要特别仔细，应对照"平面图"查看建筑物，逐一确认以下任务。

(1) 查看各楼层、走廊、房间、电梯厅和大厅等吊顶的情况，包括吊顶是否可以打开，吊顶调度和吊顶距梁的高度等，然后根据吊顶的情况，确定水平主干线槽的敷设方法。对于新建的建筑物，要确定是走吊顶内线槽，还是走地面线槽；对于旧的建筑物，改造工程需要确定水平干线槽的敷设路线。找到布线系统要用的电缆竖井，查看竖井有无楼板，询问同一竖井内有哪些其他线路(包括自控系统、空调、消防、闭路电视、保安监视和音响等系统的线路)。

(2) 计算机网络线路可与哪些线路共用槽道，特别注意不要与电话以外的其他线路共用槽道，如果需要共用，要有隔离设施。

(3) 如果没有可用的电缆竖井，则要与甲方技术负责人商定垂直槽道的位置，并选择槽道的种类是梯级式、托盘式、槽式桥架还是钢管等。

(4) 在设备间和楼层配线间，要确定机柜的安放位置，确定到机柜的主干线槽的敷设方式，设备间和楼层配线间有无高架活动地板，并测量楼层高度数据，特别要注意的是一般主楼和裙楼、一层和其他楼层的楼层高度有所不同，同时，还要确定卫星配线箱的安放位置。

(5) 如果在竖井内墙上挂装楼层配线箱，要求竖井内有电灯，并且有楼板，而不是直通的。如果是在走廊墙壁上暗嵌配线箱，则要看墙壁是否贴大理石，是否有墙围要做特别处理，是否离电梯厅或房间门太近，影响美观。

(6) 确定到卫星配线箱的槽道的敷设方式和槽道种类。

(7) 讨论建筑物结构方面尚不清楚的问题，一般包括：哪些是承重墙？建筑外墙哪些部分有玻璃幕墙？设备层在哪层？大厅的地面材质，各墙面的处理方法(如喷涂、贴大理石、木墙围等)，柱子表面的处理方法(如喷涂、贴大理石、不锈钢包面等)。

3.3 综合布线系统的设计等级

3.3.1 设计等级

建筑与建筑群的工程设计，应根据实际需要，选择适当配置的综合布线系统。对于建筑物的综合布线系统，一般可定义为三种不同的布线系统等级。

1．基本型

基本型综合布线系统是一个经济有效的布线方案，它支持语音或综合型语音/数据产品，并能够全面过渡到数据的异步传输或综合型布线系统。其配置如下。

(1) 每个工作区(站)有一个信息插座。

(2) 每个工作区(站)的配线电缆均为一条 4 对双绞线，引至楼层配线架。

(3) 完全采用 110A 交叉式连接硬件，并与未来的附加设备兼容。

(4) 每个工作区(站)的干线电缆(即楼层配线架至设备间总配线架电缆)至少有两对双绞线。

2．增强型

增强型综合布线系统不仅支持语音和数据的应用，还支持图像、影像和视频会议等。它能为增强功能提供发展的余地，并能够利用接线板进行管理。其基本配置如下。

(1) 每个工作区(站)有两个以上的信息插座。

(2) 每个工作区(站)的配线电缆均为一条独立的 4 对双绞线，引至楼层配线架。

(3) 具有 110A 交叉连接硬件。

(4) 每个工作区(站)的干线电缆(即楼层配线架至设备间总配线架电缆)至少有 8 对双绞线。

3．综合型

综合型布线系统是将双绞线和光缆纳入建筑物布线的系统。其基本配置如下。

(1) 在建筑物内、建筑物群的干线或水平布线子系统中配置 62.5μm 的光缆。

(2) 在每个工作区的电缆中至少配有 4 对双绞线。

(3) 在每个工作区的电缆中应有两条以上的双绞线。

3.3.2 设计等级特点

1．基本型综合布线系统的特点

(1) 它是一种富有价格竞争力的综合布线方案，能支持所有语音和数据的应用。

(2) 支持语音、语音/数据或高速数据。

(3) 便于技术人员维护、管理。

(4) 能支持多种计算机系统数据的传输。

2．增强型综合布线系统的特点

(1) 每个工作区有两个信息插座，不仅机动灵活，而且功能齐全。
(2) 任何一个信息插座都可提供语音和高速数据应用。
(3) 按需要，可利用端子板进行管理。
(4) 它是一个能为多个厂商提供服务环境的综合布线方案。

3．综合型综合布线系统的特点

(1) 每个工作区有两个以上的信息插座，不仅灵活方便，而且功能齐全。
(2) 任何一个信息插座都可满足语音和高速数据传输。
(3) 有一个很好的环境为客户提供服务。

3.4　产　品　选　型

3.4.1　综合布线系统产品概况

目前，国际、国内综合布线系统产品的制造厂商很多，每个厂家都有各自的系列产品和设计原则，其安装方法和质量保证体系也各有特点。特别是国内一些厂商，根据国际标准和国内通信行业标准，结合我国国情，吸取国外产品的先进经验，自行研制开发出了许多适合我国使用的布线产品。

1．国外部分厂商及其生产的综合布线产品

(1) 美国康普公司。

① 公司简介：SYSTIMAX Solutions™是结构化网联解决方案的全球领导者，其母公司美国康普是全球最大的用于 HFC 应用的宽带同轴电缆的生产商以及高性能光纤及双绞电缆的供应商。SYSTIMAX Solutions 在技术上的领先地位可以追溯到 Alexander Graham Bell 发明的电话以及 1876 年研制的第一项双绞线技术、1885 年 AT&T 的成立以及 1907 年贝尔实验室的成立。1983 年，SYSTIMAX Solutions 作为 AT&T 基础配电系统(PDS)被引进。1980 年晚期创立了 SYSTIMAX 品牌。在从 AT&T、朗讯及向 Avaya 连续转移的过程中，该品牌成为布线及网联行业的领导者。

② 典型产品如下。

- SYSTIMAX GigaSPEED×10D：万兆铜缆解决方案。
- SYSTIMAX GigaSPEED：千兆布线解决方案。
- SYSTIMAX Power Sum：5e 类布线解决方案。
- SYSTIMAX OptiSPEED：光纤网络解决方案。
- SYSTIMAX LazrSPEED：光纤网络解决方案。
- SYSTIMAX AirSPEED：无线解决方案。
- SYSTIMAX iPatch System：电子配线架系统。
- SYSTIMAX FTP：屏蔽解决方案。

③ 主要应用：应用于各类大型项目，如北京首都机场 T3 航站楼、广州白云机场、珠

海机场、招商银行数据中心、厦门理工大学、上海金茂大厦、中央电视台、上海证券大厦、新上海国际大厦、云南省保险大楼、四川国际金融大厦等工程。

④ 选型推荐：国内最知名的布线品牌，性能优越，用户可以根据需求和业务发展的预期进行选型。当用户没有 10G 需求，选择采用 1G 网络时，推荐 Power Sum 及 OptiSPEED 方案；当用户有 10G 需求时，推荐使用 GigaSPEED；在短链路或桌面系统应用时，推荐采用 GigaSPEED×10D 方案。

⑤ 公司网址：http://www.systimax.com。

(2) 美国西蒙公司。

① 公司简介：美国西蒙公司 1903 年创立于美国康州水城，是著名的智能布线专业制造生产厂商，具有全系列的布线产品。该公司在全球首家推出了 6 类全系列产品及系统，首家推出 TBICSM 集成布线系统解决方案。西蒙公司 1996 年进入中国，目前已为中国数千家重要用户提供布线的连接及服务。

② 典型产品如下：

- 西蒙 6 类布线系统 SYSTEM6。
- 智能住宅布线系统 HOMESYS。
- 开放办公布线系统 OOSYS。
- 迷你型办公布线系统 MINISYS。
- 绿色环保布线系统 GREENSYS。
- 屏蔽布线系统 SHIELDSYS。
- TBIIC 宽带互连集成布线解决方案。
- IDC 布线解决方案。
- BIAS 宽带社区布线解决方案。
- Internet 布线解决方案。

③ 主要应用：产品主要应用于政府、通信、金融证券、商业大厦、电力、教育等领域。例如，中华人民共和国铁道部、国家工商行政管理局、解放军总参谋部、中国联通总部、中国铁通数据中心、汇丰银行、中国农业银行总行、北京盈科中心、北京天银大厦、上海商品交易所等领域。

西蒙公司全球首家提供全套 10Gbps(万兆以太网)解决方案，同时，西蒙还拥有全系列增强 5 类/6 类/7 类、非屏蔽/屏蔽、光纤(包括 MT-RJ/LC)及全套绿色环保布线系统，可支持大楼内所有弱电系统的信号传输，广泛应用于语音、数据、图形、图像、多媒体、安全监控、传感等各种信息传输，支持 UTP、F/UTP、S/FTP 类型双绞线、光纤、同轴电缆等各种传输媒质。西蒙卓越的产品性能可完全支持万兆以太网及目前所有的宽带网络应用。

④ 选型推荐：产品种类齐备，更以卓越的产品质量得到业界称赞。西蒙公司是获得了 ISO 9001 质量认证及 ISO 14001 环境管理体系认证的生产制造厂商。

⑤ 公司网址：http://www.siemon.com.cn。

(3) 美国 IBM 公司。

① 公司简介：美国 IBM 先进布线系统(ACS)于 1995 年进入我国，已在国内不少行业中使用。它适用于智能化建筑和智能化小区，能提供从低端系统(如非屏蔽的解决方案)到

高端系统(如 6 类、7 类线缆和光纤的解决方案)的系列产品,具有从普通聚氯乙烯材质到低烟、阻燃、无毒、安全可靠的材质,可以提供 RJ-45 接插件和支持多媒体高速率传输的产品,具有较好的适应性、可靠性和可扩展性。

② 典型产品如下:

● 工业用连接器。

● 24 口配线架。

● 零水峰单模光纤。

● 万兆多模光纤。

③ 主要应用:产品主要应用于政府、金融、制造业、交通运输等领域。例如,金融领域有 20 多家银行的总部和分部,制造业领域有 200 多家工厂的厂区和办公楼,政府领域有 10 多个部门及办公机构,交通运输领域有 10 多个机场、航运和铁路项目。

④ 选型推荐:为满足不同用户的要求,IBM ACS 提供了最完整、最高品质的布线解决方案。具体如下。

铜系列产品:性能超越 Class D+和 Cat.5e 定义的 100MHz 标准。

银系列产品:提供优异的 Class E / Cat.6 解决方案,支持宽带达 250MHz。

金系列产品:通过独立线对屏蔽技术,提供目前最高性能的 7 类解决方案。

水晶系列产品:支持高宽带传输的光纤连接解决方案,拥有丰富的光纤产品,拥有精湛、先进的光纤连接技术。

VS 系列产品:采用简易、可靠的 IDC 端接技术,提供高密度的语音通信解决方案。

IBM ACS 还特别考虑环境因素,不仅包括非屏蔽和屏蔽系列,还提供了环保材料生产的布线产品。

⑤ 公司网址:http://www.ibm.com.cn。

(4) 泰科安普。

① 公司简介:美国泰科电子公司是世界上最大的无源电子元件制造商,是无线元件、电源系统和建筑物结构化布线器件及系统方面前沿技术的领导者,是陆地移动无线电行业的关键通信系统的供应商。泰科电子提供先进的技术产品,旗下拥有超过 40 个著名的受人尊重的品牌。安普布线(AMP NETCONNECT)是泰科电子公司的一部分,可为各种建筑物的布线系统提供完整的产品和服务。

② 典型产品如下:

● XG 系统解决方案。

● 光纤布线系统解决方案。

● EtherSeal 系统解决方案。

● AMPTRAC 智能布线系统解决方案。

● 存储区域及数据中心系统解决方案。

● 6 类铜缆布线系统解决方案。

● 超 5 类铜缆布线系统解决方案。

③ 主要应用:其产品主要应用于上海 APEC 会议中心、北京大学城、广州建设银行大楼、福建省移动通信局等大型项目中。

④ 选型推荐:AMP NETCONNECT 作为早在 1993 年就进入国内市场的知名布线品

牌，市场占有率一直处于国内布线行业中的前茅。它在国内建立了完善的代理和客户基础，培养了大批工程师。为用户提供 25 年的产品性能保证。

⑤ 公司网址：http://www.ampnetconnect.com.cn。

(5) 法国耐克森公司。

① 公司简介：耐克森(Nexans)是成立于 1897 年的百年电缆制造集团，总部位于法国巴黎。阿尔卡特公司的电缆及部件的大部分机构于 2000 年被耐克森公司收购。Nexans 起源于拉丁文，有"连接"、"联合"之意。作为世界最大的电缆制造商，耐克森公司整合了电力和通信电缆及电气线材业务，广泛地服务于各种公共设施、工业领域以及与人类生活息息相关的各个部分。

耐克森公司拥有全球第一的绕组线，全球第一的海底电缆，欧洲第一的通信铜缆，欧洲第一的设备电缆，欧洲第一的数据传输电缆，全球第二的综合布线系统，欧洲第二的电气耗材，欧洲第二的电力电缆，全球第一的屏蔽布线。耐克森公司是 ISO、IEC 等国际组织的重要成员，是国际标准的参与制定者，是世界屏蔽布线的领导者，也是 FTP 屏蔽电缆、6 类中心十字骨架、7 类插头和模块等技术的发明者。

② 典型产品如下。

- LANmark-5：超 5 类布线系统(屏蔽/非屏蔽)。
- LANmark-6：6 类布线系统(屏蔽/非屏蔽)。
- LANmark-7：7 类布线系统(全屏蔽)。
- LANmark-OF：光纤布线系统。

③ 主要应用：主要为各地的政府大楼、电信、银行、学校、医院、各大公司、企业等项目提供综合布线。例如，广州大学城、中央军委大楼、马来西亚双塔大厦、上海国际会议中心、北京瑞城中心、连云港田湾核电站、北京首都机场、中国邮电邮政总局、广东省政府、深圳市公安局、海关总署等工程。

④ 选型推荐：作为综合布线产品欧洲品牌的代表，耐克森公司提供广泛的产品和服务，其在屏蔽布线项目中的竞争优势尤为明显。

⑤ 公司网址：http://www.nexans.com。

2．国内厂商及其生产的综合布线产品

(1) 南京普天通信股份有限公司。

① 公司简介：南京普天坚持高科技发展战略，凭借核心自主知识产权，成为多项行业标准的主要起草者。公司产品及服务深受市场青睐和用户好评，多项产品荣获国家新产品奖、科技进步奖，部分产品被评为"中国公认名牌产品"、"全国用户满意产品"。公司高度重视质量、环境与职业安全健康管理，积极推进管理体系一体化，相继通过了 GB/T 19001—2000 质量体系认证、GB/T 24001—2004 环境管理体系认证和 GB/T 28001—1996 国家职业安全健康管理体系认证。公司连续十多年被评为省、市高新技术企业、质量效益型企业和 AAA 级信用企业。公司视普天品牌、服务质量和用户满意为第一生命。

② 典型产品如下：

- 综合布线模块类及配套面板、安装盒。

- 综合布线、宽带小区配线架柜系列及其选件。
- 综合布线电缆。
- 普天综合布线光缆系列。
- 家居布线系列。
- 楼宇智能。

③ 主要应用：公司产品不仅覆盖全国 31 个省、自治区直辖市，并且出口俄罗斯、越南、朝鲜、尼泊尔、孟加拉国、巴基斯坦、哥伦比亚等国家和地区。

④ 选型推荐：数据通信产品、有线通信产品、无线通信产品、分线、配线通信产品、多媒体计算机及相关产品的制造，销售公司自产产品，并提供相关的售后服务。

⑤ 公司网址：http://www.postel.com.cn。

(2) 中天光缆集团和瑞士德特威勒(Datwyler)公司的合营公司。

① 公司简介：该公司是中天光缆集团和瑞士德特威勒(Datwyler)公司的合营公司，屏蔽结构化布线系统是中瑞合资生产的产品，是根据欧洲标准研制的，具有全程屏蔽、高速率传输和开放型结构。生产的 SCQ 建筑物综合布线系统是根据国际标准(ISO/IEC 11801)、电磁兼容性标准(EMC)和欧洲标准(EN50167、EN50168、EN50169)等规定制造的。因此，产品基本上为欧式风格，适用于传输语音、数据(计算机)和图像等信息，该系统的线缆采用 100Ω 的 5 类屏蔽双绞线对称电缆或 62.5μm/125μm 多模光纤光缆，并配有相应系列的欧式连接模块、配线架(箱)及连接硬件。其无源产品的质量保证期限为 15 年。

② 典型产品：5 类屏蔽线缆、超 5 类、6 类、7 类线缆和光缆。

③ 主要应用：应用于政府、教育、智能建筑、电信运营商等项目。

④ 选型推荐：在安装施工中，要求采取 360°接续全屏蔽和单点接地等技术措施，以保证屏蔽性能满足 EMC 的规定。该公司也有非屏蔽结构化布线系统。上述两个系统的产品都能提供 15 年的质量保证。

⑤ 公司网址：http://www.datwyler-china.com。

(3) TCL-罗格朗国际电工(惠州)有限公司。

① 公司简介：TCL-罗格朗国际电工(惠州)有限公司为法国罗格朗集团旗下的成员，以综合布线的开发、生产、销售及系统解决方案为基础，致力于成为信息网络领域布线产品的专业供应商。

创建于 1860 年的罗格朗集团，是专注于建筑电气电工及信息网络产品和系统的全球专业制造商。该集团拥有近 5000 项有效的专利，以及 1500 名专业的工程技术研制专家，在全球 60 多个国家设有分支机构，产品销往 160 多个国家。

② 典型产品：公司提供 6 类布线系统产品、5e 类布线系统产品、5 类布线系统产品、光系列产品、家庭布线解决方案和其他配线产品。

③ 主要应用：主要应用于办公大楼、校园网、智能小区等项目。

④ 选型推荐：该公司信息面板的防护门向下开启，便于操作，有效保护水晶头的弹片；信息模块无电路板设计，符合工业环境需求；铜缆材料为低氧或无氧铜，外皮材料为优质 PVC 料，防火级别为 CM 级。

⑤ 公司网址：http://www.tcllegrand.com.cn。

(4) 成都大唐线缆有限公司。

①　公司简介：成都大唐线缆有限公司是邮电部第五研究所经过优质资产剥离后重组的股份有限公司。邮电部第五研究所是我国现代有线通信技术的研究开发基地，是我国最早专门从事线缆研究的研究所，积累了 40 多年通信光电缆研究的丰富经验，为我国通信建设做出了重大贡献。

②　典型产品：公司提供 5 类、5e 类、6 类屏蔽及非屏蔽双绞线、接插元件及连接配件等。

③　主要应用：主要应用于政府、教育、智能建筑、电信运营商(中国电信、中国网通、中国移动)等大型项目。

④　选型推荐：该公司承担了我国许多数字电缆行业标准的起草工作。公司建立了 ISO 9001 质量保证体系，对所有影响质量的因素进行了持续、有效的监控，其产品先后获得泰尔认证证书、UL 认证证书及 ISO 9001 质量体系国际认证证书。所有产品的企业标准都高于或符合相应的国标、部标和相关部门的规范。

⑤　公司网址：http://www.datang.com。

3.4.2　综合布线系统产品的选型

1. 产品选型的原则

(1) 产品选型必须与工程实际相结合。应根据智能化建筑和智能化小区的主体性质、所处地位、使用功能和客观环境等特点，从工程实际和用户信息需求考虑，选用合适的产品(包括各种线缆和连接硬件)。

(2) 选用的产品应符合我国国情和有关技术标准(包括国际标准、我国国家标准和行业标准)。例如，不应采用 120Ω 的布线部件的国外产品。所用的国内外产品均应以我国国家标准或行业标准为依据进行检测和鉴定，未经鉴定合格的设备和器材不得在工程中使用。未经设计单位同意，不应以其他产品代用。

(3) 近期和远期相结合。根据近期信息业务和网络结构的需要，适当考虑今后信息业务种类和数量增加的可能，预留一定的发展余地。但在考虑近、远期结合时，不应强求一步到位、贪大求全。要按照信息特点和客观需要，结合工程实际，采取统筹兼顾、因时制宜、逐步到位、分期形成的原则。在具体实施中，还要考虑综合布线系统的产品尚在不断地完善和提高，应注意科学技术的发展和符合当时的标准规定，不宜完全以厂商允诺保证的产品质量期限来决定是否选用。

(4) 符合技术先进和经济合理相统一的原则。目前，我国已有符合国际标准的通信行业标准，对综合布线系统产品的技术性能应以系统指标来衡量。在产品选型时，所选设备和器材的技术性能指标一般要高于系统指标，这样，在工程竣工后，才能保证满足全系统的技术性能指标。但选用产品的技术性能指标也不宜过高，否则将增加工程造价。

此外，在技术性能相同和指标符合标准的前提下，若已有可用的国内产品，且能提供可靠的售后服务时，应优先选用国产产品，以降低工程造价，促进民族企业产品的改进、提高及发展。上述原则在产品选型中应综合考虑。

2．产品选型的具体步骤和方法

由于综合布线系统工程建设规模和范围不一，因此，所选用的产品品种、规格和数量必有差异，下述产品选型的具体步骤和方法应灵活掌握。

(1) 收集基础资料(如智能化建筑内部装修标准，各种管线的敷设方法和设备安装要求)，作为考虑选用产品的外形结构、安装方式、规格容量和线缆型号等的重要依据。

(2) 产品选型前，可采取调查或收集产品资料、访问已经使用该产品的单位等措施，充分掌握其使用效果，听取各种反映，以便对产品进行分析，认真筛选 2～3 个初步入选的产品，为进一步评估考察做好准备。

(3) 对初选产品客观公正地进行技术经济比较和全面评估，选出理想的产品。要求所选产品在技术上符合国内外标准、产品系列完整配套、技术性能满足要求、安装施工维护简便、质量保证期限明确等。在经济上要求产品价格适宜，售后服务有妥善保证等。经过认真分析产品优劣和使用利弊，对每个初选产品做出公正客观的综合评价。必要时，可邀请专家或有关行家对初选产品进行综合评估或技术咨询，以求集思广益。

(4) 对初选产品的生产厂家，需重点考察其技术力量、生产装备、工艺流程及售后服务等。同时，对已使用该产品的单位，实地了解产品使用的情况，甚至可取得使用方同意，选择某些基本性能进行现场检测，以求得第一手资料。

经过上述工作，对所选产品有较全面的综合性认识，本着经济实用、切实可靠的原则，提出最后选用产品的意见(应包括所选产品的技术性能、所需建设费用和今后满足程度等)，提请建设单位或有关领导决策部门确定。

最后，应将综合布线系统工程中所需要的主要设备、各种线缆、布线部件及其他附件的规格数量进行计算和汇总，与生产厂商洽谈具体订购产品的细节，尤其是产品质量、特殊要求、供货日期、地点以及付款方式等，这些都应在订货合同中明确规定，以保证综合布线系统工程能按计划顺利进行。

3.5　图　纸　设　计

综合布线系统工程设计和施工过程中，设计人员和施工人员自始至终在与各种图纸打交道。通过用户需求分析，设计人员必须设计出一套综合布线工程图，一般包括以下 5 类：

- 网络拓扑结构图。
- 综合布线系统拓扑图。
- 综合布线管线路由图。
- 楼层信息点平面分布图。
- 机柜配线架信息点分布图。

将上述图纸交给施工人员进行施工，在最后验收阶段，将相关技术图纸移交给建设方。因此，识图、绘图能力是综合布线系统工程设计与施工组织人员必备的基本功。目前，在综合布线工程中，主要采用两种绘图软件，即 AutoCAD 和 Visio。由于介绍 AutoCAD 软件的工具书较多，这里仅介绍 Visio 软件的功能及其应用。

3.5.1　Visio 简介

Visio 是 Microsoft Office 办公软件家族成员之一，是一款功能强大的图形处理工具。它提供了各种模板，包括业务流程的流程图、网络图、工作流图、数据库模型图和软件图，使用者只须经过很短时间的学习，就能快捷灵活地制作各种建筑平面图、管理机构图、网络布线图、机械设计图、工程流程图、审计图及电路图等。用户也可在 Visio 用户界面中直接对其他应用程序文件(如 Microsoft Office 系列、AutoCAD 等)进行编辑和修改。它主要有如下特点。

(1)　简单实用的集成环境。Visio 使用 Microsoft Office 软件家族常用的操作环境，其中，许多 Office 功能可以帮助用户很快熟悉软件的功能，能轻松地将流程、系统和复杂信息可视化。Visio 提供一种直观的方式来进行图表绘制，无论是制作一幅简单的流程图，还是制作一幅非常详细的技术图纸，都可以通过程序预定义的图形轻易地组合出图表来。Microsoft Visio 的操作界面如图 3-1 所示。

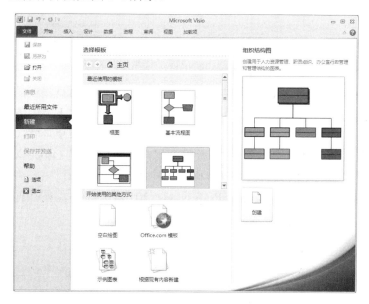

图 3-1　Microsoft Visio 的操作界面

(2)　丰富的图表类型。以 Microsoft Visio Professional 2010 为例，该版本中包含了 8 种模板类别，包括常规、地图与平面布置图、工程、流程图、日程安排、软件和数据库、商务、网络，在每种模板中，又包括了若干种子图形式，可以帮助用户完成各种复杂的图形设计。图 3-2 所示为 Microsoft Visio 的"常规"模板。

(3)　强大的图表处理功能。用户可以通过多种图表，包括业务流程图、网络图、工作流图表、数据库模型和软件图表等直观地记录、设计和了解业务流程和系统的状态，将图表链接至基础数据，以提供更完整的画面，从而使图表更智能、更有用；可以使用新增功能更轻松地将流程、系统和复杂信息可视化；用户可以使用结合了强大的搜索功能的预定义 Microsoft SmartShapes 符号来查找计算机上或网络上的合适形状，从而轻松创建图表；同时使用 Office Visio Professional 2010 启动时显示的新增"入门"窗口中的全新"最近使用的模板"视图来访问最近使用的模板。

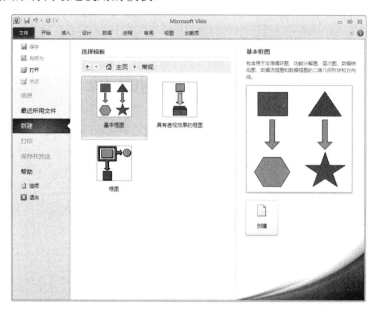

图 3-2 Microsoft Visio 的"常规"模板

在 Office Visio Professional 2010 中，可以更方便地查看与数据集成的示例图表，为创建自己的图表获得思路，认识到数据为众多图表类型提供更多上下文的方式，以及确定要使用的模板；用户可以轻松地将数据连接至图表，并将数据链接至形状，使得数据在图表中更加引人注目，并能轻松刷新图表中的数据；用户还可以使用 Office Visio Professional 2010 来分析和跟踪图表中的数据，以确定问题和异常。

总之，通过 Microsoft Office Visio Professional 2010 和 Visio 绘图控件，可以创建自定义的图表解决方案，从而大大地提高工作效率。

3.5.2 Visio 的主要功能

1. 流程图设计

流程图模板可用于说明或图解复杂的业务过程。基础流程图可以用作结构图表、信息跟踪图表、过程规划图表和结构预测图表。所提供的审计图表可用于审计结算过程、财务管理、财务信息跟踪、资金管理和决策流程图。流程图模板中提供的图表类型包括：BPMN图、IDEFO 图表、Microsoft SharePoint 工作流、SDL 图、基本流程图、跨职能流程图和工作流程图。图 3-3 所示为流程图模块的种类。

2. 组织结构图设计

组织结构图可用于通过图形表示各个组织层次中人员、业务、职责和活动间的关系。组织结构图模板可用于自动创建一个层次，具体是通过将员工形状拖到经理形状(包括图形和可自定义的文本区域)的上方，并使用虚线连接器等工具显示附加的报告关系来实现。也可以使用向导，从存储在数据文件中的个人数据生成组织结构图，从而轻松地对图片进行更新。组织结构示意图如图 3-4 所示。

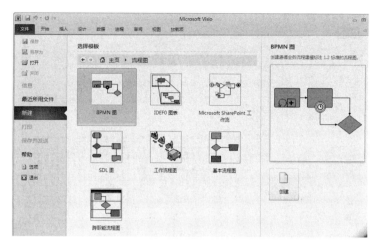

图 3-3　流程图模块的种类

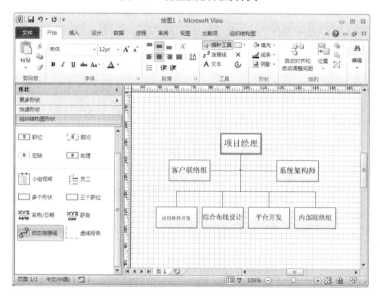

图 3-4　组织结构示意图

3．工作区的布局设计

Visio Professional 2010 可用于从任何电子图像和标有房间号的 Visio 空间形状创建地图和平面布置图。地图和平面布置图是用作报告与建筑相关的数据的一种形式，是一种安排家具和设备以及创建和保持座位图的方法。经过改进，从使用"空间设计图"启动向导的整体建筑物平面图到使用地图和平面布置图，使创建办公室布局图变得更加容易。办公室布局图如图 3-5 所示。

4．网络图设计

Visio Professional 2010 提供了最新的网络模板和形状。基础网络图可应用于演示文稿、建议书和概念布局。同时，详细网络图可以用于创建更加复杂、精密的图表，包括实际的网络结构。全新的机架图绘图提供了机架和机柜形状以及机架组件和房间形状，用于绘制网络服务器房间构造的准确示意图。

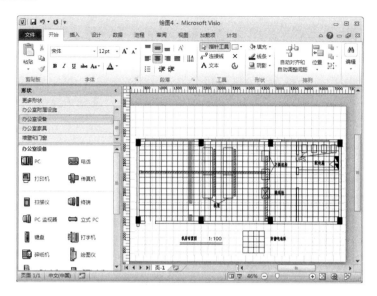

图 3-5　办公室布局图

　　机架组件符合行业指定的尺寸，并对应机架和机柜形状，可以轻松地创建机架图表。LDAP 目录模板使用表示普通 LDAP 对象的形状创建目录服务文档，Active Directory 模板使用表示普通 Active Directory 对象、站点和服务的形状展示 Active Directory 服务。图 3-6 所示为网络示意图。

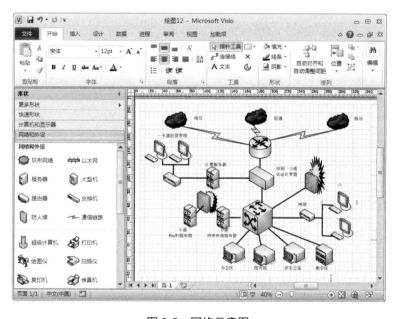

图 3-6　网络示意图

5．平面布置图的设计

　　Visio Professional 2010 可用于从任何电子图像和标有房间号的 Visio 空间形状创建平面布置图。平面布置图可用作报告与建筑相关的数据的一种形式，作为一种安排家具和设备以及创建和保持座位图的方法。

经过改进，从使用全新的空间设计图启动向导的整体建筑物平面图到使用地图和平面布置图，创建平面布置图。图3-7所示为楼层平面布线示意图。

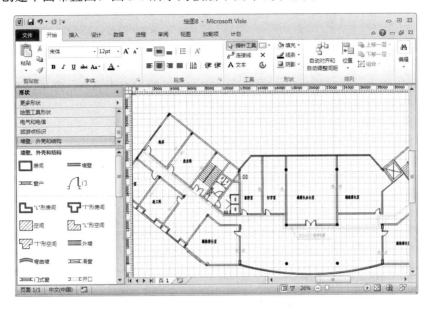

图3-7 楼层平面布线示意图

6．现场平面图设计

Visio Professional 2010可用于现场平面图的设计与制作，方便布线工程人员从事布线的现场施工和工程设计。图3-8所示为综合布线系统的拓扑图。

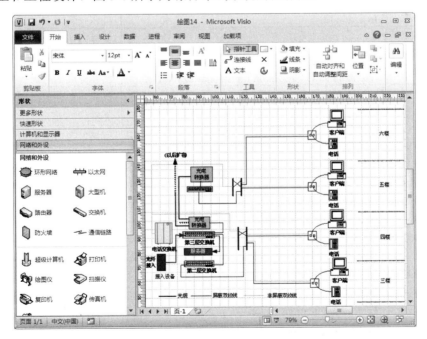

图3-8 综合布线系统的拓扑图

3.6 综合布线系统的常见术语和符号

在综合布线系统工程的设计与施工中，经常使用一些专业术语和符号。中华人民共和国国家标准《综合布线系统工程设计规范》(GB 50311—2007)中定义了综合布线的有关术语及符号，表 3-3 中列出了部分常见的术语和符号。本书除特别申明以外，都采用 GB 50311—2007 技术规范中定义的术语和符号。

表 3-3　常见的术语和符号

英文缩写	英文名称	中文名称或解释
ACR	Attenuation to Crosstalk Ratio	衰减串音比
BD	Building Distributor	建筑物配线设备
CD	Campus Distributor	建筑群配线设备
CP	Consolidation Point	集合点
dB	dB	电信传输增益：分贝
d.c.	Direct Current	直流
EIA	Electronic Industries Association	美国电子工业协会
ELFEXT	Equal Level Far End Crosstalk Attenuation(10ss)	等电平远端串音衰减
FD	Floor Distributor	楼层配线设备
FEXT	Far End Crosstalk Attenuation(10ss)	远端串音衰减(损耗)
IEC	International Electrotechnical Commission	国际电工技术委员会
IEEE	The Institute of Electrical and Electronics Engineers	美国电气及电子工程师学会
IL	Insertion Loss	插入损耗
IP	Internet Protocol	因特网协议
ISDN	Integrated Services Digital Network	综合业务数字网
ISO	International Organization for Standardization	国际标准化组织
LCL	Longitudinal to Differential Conversion Loss	纵向对差分转换损耗
OF	Optical Fibre	光纤
PSNEXT	Power Sum NEXT attenuation(10ss)	近端串音功率和
PSACR	Power Sum ACR	ACR 功率和
PS ELFEXT	Power Sum ELFEXT attenuation(10ss)	ELFEXT 衰减功率和
RL	Return Loss	回波损耗
SC	Subscriber Connector(optical fibre connector)	用户连接器(光纤连接器)
SFF	Small Form Factor Connector	小型连接器
TCL	Transverse Conversion Loss	横向转换损耗
TE	Terminal Equipment	终端设备
TIA	Telecommunications Industry Association	美国电信工业协会
TO	Telecommunications Outlet	信息插座模块
UL	Underwriters Laboratories	美国保险商实验所安全标准
Vr.m.s	Vroot.mean.square	电压有效值

3.7　综合布线系统的总体设计

3.7.1　综合布线系统的设计原则

1．协调性

综合布线系统的设施及管线的建设，应纳入建筑与建筑群相应的规划中。例如，在建筑物整体设计中，就完成了垂直干线子系统和水平干线子系统的管线设计，完成了设备间和工作区信息插座的定位。

2．先进性

在满足用户需求的前提下，充分考虑信息社会迅猛发展的趋势，在技术上适度超前，使提出的方案保证将布线系统建成先进的、现代化的信息系统。

3．灵活性和可扩展性

充分考虑楼宇内所涉及的各部门信息的集成和共享，保证整个系统的先进性、合理性，实现分散式控制，集中统一式管理。总体结构具有可扩展性和兼容性，可以集成不同厂商、不同类型的先进产品，使整个系统随着技术的进步和发展而不断得到充实和提高。在综合布线系统中，任何信息点都能连接不同类型的终端设备，当设备数量和位置发生变化时，只需采用简单的插接工序，实用方便，其灵活性和适应性都强。

4．标准化

网络结构化综合布线系统的设计依照国际和国家的有关标准进行。此外，根据系统总体结构的要求，各个子系统必须结构化和标准化，并代表当今最新的技术成就。综合布线系统的所有布线部件均采用积木式的标准件和模块化设计。因此，部件容易更换，便于排除障碍，且采用集中管理方式，有利于分析、检查、测试和维修。

5．经济性

结构化综合布线系统设计在实现先进性、可靠性的前提下，达到功能和经济的优化设计。结构化综合布线系统的设计采用新技术、新材料、新工艺，使综合化布线大楼能够满足不同生产厂家终端设备传输信号的需要。

综合布线系统各个部分都采用高质量材料和标准化部件，并按照标准施工和严格检测，保证系统技术性能优良可靠，满足目前和今后的通信需要，并且在维护管理中减少维修工作，节省管理费用。

3.7.2　综合布线系统的设计流程

综合布线是智能大厦建设中的一项新兴技术工程项目，设计与实现一个合理的综合布线系统，一般有如下 7 个步骤。

(1) 获取建筑物平面图。

(2) 分析用户需求。

(3) 设计系统结构。

(4) 设计布线路由。

(5) 论证技术方案。

(6) 绘制布线施工图。

(7) 编制布线用料清单。

(8) 制定施工进度表。

综合布线的设计过程，可用图 3-9 所示的综合布线系统设计流程来描述。

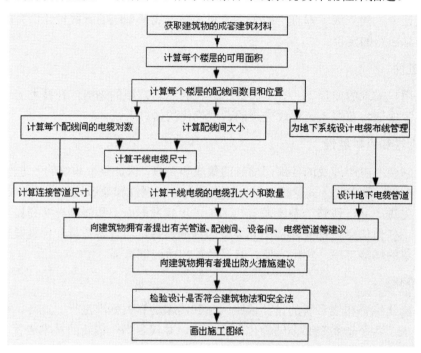

图 3-9　综合布线系统的设计流程

3.7.3　综合布线系统的总体方案设计

系统总体方案在综合布线工程设计中是非常关键的部分，它直接决定了工程项目质量的优劣。系统总体方案设计主要包括系统的设计目标、系统设计原则、系统设计依据、系统各类设备的选型及配置、系统总体结构等内容，应根据工程具体情况灵活设计。

例如，单个建筑物楼宇的综合布线设计就不应考虑建筑群子系统的设计；又如，有些低层建筑物信息点数量很少，考虑到系统性价比的因素，可以取消楼层配线间(管理间子系统)，只保留设备间，配线间与设备间功能整合在一起设计。

此外，在进行系统总体方案设计时，还应考虑其他系统(如有线电视系统、闭路视频监控系统、消防监控管理系统等)的特点和要求，提出密切配合、统一协调的技术方案。

例如，各个主机之间的线路连接、同一路由的敷设方式等，都应有明确要求，并有切实可行的具体方案，同时，应注意与建筑结构和内部装修以及其他设施之间的配合，这些问题在系统总体方案设计中都应考虑。

1．综合布线系统的网络结构

综合布线系统最常用的是星型网络拓扑结构。单幢智能化建筑内部的综合布线系统网络结构如图 3-10 所示。从图中可以看出，网络采用的是两级星型网络结构。

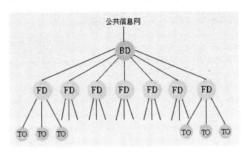

图 3-10　两级星型网络结构

由多幢智能化建筑组成的智能化小区，其综合布线系统的建设规模较大，网络结构复杂。除在智能化小区内某幢智能化建筑中设有 CD 外，其他每幢智能化建筑中还分别设有 BD。为了使综合布线系统网络结构具有更高的灵活性和可靠性，且能适应今后多种应用系统的使用要求，可以在两个层次的配线架(如 BD 或 FD)之间用电缆或光缆连接，构成分级(又称多级)且有迂回路由的星型网络拓扑结构，如图 3-11 所示。

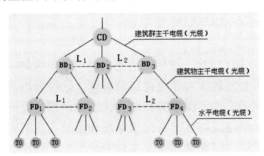

图 3-11　分级(多级)的星型网络结构

图 3-11 中，BD 之间(BD$_1$ 与 BD$_2$ 之间的 L$_1$，BD$_2$ 与 BD$_3$ 之间的 L$_2$)或 FD 之间(FD$_1$ 与 FD$_2$ 之间的 L$_1$，FD$_3$ 与 FD$_4$ 之间的 L$_2$)为互相连接的电缆或光缆。这种网络结构较为复杂，增加了线缆长度和工程造价，对维护检修也有些不利。因此，在考虑综合布线系统网络结构时，需经过技术经济比较后再确定。

智能化小区综合布线系统工程设计中，为了保证通信传输安全可靠，可考虑增加冗余度，综合布线系统采取分集连接方式，即分散和集中相结合的连接方式，如图 3-12 所示。

引入智能化小区的通信线路(电缆或光缆)设有两条路由，分别连接到智能化小区内两幢智能化建筑各自的建筑物主干布线子系统，与建筑物配线架相连接，用建筑物主干布线子系统的主干电缆或光缆连接到各自管辖的楼层配线架。

根据网络结构和实际需要，可以在建筑物配线架之间(BD$_1$—BD$_2$)或楼层配线架之间(FD$_1$—FD$_2$)采用电缆或光缆互相连接，形成类似网状的形状。这种网络结构对于防止火灾等灾害或公用通信网线路障碍发生的通信中断事故具有保障作用。但是，应看到，这种连接方式存在使网络结构变得复杂，配置设备、工程造价和维护费用增加的缺陷。因此，应根据工程实际需要，慎重比较后再使用，也可有计划地分期实施。

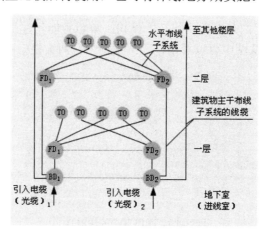

图 3-12　分集连接方式

2．综合布线系统工程的设备配置

综合布线系统工程的设备配置是工程设计中的重要内容，它与所在地区的智能化建筑或智能化小区的建设规模和系统组成有关。综合布线系统工程的设备配置，主要是指各种配线架、布线子系统、传输媒质和通信引出端(即信息插座)等的配置。下面针对单幢智能化建筑及智能化小区，分别介绍其配置方式。

(1) 单幢智能化建筑。

① 建筑物标准 FD—BD 结构。这种结构主要适用于单幢的中小型智能化建筑，其附近没有其他房屋建筑，不会发展成为智能化建筑群体。这种情况可以不设建筑群配线架，也不需要建筑群主干布线子系统。在单幢智能化建筑中，需设置两次配线点，即建筑物配线架和楼层配线架，只采用建筑物主干布线子系统和水平布线子系统。这种综合布线系统的网络结构最简单，且使用比较普遍，如图 3-13 所示。

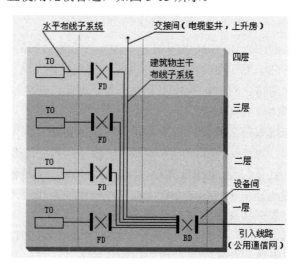

图 3-13　建筑物标准 FD—BD 结构

②　建筑物 FD—BD 共用楼层配线间结构。当单幢智能化建筑的楼层面积不大，用户信息点数量不多时，为了简化网络结构和减少接续设备，可以采取每 2～5 个楼层设置 FD，由中间楼层的 FD 分别与相邻楼层的通信引出端(TO)相连的连接方法，如图 3-14 所示。

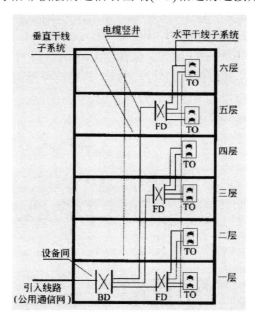

图 3-14　建筑物 FD—BD 共用楼层配线间结构

但是，要求 TO 至 FD 之间的水平线缆的最大长度不应超过 90m，以满足标准规定的传输通道要求。

③　建筑物 FD/BD 结构。这种结构就是大楼没有楼层配线间，建筑物配线架和楼层配线架全部设置在大楼设备间，如图 3-15 所示。

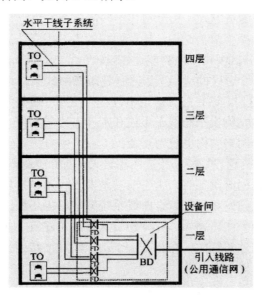

图 3-15　建筑物 FD/BD 结构

该结构主要适用于以下两种情况：

- 小型建筑物信息点少且 TO 至 BD 之间的电缆的最大长度不超过 90m，没有必要为每个楼层设置一个楼层配线间。

- 当建筑物不大但信息点很多，TO 至 BD 之间电缆的最大长度不超过 90m 时，便于维护、管理和减少对空间的占用。

④ 综合建筑物 FD—BD—CD 结构。如图 3-16 所示，单幢大型智能化建筑由于建设规模和建筑面积大，同时，建筑性质和功能不同，其建筑外形或层数也不同。因此，在综合布线系统工程设计时，应根据该建筑的分区性质、功能特点、楼层面积大小、当前用户信息点的分布密度和今后发展等因素综合考虑。

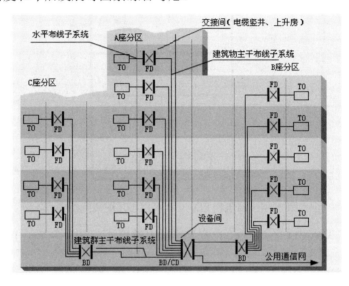

图 3-16　综合建筑物 FD—BD—CD 结构

一般有以下两种设备配置方式，可分别在不同情况下采用。

第一，当建筑物是主楼带附楼结构，楼层面积较大，用户信息点数量较多时，可将整幢建筑物进行分区，各个分区视作多幢智能化建筑，在智能化建筑的中心位置(如 A 座分区)设置建筑群配线架，在各个分区的适当位置设置建筑物配线架，A 座分区的建筑物配线架 BD 可与 CD 合二为一。这时，该智能化建筑中包含有在同一建筑物内设置的建筑群主干布线子系统，此外，还有建筑物主干布线子系统和水平布线子系统。这种综合布线系统的设备配置较为典型，采用的网络结构也较为复杂。

第二，当智能化建筑的建设规模和楼层面积较大，但目前用户信息点的分布密度较稀，如果对今后的发展或变化尚难确定时，为了节省本期工程建设投资，可不按建筑群考虑，采取与单幢中小型智能化建筑相同的综合布线系统方案。为了保证安全，可以将智能化建筑划成两个分区，采用两条线路路由，并分别引入智能化建筑中的两个分区，分别设置建筑物配线架和各自管辖的建筑物主干布线子系统，虽然网络结构显得复杂，线路长度有所增加，但对今后的发展扩建是有利的。

(2) 多幢智能化建筑组成的智能化小区。

在由多幢智能化建筑组成的智能化小区中，综合布线系统的设备配置一般采用建筑群

FD—BD—CD 结构，如图 3-17 所示。

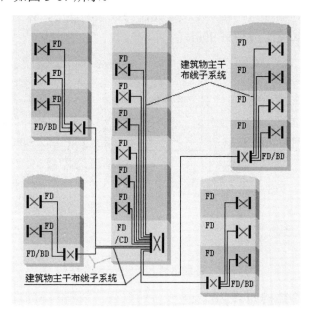

图 3-17　建筑群 FD—BD—CD 结构

这种结构适用于建筑物数量不多，小区建设范围不大的场合。在建筑群综合布线系统设计中，最好选择位于建筑群体中心位置的智能化建筑作为各幢建筑物通信线路和对公用通信网连接的最佳汇接点，并在此安装建筑群配线架。建筑群配线架可与该幢建筑的建筑物配线架合设，达到既能减少配线接续设备和通信线路长度，又能降低工程建设费用的目的。各幢智能化建筑中分别装设建筑物配线架和敷设建筑群主干布线子系统的主干线路，并与建筑群配线架相连。

当智能化小区的工程建设范围较大，且智能化建筑幢数较多而分散时，设置一个建筑群配线架有设备容量过大且过于集中，建筑群主干布线子系统的主干线路长度增加，又不便于维护管理等缺点。因此，可将该小区的房屋建筑根据平面布置，适当分成两个或两个以上的区域，形成两个或多个综合布线系统的管辖范围，在各个区域内中心位置的某幢智能化建筑中，分别设置建筑群配线架，并分别设有与公用通信网相连的通信线路。

此外，各个区域中，每幢建筑物的建筑群主干布线子系统的主干电缆或光缆均与所在区域的建筑群配线架相连。为了使智能化小区内的通信灵活和安全可靠，在两个建筑群配线架之间，根据网络需要和小区内的管线敷设条件，设置电缆或光缆互相连接，形成互相支援的备用线路，如图 3-18 所示。

3．综合布线系统总体设计应注意的问题

从以上几种典型的综合布线系统的网络结构和设备配置来看，总体设计时，应注意以下问题。

(1) 楼层配线架的配备应根据楼层面积大小、用户信息点数量多少等因素来考虑。一般情况下，每个楼层通常在交接间设置一个楼层配线架。如楼层面积较大或用户信息点数量较多时，可适当分区增设楼层配线架，以便缩短水平布线子系统的线缆长度。如某个楼层面积虽然较大，但用户信息点数量不多时，在门厅、地下室或地下车库等场合，可不必单独设置楼层配线架，由邻近的楼层配线架越层布线供给使用，以节省设备数量。但应注意，其水平布线最大长度不应超过90m。

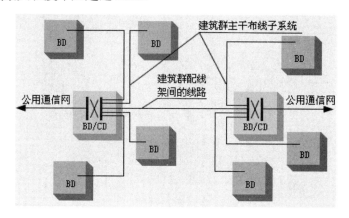

图3-18　多建筑群 FD—BD—CD 结构

(2)　为了简化网络结构和减少配线架设备的数量，允许将不同功能的配线架组合在一个配线架上。如图3-16所示，A座分区建筑群配线架和建筑物配线架不是分开设置的，但也可分开设置。如图3-18所示，建筑群配线架和建筑物配线架的功能就组合在一个配线架上。同样，如图3-18所示的建筑物配线架和底层的楼层配线架的功能也合二为一，在一个配线架上实现。

(3)　建筑物配线架到每个楼层配线架的建筑物主干布线子系统的主干电缆或光缆，一般采取分别独立供线给各个楼层的方式，在各个楼层之间无连接关系。这样，当线路发生障碍时，影响范围较小，容易判断和检修。同时，这样做还可以取消或减少电缆或光缆的接头数量，有利于安装施工。缺点是因分别单独供线，使线路长度和条数增多，工程造价提高，安装敷设和维护的工作量增加。

(4)　综合布线系统总体方案中的主干线路连接方式均采用星型网络拓扑结构，其目的是为了简化布线系统结构和便于维护管理。因此，要求整个布线系统的主干电缆或光缆的交接次数在正常情况下不应超过两次(除前面采用分集连接方式或分级星型网络结构的应急迂回路由等特殊连接方式外)。即从楼层配线架到建筑群配线架之间，只允许经过一次配线架，即建筑物配线架，成为 FD—BD—CD 的结构形式。这是采用两级主干布线系统(建筑物主干布线子系统和建筑群主干布线子系统)进行布线的情况。如没有建筑群配线架，只有一次交接，成为 FD—BD 的结构形式，按一级建筑物主干布线子系统进行布线。

在有些智能化建筑中的底层(如地下一、二层或地面上一、二层)，因房屋平面布置限制或为减少占用建筑面积，可以不单独设置交接间安装楼层配线架。

如与设备间在同一楼层时，可考虑将该楼层配线架与建筑物配线架共同装在设备间内，甚至将 FD 与 BD 合二为一，既可减少设备，又便于维护管理。

但是，采用这一方法时，必须在 BD 上划分明显的分区连接范围和增加醒目的标志，以示区别，和有利于维护。

本 章 小 结

在综合布线系统工程设计之前，必须做好一系列的基础工作，包括分析用户需求、确定设计等级、进行产品选型、选择设计工具、熟悉设计术语等。

综合布线系统工程用户需求的调查分析，主要是针对智能建筑的建设规模、工程范围、使用性质、用户信息需求等进行的一项非常复杂的工作。

在系统设计过程中，综合布线系统的设计和施工人员必须熟悉建筑物的结构。要熟悉建筑物的结构，主要通过两种方法，一是查阅建筑图纸，二是到现场勘察。

综合布线系统，一般可定义为基本型、增强型和综合型三种不同的布线系统等级，每种等级各有其特点，设计人员需要根据工程的实际情况进行选择。

综合布线系统工程中的设计图纸主要包括五类，即网络拓扑结构图、综合布线系统拓扑图、综合布线管线路由图、楼层信息点平面分布图和机柜配线架信息点分布图。

在综合布线工程中，主要采用两种绘图软件：AutoCAD 和 Visio。

综合布线系统的总体设计主要包括系统的设计目标、系统设计原则、系统设计依据、系统各类设备的选型及配置、系统总体结构等内容，应根据工程具体情况灵活设计。

本 章 实 训

实训一　绘制综合布线工程图

1．实训目的

通过本次实训，学生将能够使用 Microsoft Visio Professional 2010 绘制综合布线工程图。

2．实训内容

给定一张综合布线工程图(综合布线管线路由图或楼层信息点平面分布图)，学生运用 Microsoft Visio Professional 2010 软件将其绘制出来。

3．实训步骤

(1) 熟悉 Microsoft Visio Professional 2010 的功能与基本操作。

(2) 运用 Microsoft Visio Professional 2010 的相关图表模板进行图形绘制。

实训二　用户需求分析与布线系统总体设计

1．实训目的

通过本次实训，学生将能够：

● 学会进行用户需求分析。

● 掌握综合布线系统总体设计的内容和方法。

2．实训内容

根据实际情况，以一座实际大楼或模拟大楼综合布线工程为设计目标，通过教师指导，学生完成用户需求分析、产品选型和总体设计。

3．实训步骤

(1) 现场勘测大楼，获取用户需求和建筑结构图等资料，掌握大楼的建筑结构，确定布线路由和信息点分布。

(2) 完成总体方案设计，绘制综合布线路由图和信息点分布图。

复习自测题

1．填空题

(1) ＿＿＿＿＿＿＿＿＿是综合布线系统设计的基础数据。

(2) 建设部规定智能化小区示范工程按其智能化程度分为三种类型＿＿＿＿＿＿＿＿、＿＿＿＿＿＿＿＿和＿＿＿＿＿＿＿＿。

(3) 用户需求分析的三要素是＿＿＿＿＿＿、＿＿＿＿＿＿和＿＿＿＿＿＿。

(4) 智能化建筑由＿＿＿＿＿＿、＿＿＿＿＿＿和＿＿＿＿＿＿三大部分组成。

(5) 楼宇自动化主要是以＿＿＿＿＿＿为核心。

(6) 非屏蔽双绞线常见的对数有＿＿＿＿＿＿对和＿＿＿＿＿＿对。

(7) 要熟悉建筑物的结构，主要通过两种方法，一是＿＿＿＿＿＿，二是＿＿＿＿＿＿。

(8) 布线系统等级主要有＿＿＿＿＿＿、＿＿＿＿＿＿和＿＿＿＿＿＿三大类。

(9) 综合布线系统总体方案中的主干线路连接方式均采用＿＿＿＿＿＿网络拓扑结构。

(10) 水平布线最大长度不应超过＿＿＿＿＿＿。

(11) 在 GB 50311—2007《综合布线系统工程设计规范》所规定的术语和符号中，BD代表＿＿＿＿＿＿，TO 代表＿＿＿＿＿＿，FD 代表＿＿＿＿＿＿。

(12) 信息终端在《综合布线系统工程设计规范》中用＿＿＿＿＿＿符号来表示。

2．选择题

(1) 大楼自动化又称为(   )。

    A．通信自动化   B．办公自动化   C．楼宇自动化

(2) 我国综合布线的国家标准为(   )。

    A．ANSI/TIA/EIA-568   B．GB 50311—2007   C．TIA/EIA-568

(3) 布线系统的使用寿命要求在(   )年以上。

    A．5 年以上   B．10 年以上   C．20 年以上

(4) 基本型综合布线系统中，每个工作区的配线电缆为(   )双绞线。

    A．两条 4 对   B．一条 8 对   C．一条 4 对

(5) 增强型综合布线系统中，每个工作区有(   )个信息插座。

    A．1   B．2   C．3

(6) 在 GB 50311—2007《综合布线系统工程设计规范》所规定的术语和符号中，CD 代表( )。

    A. 建筑群配线设备   B. 楼层配线设备   C. 进线间配线设备

3. 简答题

(1) 用户需求调查的内容分为哪几方面？

(2) 简述 Visio 的功能。

(3) 简述综合布线设计的一般步骤。

(4) 简述系统总体方案设计主要包括哪些内容？

(5) 简述增强型综合布线系统的基本配置。

第4章 综合布线系统的设计

综合布线系统的设计是指对综合布线系统中各个子系统以及电气保护系统的详细设计，其科学性和合理性直接影响着智能化建筑和智能化小区使用性能的高低和服务质量的好坏。对每个子系统的设计，尽管内容各不相同，但都必须遵守一定的设计原则，只有采用适当的方法，才能得出科学合理的设计方案。本章将介绍综合布线系统各个子系统设计的内容、方法和要求，以及设计文档的编写要求。

通过本章的学习，学生将能够：

● 学会对各子系统进行综合布线设计。

● 学会对电气保护系统进行设计。

● 学会编制综合布线工程设计文档。

本章的核心概念： 子系统设计、电气保护系统设计、设计文档。

4.1 工作区子系统设计

4.1.1 工作区子系统设计概述

工作区子系统是指从终端设备(电话、计算机、数据终端或仪器仪表、传感器探头等)到信息插座的整个区域，包括信息插座、信息模块、网卡、跳线等。

工作区是工作人员利用终端设备进行工作的地方，一个独立的需要配置终端的区域可划分为一个工作区，服务面积通常为 $5\sim10\text{m}^2$，在设计时，应根据用户的需要和不同的应用场合进行设置。

在进行终端设备和 I/O 连接时，需要某种传输装置，例如，调制解调器，它能为终端设备与其他设备之间的兼容性和传输距离的延长提供所需要的转换信号，但这种装置并不是工作区子系统的一部分。

工作区子系统中所使用的连接器必须具有国际 IEEE 标准的 8 位接口，通常使用 T568-A 或 T568-B 标准的 8 针模块化信息插座。这种接口能接受楼宇自动化系统所有低压信号以及高速数据网络信息和数码音频信号。

4.1.2 确定信息插座的数量和类型

1. 信息插座的类型

常见的信息模块主要有两种形式，一种是 RJ-45，另一种是 RJ-11。RJ-45 标准的信息模块既可以用于数据传输，也可以用于语音传输，而 RJ-11 仅用于语音传输。在设计具体的方案时，既可以使用一个 RJ-45 信息插座来同时完成数据与语音的传输，也可以分别设立 RJ-45 信息模块和 RJ-11 信息模块插座。在后一种方式中，设计时须选用双口网络面板。

另外，市场上还有一种多媒体信息模块，主要用于同轴线缆或光纤的连接。其接口标准有 ST 型接头、FC 型接头、SC 型接头、BNC 型接头等。

综合布线的信息插座大致可分为嵌入式安装插座、表面安装插座和多介质信息插座三种类型。其中，嵌入式和表面安装插座是用来连接双绞线的。多介质信息插座用来连接双绞线和光纤，以解决用户对光纤到桌面的需求。

2．确定信息插座的数量和类型的原则

(1)　根据已掌握的客户需求，确定信息插座的类型。

(2)　根据建筑平面图计算实际可用的空间，依据空间的大小来确定信息插座的数量。

估算工作区和信息插座的数量，可分为基本型和增强型两类：基本型每 $5\sim10\text{m}^2$ 一个信息插座，即每个工作区提供一部电话或一部计算机终端；增强型每 $5\sim10\text{m}^2$ 两个信息插座，即每个工作区同时提供一部电话机和一部计算机终端。

4.1.3　工作区子系统设计的要点

(1)　工作区内，线槽的敷设要合理、美观。

(2)　优先选用双口插座。一般情况下，信息插座宜选用双口插座。不建议使用三口或四口插座，因为一般墙面安装的网络插座底盒和面板的尺寸为长 86mm，宽 86mm，底盒内部空间很小，无法保证和容纳更多网络双绞线的曲率半径。

(3)　信息插座设计在距离地面 30cm 以上，如图 4-1 所示。地面设备的信息插座必须选用金属面板，并且具有抗压防水功能。

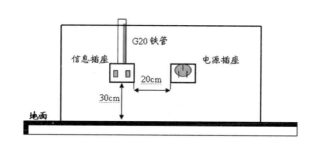

图 4-1　信息插座距地面的高度

(4)　信息插座与计算机设备的距离保持在 5m 范围内。

(5)　网卡接口类型要与线缆接口类型保持一致。GB 50311—2007 规定，插座内安装的信息模块必须与计算机、打印机、电话机等终端设备内安装的网卡类型一致。例如，终端计算机为光模块网卡时，信息插座内必须安装对应的光模块。计算机为六类网卡时，信息插座内必须安装对应的六类模块。

(6)　在信息插座附近，必须设置电源插座，减少设备跳线的长度。为了减少电磁干扰，电源插座与信息插座的距离应大于 20cm。

(7)　所有工作区所需的信息模块、信息插座、面板的数量要准确。

(8)　确定水晶头和模块所需的数量。

RJ-45 水晶头的需求量一般用下述公式来计算：

$$m = n \times 4 + n \times 4 \times 15\%$$

式中：m——RJ-45 水晶头的总需求量。

n——信息点的总量。

$n \times 4 \times 15\%$——留有富余量。

信息模块的需求量一般用下述公式来计算：

$$m = n + n \times 3\%$$

式中：*m*——信息模块的总需求量。

n——信息点的总量。

$n \times 3\%$——留有富余量。

4.1.4 工作区子系统的设计方法

(1) 根据楼层平面图，计算每层楼的布线面积。

(2) 根据用户选择的基本型、增强型或综合型设计等级，估算信息插座的数量。

(3) 确定信息插座的类型。

可根据实际情况，采用不同的安装形式来满足不同的需要。通常，新建的建筑物采用嵌入式信息插座，现有的建筑物则采用表面安装式的信息插座。

4.1.5 工作区子系统的设计要求

1. 信息插座与终端的连接形式要求

每个工作区至少要配置一个信息插座盒，对于难以再增加插座盒的工作区，要求至少安装两个分离的信息插座盒。

信息插座是终端与水平子系统连接的接口，其中，最常用的为RJ-45信息插座(即RJ-45连接器)。它是一个8针的连接器，8针模块化信息输入/输出插座是为所有的综合布线系统推荐的标准I/O插座。连接时，依据T568-A/T568-B类接法，按色标连接。

综合布线系统可采用不同厂家的信息插座和信息插头，这些信息插座和信息插头原理上是一样的。

对于计算机终端设备，将带有8针的RJ-45插头跳线插入网卡，在信息插座一端，跳线的RJ-45插头连接到插座上。

虽然适配器和设备可用在几乎所有的场合，以适应各种需求，但在做出设计承诺之前，必须仔细考虑将要集成的设备类型和传输信号的类型。在做出上述决定时，必须考虑以下几个因素。

(1) 各种设计选择方案在经济上的最佳折中。

(2) 系统管理时比较难以捉摸的因素。

(3) 在布线系统寿命期间移动和重新布置所产生的影响。

2. 信息插座与连接器的接法要求

在具体的工程实践中，凡未确定用户最终需求和尚未对布线系统做出具体承诺时，建议在每个工作区安装RJ-11和RJ-45两个引出孔，这样，在设备间或配线间的交叉连接场区不仅可以灵活地进行系统配置，而且也容易进行管理。

4.2 水平干线子系统的设计

4.2.1 水平干线子系统设计概述

水平干线子系统，是从工作区的信息插座开始到管理间子系统的配线架，其功能是将工作区信息插座与楼层配线间的水平分配线架 BF 连接起来。

水平干线子系统设计的主要内容，涉及水平布线系统的网络拓扑结构、布线路由、管槽设计、线缆类型选择、线缆长度确定、线缆布放、设备配置等内容。水平布线子系统的网络拓扑结构都为星形结构，它是以楼层配线架为主节点，各个通信引出端为分节点，二者之间采取独立的线路相互连接，形成以 FD 为中心向外辐射的星型线路网状态。这种网络拓扑结构的线路较短，有利于保证传输质量，降低工程造价和便于维护管理。

水平干线子系统往往需要敷设大量的线缆，因此，如何配合建筑物装修进行水平布线，以及布线后如何更为方便地进行线缆的维护工作，也是设计过程中应考虑的问题。

4.2.2 水平干线子系统线缆的选择

1．常用的线缆种类

(1) 100Ω双绞线(UTP 或 STP)电缆。

(2) 50μm/125μm 多模光纤。

(3) 62.5μm/125μm 多模光纤。

(4) 8.3μm/125μm 单模光纤。

2．订购电缆时应考虑的因素

(1) 确定介质布线方法和电缆走向。

(2) 确认到设备之间的接线距离。

(3) 留有端接容差。

3．电缆需求量计算

双绞线电缆长度的估算方法如下。

(1) 根据布线方式和走向测定信息插座到楼层配线架的最远和最近距离。

(2) 确定线缆的平均长度：

$$M = (L+S)/2 + 3$$

式中：L——最远电缆长度。

S——最近电缆长度。

3——预留的线缆端接长度为3m。

(3) 根据所选厂家每箱线缆的标称长度(一般为 1000ft，约 305m)，取整计算每箱线缆可含平均长度线缆的根数。

例如，某综合布线工程共有 1000 个信息点，布点比较均匀，距离 FD 最近的信息插座布线长度为 8m，最远插座的布线长度为 85m，则：

线缆的平均长度 = (8+85)/2 + 3 = 49.5m

选用标称长度为 305m 的线缆，则：

每箱可含平均长度线缆的根数 = 305/49.5 ≈ 6.2

由于 0.2 不足一条电缆的长度，应舍去，故取 6，则：

共需线缆箱数 = 1000/6 ≈ 166.7(取整为 167 箱)

在计算水平干线子系统的线缆长度时，应注意避免以下不正确的计算方法：

线缆总长度 = 1000×49.5 = 49500

共需线缆箱数 = 49500/305 ≈ 162.3(取整为 163 箱)

显然，这两种算法的结果明显不同。

根据我国通信行业标准规定，水平布线子系统的线缆最大长度为 90m。在一般情况下，水平电缆推荐采用特性阻抗为 100Ω的对称电缆，必要时，允许采用 150Ω的对称电缆，不允许采用 120Ω的对称电缆。

当采用高速率传输系统传输电视图像信息时，建议采用 62.5μm/125μm 多模光纤，必要时，也允许采用 50μm/125μm 多模光纤光缆或单模光纤光缆。在水平布线子系统中，对称电缆是否采用屏蔽结构应根据工程实际需要来决定。

4.2.3　水平干线子系统的设计原则

(1)　水平干线子系统应根据楼层(用户)类别及工程提出的近、远期终端设备要求确定每层的信息点(TO)数。在确定信息点数及位置时，应考虑终端设备将来可能产生的移动、修改、重新安排，以便于对一次性建设和分期建设方案进行选定。

(2)　当工作区为开放式大密度办公环境时，宜采用区域式布线方法，即从楼层配线设备(FD)上，将多对数电缆布置在办公区域，再根据实际情况，采用合适的布线方法，将线引至信息点(TO)。当采用地毯下布线时，可采用扁平式电缆。

(3)　配线电缆宜采用 8 芯非屏蔽双绞线缆，语音口和数据口宜采用 5 类、超 5 类或 6 类双绞线，以增强系统的灵活性，对高速率应用的场合，宜采用多模或单模光缆(每个信息口的光纤宜为 4 芯)。水平子系统电缆长度必须在 90m 以内。在需要屏蔽的场合，应采用屏蔽电缆或光纤。

(4)　信息点应为标准的 RJ-45 型插座，并与线缆类别相对应，多模光纤插座宜采用 SC 或 ST 接插形式(SC 为优选形式)，单模光纤插座宜采用 FC 插接形式。信息插座应在内部做固定连接，不得空线、空脚。要求屏蔽的场合，插座须有屏蔽措施。

(5)　楼层水平子系统可采用吊顶上、地毯下、暗管、地槽、天花板吊顶等方式进行布线。

(6)　信息点面板规格应采用国家标准面板。

(7)　终接在信息点上的双绞电缆开绞长度不宜超过相应的规定。

(8)　一般尽量避免水平缆线与 36V 以上强电供电线路平行走线。如果确实需要平行走线时，应保持一定的距离，一般非屏蔽网络双绞线电缆与强电电缆距离大于 30cm，屏蔽网络双绞线电缆与强电电缆距离大于 7cm。如果需要近距离平行布线，甚至交叉跨越布线时，需要用金属管保护网络布线。

4.2.4 水平干线子系统的布线路由

1. 布线路由技术

两点间最短距离是直线，但对于布线缆来说，它不一定就是最好、最佳的路由。

在选择最容易布线的路由时，要考虑便于施工、便于操作，即使花费更多的线缆也要这样做。对于一个有经验的安装者来说，"宁可使用额外的 1000m 线缆，而不使用额外的 100 工时"，通常，线缆要比劳动力费用便宜。

如果要把 25 对线缆从一个配线间牵引到另一个配线间，采用直线路径，要经天花板布线，路由中要多次分割、钻孔，才能使线缆穿过并吊起来；而另一条路由是将线缆通过一个配线间的地板，然后通过一层悬挂的天花板，再通过另一个配线间的地板。

有时，如果第一次所做的布线方案并不很好，则可以选择另一种布线方案。但在某些场合，又没有更多的选择余地。例如，一个潜在的路径可能被其他的线缆塞满了，第二路径要通过天花板，也就是说，这两个路径都不是所希望的。因此，考虑较好的方案是安装新的管道，但由于成本费用问题，用户又不同意，这时，只能采用布明线，将线缆固定在墙上和地板上。

总之，具体如何布线，要根据建筑结构及用户的要求来决定。在选择路径时，布线设计人员要考虑如下几点。

(1) 建筑物的结构。

对布线施工人员来说，需要彻底了解建筑物的结构，由于绝大多数的线缆是走地板下或天花板内，故对地板和吊顶内的情况了解得要很清楚。就是说，要准确地知道什么地方能布线，什么地方不易布线，并向用户方说明。现在绝大多数建筑物的设计是规范的，专为强电和弱电布线分别设计了通道，利用这种环境时，也必须了解走线的路由，并用粉笔在走线的地方做出标记。

(2) 检查拉(牵引)线。

在一个现有的建筑物中安装任何类型的线缆之前，必须检查有无拉线。拉线是某种细绳，沿着布线缆的路由(管道)安放好，必须是路由的全长。绝大多数的管道安装都要给后继的安装留下一条拉线，使布线容易进行，如果没有，则要考虑穿接线问题。

(3) 确定现有线缆的位置。

如果布线的环境是一座旧楼，则必须了解旧线缆是如何布放的，用的是什么管道，这些管道是如何走的。了解这些，有助于为新的线缆建立路由。在某些情况下，能使用原来的路由。

(4) 提供线缆支撑。

根据安装情况和线缆的长度，要考虑使用托架或吊杆槽，并根据实际情况决定托架吊杆，使其加在结构上的质量不至于超重。

(5) 拉线速度的考虑。

从理论上讲，线的直径越小，则拉线的速度越快。但是，有经验的安装者采取慢速而又平稳的拉线，而不是快速的拉线。原因是，快速拉线会造成线的缠绕或者线被绊住。

(6) 最大拉力。

拉力过大，线缆会变形，将引起线缆传输性能下降。线缆最大允许的拉力如下。

- 一根 4 对线电缆：拉力为 10kg。
- 二根 4 对线电缆：拉力为 15kg。
- 三根 4 对线电缆：拉力为 20kg。
- N 根线电缆：拉力为 $(N\times0.5+5)$kg。

不管是多少根线对的电缆，最大拉力不能超过 40kg。

2. 布线方法

(1) 在天花板吊顶内敷设线缆的方法。

在天花板吊顶内敷设线缆的方法有分区布线法、内部布线法和电缆槽道布线法三种。

① 分区布线法。

分区布线法将天花板内的空间分成若干个小区，敷设大容量电缆。从交接间利用管道穿放或直接敷设到每个分区中心，由小区的分区中心分出线缆，经过墙壁或立柱，引向通信引出端，也可在中心设置适配器，将大容量电缆分成若干根小电缆，再引到通信引出端。这种方式配线容量大，经济实用，节省工程造价和施工劳力，灵活性强，能适应今后的变化，如图 4-2 所示。

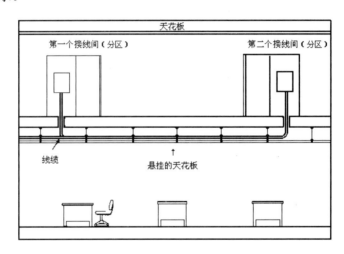

图 4-2 天花板吊顶敷设线缆

② 内部布线法。

内部布线法从交接间将电缆直接敷设到通信引出端，灵活性最大，不受其他因素限制，经济实用，且传输信号不会互相干扰，但需要的线缆条数较多，初次投资较分区布线法大。

③ 电缆槽道法。

电缆槽道法利用敞开式槽道吊挂在天花板内，结构较复杂，电缆从槽道中引出，经墙壁或立柱引到通信引出端。这种方式下，线缆有较好的保护，安全可靠，扩建和检测方便，但这种方法对线缆路由有一定的限制，灵活性较差，安装施工费用较高，技术较复杂，并有可能使天花板增加荷重。

(2) 在地板下敷设线缆的方法。

① 地板下预埋管路布线法。

地板下预埋管路布线法是强、弱电线缆统一布置的敷设方法，由金属导管和金属线槽组成。根据通信和电源布线要求，以及地板的厚度和占用地板下的空间等条件，分别采用一层和两层结构。两层结构上层为布线导管层，下层为馈线导管层，线缆采用分层敷设，灵活方便，并与电源系统同时建成，有利于供电和使用，机械保护性能好，安全可靠。

②　地面线槽布线法。

地面线槽布线法是在地板表面预设线槽(在地板垫层中)，同时埋设地面通信引出端，因此，地面垫层较厚，一般为 7cm 以上。线槽有 50mm×25mm(厚×宽)和 70mm×25mm 两种规格，为了布线方便，还设有分线盒或过线盒，以便于连接。

这种布线方便简捷，适用于大开间房间，适应各种布置和变化，灵活性大，但也需要较厚的垫层，增加了楼板荷重，工程造价较高。

③　蜂窝状地板布线法。

蜂窝状地板布线法的地板结构较复杂，一般采用钢铁或混凝土制成构件，其中，导管和布线槽均事先设计，一般用于电力、通信两个系统交替使用的场合。它与地板下预埋管路布线方法相似，容量大，可埋设电缆条数较多。

④　高架地板布线法。

高架地板布线法的高架地板为活动地板，由许多方块面板组成，置放在钢制支架上，每块面板均能活动，便于安装和检修线缆，布线极为灵活，适应性强，不受限制，地板下空间较大，可容纳的电缆条数多，也便于安装施工。

4.2.5　线槽敷设技术

线槽使用材料的种类分为金属管、槽、塑料(PVC)管槽。根据布槽范围，可分为工作间线槽、水平干线线槽、垂直干线线槽。用什么样的材料，则根据用户的需求、投资来确定。

1. 金属管的敷设

(1)　金属管的加工要求。

①　为了防止在穿电缆时划伤电缆，管口应该没有毛刺和尖锐棱角。

②　为了减小直埋管在沉陷时管口处对电缆的剪切力，金属管口一般应做成喇叭形。

③　金属管在弯制后，不应有裂缝和明显的凹瘪现象。

④　金属管的弯曲半径不应小于所穿入电缆的最小允许弯曲半径。

⑤　镀锌管的锌层剥落处应涂防腐漆，以增加使用寿命。

(2)　金属管切割套丝。

在配管时，应根据实际需要的长度，对管子进行切割。管子的切割可使用钢锯、管子切割刀或电动切管机，严禁用气割。

金属管套丝：管子和管子的连接，管子和接线盒、配线箱的连接，都需要在管子端部进行套丝。焊接钢管套丝，可用管子绞板(俗称代丝)或电动套丝机。硬塑料管套丝，可用圆丝板。

套丝时，先将管子在管子压力器上固定压紧，然后再套丝。若利用电动套丝机，可提高工效。套完丝后，应随时清扫管口，将管口端面和内壁的毛刺用锉刀锉光，使管口保持光滑，以免割破线缆绝缘护套。

(3) 金属管弯曲。

在敷设金属管时，应尽量减少弯头。每根金属管的弯头不应超过 3 个，直角弯头不应超过 2 个，并不应有 S 弯出现。

金属管的弯曲工具：一般用弯管器进行弯曲。

金属管弯曲方法：先将管子需要弯曲部位的前段放在弯管器内，焊缝放在弯曲方向背面或侧面，以防管子弯扁。然后用脚踩住管子，手扳弯管器进行弯曲，并逐步移动弯管器，得到所需要的弯度。

弯曲半径应符合下列要求。

① 明配时，一般不小于金属管外径的 6 倍；只有一个弯时，应不小于金属管外径的 4 倍；整排金属管在转弯处，最好弯成同心圆的弯儿。

② 暗配时，应不小于金属管外径的 6 倍；敷设于地下或混凝土楼板内时，应不小于金属管外径的 10 倍。

- 管子无弯曲时，长度可达 45m。
- 管子有 1 个弯时，直线长度可达 30m。
- 管子有 2 个弯时，直线长度可达 20m。
- 管子有 3 个弯时，直线长度可达 12m。
- 暗管的管口应该光滑并加有绝缘套管，管口伸出部位应为 25～50mm。

(4) 金属管的连接要求。

金属管连接应牢固，密封良好，两管口对准。金属管间的连接通常有两种方法：短套管连接和管接头螺纹连接。

套接的短套管或带螺纹的管接头长度不应小于金属管外径的 2.2 倍。金属管的连接采用短套接时，施工简单方便；采用管接头螺纹连接则较为美观，可以保证金属管连接后的强度。

无论采用哪一种方式，均应保证需要连接的金属管管口对准、牢固、密封。

金属管进入信息插座的接线盒后，暗埋管可用焊接固定，管口进入盒的露出长度应小于 5mm。明设管应用锁紧螺母或管帽固定，露出锁紧螺母的丝扣为 2～4 扣。

(5) 金属管的敷设。

① 金属管的暗设要求如下：

- 预埋在墙体中间的金属管内径不宜超过 50mm，楼板中的管径宜为 15～25mm，直线布管时，一般应在 30m 处设置暗线盒。
- 敷设在混凝土、水泥里的金属管，其地基应该坚实、平整，不应有沉陷，以保证敷设后的线缆安全运行。
- 金属管连接时，管口应该对准，无错位，接缝应该严密，不得有水和泥浆渗入，以免影响管路的有效管理，保证敷设线缆时穿设顺利。
- 金属管道应有不小于 0.1%的排水坡度。
- 建筑群之间，金属管的埋没深度不应小于 0.8m；在人行道下面敷设时，不应小于 0.5m。
- 金属管内应安置牵引线或拉线。
- 金属管的两端应有标记，表示建筑物、楼层、房间和长度。

② 金属管的明设要求如下。

金属管应用卡子固定，这种固定方式较为美观，且在需要拆卸时方便拆卸。金属的支持点间距，有要求时应按照规定设计。无设计要求时不应超过 3m。在距接线盒 0.3m 处，用管卡将管子固定。在弯头的地方，弯头两边也应用管卡固定。

③ 光缆与电缆同管敷设时，应在暗管内预置塑料子管，将光缆敷设在塑料子管内，使光缆和电缆分开布放。

2. 金属槽的敷设

线槽安装应在土建工程基本结束以后，与其他管道(如风管、给排水管)同步进行，也可比其他管道稍迟一段时间安装。但应尽量避免在装饰工程结束以后进行安装，否则会造成敷设线缆的困难。金属桥架多由厚度为 0.4～1.5mm 的钢板制成，如图 4-3 所示。

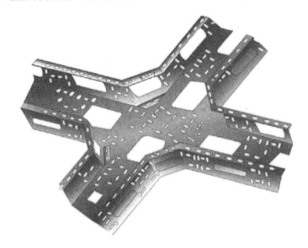

图 4-3 金属桥架

金属槽的特点(与传统桥架相比)：结构轻、强度高、外形美观、无需焊接、不易变形、连接款式新颖、安装方便等，它是敷设线缆的理想配套装置。

金属桥架分为槽式和梯式两类。槽式桥架是指由整块钢板弯制成的槽形部件；梯式桥架是指由侧边与若干个横挡组成的梯形部件。桥架附件是用于直线段之间、直线段与弯通之间连接所必需的连接固定或补充直线段/弯通功能部件。支、吊架是指直接支承桥架的部件，它包括托臂、立柱、立柱底座、吊架，以及其他固定用支架。

为了防止金属桥架腐蚀，其表面可采用电镀锌、烤漆、喷涂粉末、热浸镀锌、镀镍锌合金纯化处理或采用不锈钢板。选择原则是：可以根据工程环境、重要性和耐久性，选择适宜的防腐处理方式。一般腐蚀较轻的环境可采用镀锌冷轧钢板桥架；腐蚀较强的环境可采用镀镍锌合金纯化处理桥架，也可采用不锈钢桥架。

综合布线中所用线缆的性能，对环境有一定的要求。为此，在工程中，常选用有盖无孔型槽式桥架(简称线槽)。

(1) 线槽的安装要求。

线槽的安装有以下几点要求。

① 线槽安装位置应符合施工图规定，左右偏差视环境而定，最大不超过 50mm。

② 线槽水平度每米偏差不应超过 2mm。

③ 垂直线槽应与地面保持垂直，并无倾斜现象，垂直度偏差不应超过 3mm。

④ 线槽节与节之间采用接头连接板拼接，螺丝应拧紧。

⑤ 当直线段桥架超过 30m 或跨越建筑物时，应有伸缩缝，其连接宜采用伸缩连接板。

⑥ 线槽转弯半径不应小于槽内的线缆最小允许弯曲半径的最大者。

⑦ 线槽的盖板应紧固。

⑧ 支吊架应保持垂直，整齐牢固，无歪斜现象。

为了防止电磁干扰，宜用辫式铜带把线槽连接到其经过的设备间，或楼层配线间的接地装置上，并保持良好的电气连接。

(2) 水平子系统线缆敷设支撑保护要求。

① 预埋金属线槽支撑保护要求如下：

● 在建筑物中预埋线槽时，可以根据不同的尺寸，针对一层或二层设备，应至少预埋两根以上，线槽截面高度不宜超过 25mm。

● 线槽直埋长度超过 15m 时，或在线槽路由上出现交叉、转变时，宜设置拉线盒，以便布放线缆和维护。

● 接线盒盒盖应该能够开启，并与地面齐平，盒盖处应采取防水措施。

● 线槽宜采用金属管引入分线盒内。

② 设置线槽支撑保护的要求如下：

● 水平敷设时，支撑间距一般为 1.5～2m；垂直敷设时，固定在建筑物结构体上的支撑点间距宜小于 2m。

● 金属线槽敷设时，在下列情况下设置支架或吊架：线槽接头处间距 1.5～2m；转弯处距离开线槽两端口 0.5m。

● 塑料线槽底固定点间距一般为 1m。

③ 在活动地板下敷设线缆时，活动地板内净空不应小于 150mm。如果活动地板内作为通风系统的风道使用时，地板内净高不应小于 300mm。

④ 采用公用立柱作为吊顶支撑柱时，可在立柱中布放线缆。立柱支撑点宜避开沟槽和线槽位置，支撑应牢固。

⑤ 在工作区的信息点位置和线缆敷设方式未定的情况下，或在工作区采用地毯下布放线缆时，宜设置交接箱，每个交接箱的服务面积约为 80cm²。

⑥ 不同种类的线缆布放在金属线槽内，应同槽分室(用金属板隔开)布放。

⑦ 采用格形楼板和沟槽相结合时，敷设线缆支撑保护要求如下：

● 沟槽和格形线槽必须沟通。

● 沟槽盖板可开启，并与地面齐平，盖板和信息插座出口处应采取防水措施。

● 沟槽的宽度宜小于 600mm。

3. 塑料管的敷设

塑料管一般是在工作区暗埋线槽，操作时，要注意以下两点：

● 管转弯时，弯曲半径要大，便于穿线。

● 管内穿线不宜太多，要留有 50%以上的空间。

4．塑料槽的敷设

塑料槽的规格有多种，其敷设从理论上讲，类似于金属槽，但操作上还有所不同。具体表现为以下 3 种方式：

- 在天花板吊顶打吊杆或托式桥架。
- 在天花板吊顶外采用托架桥架敷设。
- 在天花板吊顶外采用托架加配定槽敷设。

采用托架时，一般在 1m 左右安装一个托架。采用固定槽时，一般在 1m 左右安装固定点，固定点是指把槽固定的地方。根据槽的大小，有如下建议。

(1) 对于 25mm×20mm～25mm×30mm 规格的槽，一个固定点应有 2～3 个固定螺丝，并水平排列。

(2) 对于 25mm×30mm 以上规格的槽，一个固定点应有 3～4 个固定螺丝，排列呈梯形，使槽的受力点分散分布。

(3) 除了固定点外，应每隔 1m 左右钻两个孔，用双绞线穿入，待布线结束后，把所布的双绞线捆扎起来。

水平干线、垂直干线布槽的方法是一样的，差别在于一个是横布槽，一个是竖布槽。在水平干线与工作区交接处，不易施工时，可采用金属软管(蛇皮管)或塑料软管连接。

5．槽、管大小选择的计算方法

根据工程施工的体会，对槽、管的选择可采用以下简易的计算方式：

$$n = \frac{\text{槽(管)截面积}}{\text{线缆截面积}} \times 70\% \times (40\% \sim 50\%)$$

式中：n——用户所要安装的线缆数(已知数)。

      槽(管)截面积——要选择的槽管截面积(未知数)。

      线缆截面积——选用的线缆面积(已知数)。

      70%——布线标准规定允许的空间。

      40%～50%——线缆之间浪费的空间。

4.2.6 布线电缆桥架设计技术

智能化建筑的弱电系统通常由多个信息监控和通信设施等相应的系统组成，例如 BA、OA、CA 等，并根据建筑主体的功能需求来确定其等级和内容。

由于建筑物内多种管线平行交叉，空间有限，特别是大型写字楼、金融商厦、酒店、场馆等建筑，信息点密集，因此，线缆敷设除了采用楼板沟槽和墙内埋管方式外，在竖井和屋内天棚吊顶内广泛采用电缆桥架，提供不同走向的布线。

1．桥架结构

电缆桥架分为槽式、托盘式、网格式和梯架式等结构，由支架、托臂和安装附件等组成，如图 4-4 所示。选型时，应注意桥架的所有零部件是否符合系列化、通用化、标准化的成套要求。

槽式桥架　　　　　梯式桥架

网格式桥架　　　　托盘式桥架

图 4-4　电缆桥架

2．桥架荷载及荷载特性

电缆桥架的荷载分为静荷载、动荷载和附加荷载。

静荷载是指敷设在电缆桥架内的电缆重量，通常，我们根据桥架中电缆的敷设路由，用电缆的种类、根数、每根电缆单位长度的重量来反映静荷载的大小。公式如下：

$$Q = q_1 + q_2$$

式中：q_1——电缆的均布荷载(各层的均布荷载中取最大值)(kN/m^2)，均布荷载是托盘、梯架或电缆槽的荷载。

q_2——在敷设或检修电缆时，施工维修人员重量的等效均布荷载(kN/m^2)。

3．桥架的胀缩问题

由于环境温度变化，钢质电缆桥架会出现热胀冷缩的现象。室外桥架受温度影响较大，例如，若环境最高温度为40℃，最低温度为-20℃，则电缆桥架的最大收缩量按下式求得：

$$\Delta l = 11.2 \times \frac{\Delta \tau}{1000}$$

由此得出以下结论。

温差为 60℃时：Δl = 0.672mm/m。

温差为 50℃时：Δl = 0.560mm/m。

温差为 40℃时：Δl = 0.448mm/m。

工程设计中，直线段电缆桥架应考虑伸缩接头，伸缩接头的间距建议按以下确定。

温差为 40℃时：$\Delta \tau$ =50m。

温差为 50℃时：$\Delta \tau$ =40m。

温差为 60℃时：$\Delta \tau$ =40m。

4．桥架的接地

在布线工程施工中，镀锌电缆桥架必须做良好的接地。

(1)　镀锌电缆桥架直接板的每个固定螺栓接触电阻应小于 0.005Ω，此时，电缆桥架可作为接地干线(喷粉电缆桥架不宜作为接地干线)，每个电缆桥架的电阻值可按下式计算：

$$r = \frac{\rho L}{S}$$

其中，ρ =15×10.6Ω·cm(20℃时)；L 为长度，按 100mm 计算；S 为截面积(cm^2)。

(2)　当电缆桥架安装连接成整体后，每根梯边(或每个电缆槽)的电阻为：

$$R = L\left(r + \frac{1}{3}r'\right)$$

其中，R 为梯边电阻，即(电缆槽)全长总电阻(mΩ)；r 为梯边单位长度电阻(mΩ/m)；r' 为直接板固定螺栓接触电阻。

5．桥架设计及安装要求

(1)　主要要求如下。

① 确定方向。

② 计算荷载。

③ 确定桥架的宽度。

④ 确定安装方式。

⑤ 绘出电缆桥架平、剖面图。

(2)　此外，还有其他的安装要求。

① 电缆桥架由室外进入建筑物内时，桥架向外的坡度不得小于 1/100。

② 电缆桥架与用电设备交越时，其间的净距不小于 0.5m。

③ 两组电缆桥架在同一高度平行敷设时，其间的净距不小于 0.6m。

④ 在平行图上绘出桥架的路由，要注明桥架起点、终点、转弯点、分支点及升降点的坐标或定位尺寸、标高。

⑤ 桥架支撑点，如立柱、托臂，或非标准支/构架的间距、安装方式、型号规格、标高，可在平面上列表说明，也可分段标出，用不同的剖面图、单线图或大样图表示。

⑥ 电缆引下点位置及引下方式。

⑦ 电缆桥架宜高出地面 2.2m 以上，桥架顶部距顶棚或其他障碍物不应小于 0.3m，桥架宽度不宜小于 0.1m，桥架内横断面的填充率不应超过 50%。

⑧ 电缆桥架内，线缆垂直敷设时，线缆的上端和每隔 1.5m 处应固定在桥架的支架上。

⑨ 在吊顶内设置时，槽盖开启面应保持 80mm 的垂直净空，线槽截面利用率不应超过 50%。

⑩ 布放在线槽的线缆可以不绑扎，槽内线缆应顺直，尽量不交叉，线缆不应溢出线槽，在线缆进出线槽部位，转弯处应绑扎固定。

⑪ 在水平、垂直桥架和垂直线槽中敷设线缆时，应对线缆进行绑扎。

⑫ 桥架水平敷设时，支撑间距一般为 1.5～3m，垂直敷设时，固定在建筑物构体上的间距宜小于 2m。

⑬ 金属线槽敷设时，在下列情况下，应设置支架或吊架：

● 线槽接头处。

● 间距 3m。

- 离开线槽两端口 0.5m 处。
- 转弯处。

(3) 另外，材料统计时，应注意以下几点。

① 桥架：分别统计出工程所需的各种型号、各种规格桥架的全长，并除以该桥架的标准长度，得出该桥架的所需数量，并在此基础上增加 1%～2% 的余量。

② 立柱：如果采用统一规格的立柱，可用桥架全长除以平均立柱间距，得出立柱数，再增加 2%～4% 的余量。如果立柱规格不一，则需分别统计。

③ 托臂：桥架全长除以托臂平均间距，再增加 1%～2% 的余量，即为总需求量。

④ 其他部件：按其主体数乘以一定比例(视总长而定)求得其总数。特殊部件如垂直弯接板、转弯接板等，需分别统计。

4.2.7 双绞线线缆的敷设技术

1. 双绞线的布线安全

在双绞线布线工程中，参加施工的人员应遵守以下几点要求。

(1) 穿着合适的衣服。

(2) 使用安全的工具。

(3) 保证工作区的安全。

(4) 制定施工安全措施。

2. 双绞线布放的一般要求

双绞线布放时，应遵守以下几点要求。

(1) 布放线缆前，应核对其规格、程序、路由及位置是否与设计规定相符合。

(2) 布放的线缆应平直，不得产生扭绞、打圈等现象，不应受到外力挤压和损伤。

(3) 布放前，线缆两端应贴有标签，标明起始和终端位置以及信息点的标号，标签书写应清晰、端正和正确。

(4) 信号电缆、电源线、双绞线缆、光缆及建筑物内的其他弱电线缆应分离布放。

(5) 布放的线缆应有冗余。

(6) 布放线缆时，在牵引过程中，吊挂线缆的支点相隔间距不应大于 1.5m。

(7) 线缆布放过程中，为了避免受力和扭曲，应制作合格的牵引端头。

3. 放线

(1) 从线缆箱中拉线。

① 除去塑料塞。

② 通过出线孔拉出数米的线缆。

③ 拉出所要求长度的线缆，割断它，将线缆滑回到槽中去，留数厘米伸出在外面。

④ 重新插上塞子，以固定线缆。

(2) 线缆处理(剥线)。

① 使用斜口钳，在塑料外衣上切开"1"字形的长缝。

② 找出尼龙的扯绳。

③ 将电缆紧握在一只手中，用尖嘴钳夹紧尼龙扯绳的一端，并把它从线缆的一端拉开，拉的长度根据需要而定。

④ 割去无用的电缆外衣。

4．线缆牵引技术

线缆牵引是用一条拉线将线缆牵引穿入墙壁管道、吊顶和地板管道的技术，如图 4-5 所示。它所用的方法取决于要完成工程的类型、线缆的质量、布线路由的难度。

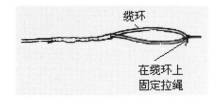

图 4-5　线缆牵引

(1) 牵引多条 4 对双绞线的方法一。

① 将多条线缆聚集成一束，并使它们的末端对齐。

② 用电工胶带紧绕在线缆束外面，在末端外绕长 5～6cm。

③ 将拉绳穿过电工带缠好的线缆并打好结。

(2) 牵引多条 4 对双绞线的方法二。

如果在拉线缆的过程中连接点散开了，则要收回线缆和拉线重新制作，因此，拉线和双绞线需要更牢靠的固定连接。

① 除去一些绝缘层，暴露出 5cm 的裸线。

② 将裸线分成两束。

③ 将两束导线互相缠绕起来，形成环。

④ 将拉绳穿过此环并打结，然后将电工带缠到连接点周围，要缠得结实和平滑。

(3) 牵引单条 25 对双绞线的方法。

① 将线缆向后弯曲，以便建立一个环，直径约 150～300mm，并使得线缆末端与线缆本身绞紧。

② 用电工带紧紧地缠在绞好的线缆上，以加固此环。

③ 把拉绳拉接到线缆环上。

④ 用电工带紧紧地将连接点包扎起来。

(4) 牵引多条 25 对双绞线的方法。

① 剥除约 30cm 的线缆护套，包括导线上的绝缘层。

② 使用针口钳将线切去，留下约 12 根。

③ 将导线分成两个绞线组。

④ 将两组绞线交叉穿过拉线的环，在线缆的另一边建立一个闭环。

⑤ 将双绞线一端的线缠绕在一起以使环封闭。

⑥ 将电工带紧紧地缠绕在线缆周围，覆盖长度约 5cm，然后继续再绕上一段。

4.3 垂直干线子系统的设计

4.3.1 垂直干线子系统概述

垂直干线子系统是整个建筑物综合布线系统中非常关键的组成部分,它提供建筑物的干线电缆,负责连接管理间子系统到设备间子系统,两端分别连接在设备间和楼层管理间的配线架上,一般使用光缆或选用大对数非屏蔽双绞线。

垂直干线子系统的设计与建筑设计有着密切的关系,例如,设计垂直干线子系统布线时,必须确定建筑物的路由方式(如采用上升管路、电缆竖井和上升房)和上升路由数量及其具体位置等,在某种程度上,受到建筑结构和楼层平面布置的约束。

4.3.2 垂直干线子系统的设计原则

垂直干线传输电缆的设计必须既满足当前的需要,又适应今后的发展。垂直干线子系统的布线走向应选择干线线缆最短、最安全、最经济的路由。垂直干线子系统在系统设计施工时,应预留一定的线缆做冗余信道,这一点,对于综合布线系统的可扩展性和可靠性来说,是十分重要的。

垂直干线子系统的设计一般应遵循以下几点原则。

(1) 垂直干线子系统的布线采用星形拓扑结构,从建筑物设备间向各个楼层的管理间布线,实现大楼信息流的纵向连接。

(2) 在确定垂直干线子系统所需要的电缆总对数之前,必须确定电缆中语音和数据信号的共享原则。对于基本型,每个工作区可选定一对;对于增强型,每个工作区可选定两对双绞线;对于综合型,每个工作区可在基本型和增强型的基础上增设光缆系统。

(3) 为便于综合布线的路由管理,垂直干线电缆或光缆的交接不应多于两次。从楼层配线架到建筑群配线架只能通过一个配线架,即建筑物配线架。当综合布线只用一级干线布线进行配线时,放置干线配线架的二级交接间可以并入楼层配线间。

(4) 垂直干线子系统可采用点对点端接,也可采用分支递减端接,以及电缆直接连接。如果设备间与计算机房处于不同的地点,而且需要把语音电缆连至设备间,把数据电缆连至计算机机房,则宜在设计中选干线电缆的不同部分,来分别满足语音和数据的需要。

(5) 应选择干线电缆最短,最安全、最经济的路由。主干路由应选在该管辖区域的中间,使楼层管路和水平布线的平均长度适中,有利于保证信息传输质量,宜选择带门的封闭型综合布线的专用通道敷设干线电缆,也可与弱电竖井使用,但线缆不应布放在电梯、供水、供气、供暖、强电等竖井中。

4.3.3 垂直干线子系统布线设计的步骤

1. 确定每层楼的垂直干线电缆要求

根据不同的需要和经济因素,选择垂直干线电缆类别。根据我国国情和防火规范要求,通常采用通用型电缆,外加金属线槽敷设。特殊场合可采用增强型电缆敷设。

在垂直干线子系统设计中，常使用以下线缆：

- 4 对或 25 对双绞线(UTP 或 STP)。
- 100Ω双绞线(UTP 或 STP)电缆。
- 62.5μm/125μm 多模光纤。
- 8.3μm/125μm 单模光纤。

2．确定垂直干线电缆的路由

选择垂直干线电缆路由的原则是最短、最安全、最经济的电缆路由。垂直干线通道主要有两种选择方法：电缆孔法和电缆井法。

(1) 电缆孔法。

干线通道中所用的电缆孔是很短的管道，通常用直径为 10cm 的钢性金属管做成。它们嵌在混凝土地板中，这是在浇注混凝土地板时嵌入的，比地板表面高出 2.5～10cm。电缆往往捆在钢绳上，而钢绳又固定到墙上已铆好的金属条上。适用场合为配线间上、下都对齐的环境，如图 4-6 所示。

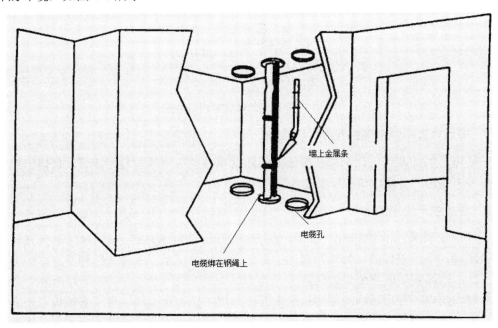

图 4-6　电缆孔示意图

(2) 电缆井法。

电缆井是指在每层楼板上开出一些方孔，使电缆可以穿过这些电缆井，从某层楼延伸到相邻的楼层，如图 4-7 所示。电缆井的大小依所用电缆的数量而定。与电缆孔方法一样，电缆也是捆在或箍在支撑用的钢绳上，钢绳靠墙上金属条或地板三脚架固定住。离电缆井很近的墙上，立式金属架可以支撑很多电缆。电缆井的选择性非常灵活，可以让粗细不同的各种电缆以任何组合方式通过。电缆井方法虽然比电缆孔方法灵活，但在原有建筑物中开电缆井安装电缆造价较高，它的另一个缺点是使用的电缆井很难防火。如果在安装过程中没有采取措施去防止损坏楼板支撑件，则楼板的结构完整性将受到破坏。

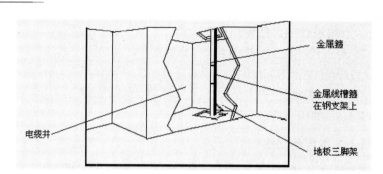

图 4-7　电缆井示意图

3．绘制垂直干线路由图

采用标准中规定的图形与符号绘制垂直干线子系统的线缆路由图(如图 4-8 所示)，图纸应清晰、整洁。

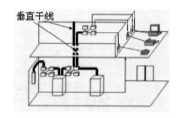

图 4-8　垂直干线线缆路由示意图

4．确定垂直干线电缆的尺寸

干线电缆的长度可用比例尺在图纸上实际量得，也可用等差数列计算。每段干线电缆的长度要有备用部分(约 10%)和端接容差。

5．垂直主干光缆的选择

光纤分单模($8.3\mu m/125\mu m$)、多模($62.5\mu m/125\mu m$、$50\mu m/125\mu m$)两种。单模光纤具有传输带宽高、信道损耗低，传输距离远、可扩充性高的优点，多模光纤则具备维护方便、应用广泛、网络整体造价便宜的优点。

从目前国内、外局域网应用的情况来看，采用单模结合多模的形式来铺设主干光纤网络是一种合理的选择。这样能够扬长避短，既能够使低成本的网络高速应用，又能够满足未来发展和其他弱电系统信号传输(如有线电视信号等)的需要。特别是近年来，一些国外主流布线公司积极倡导的新一代高带宽多模光纤(NGMMF)逐步地走向实用化，其所能够提供的传输带宽和距离已非常接近于目前的单模光纤，而整体网络造价却明显低于单模光纤。

光缆设计时，应注意以下几点。

(1)　光纤电缆敷设不应该绞结。

(2)　在室内布线时要走线槽。

(3)　在地下管道中穿过时要用 PVC 管。

(4)　需要转弯时，其曲率半径不能小于 30cm。

(5)　室外裸露部分要加铁管保护，铁管要固定牢靠。

(6)　不要拉得太紧或太松，并要有一定的膨胀收缩余量。

(7) 采用地埋方法时，要加铁管保护。

4.4　管理间子系统的设计

4.4.1　管理间子系统概述

管理间子系统也称为电信间或配线间，是专门安装楼层机柜、配线架、交换机和配线设备的楼层管理间，一般设置在每个楼层的中间位置。管理间为连接其他子系统提供手段，它是连接垂直干线子系统和水平干线子系统的部分。当楼层信息点很多时，可以设置多个管理间。

在综合布线系统中，管理间子系统包括了楼层配线间、二级交接间的缆线、配线架及相关接插跳线等。通过综合布线系统的管理间子系统，可以直接管理整个应用系统终端设备，从而实现综合布线的灵活性、开放性和扩展性。

4.4.2　配线架

配线架的作用，是使所有信息点的数据线缆均集中到配线架上，这样，极大地方便了用户在今后应用中进行信息点调整，真正实现结构化综合布线的效果。

常见的配线架有 RJ-45 配线架、电话配线架、光纤配线架等，配线架的结构如图 4-9～图 4-11 所示。

图 4-9　配线架(正面)

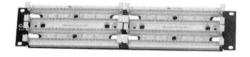

图 4-10　配线架(背面)

图 4-11　机柜中配线架的放置

1．RJ-45 配线架

RJ-45 配线架上的模块全部为 RJ-45 模块，常见的有 12 口、24 口、48 口机柜式，一般前后面板均有标记，便于安装与管理。

2．电话配线架

电话配线架的配接方式为卡接式，主要应用于接受来自电话总机房的专线、直线电话线和分机电话线。

3．光纤配线架

光纤配线箱主要应用于光网的光纤配线架中，光纤配线架网络如图 4-12 所示。

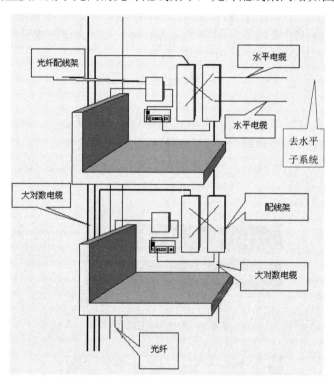

图 4-12　光纤配线架网络

4.4.3　线缆管理器

线缆管理器又称理线器，如图 4-13 所示。线缆管理器专门用于托住机柜内的水平双绞线电缆和大对数双绞线电缆，它有以下三个作用。

图 4-13　线缆管理器

(1) 从电子产品设计的原理来说，线缆连接器(如 RJ-45 模块)上的线缆不应给连接器施加拉力，以防止连接点因受力时间过长而造成接触不良。双绞线本身具有一定的重量，几十根数米长的电缆所产生的拉力会相当大。因此，布线系统都采用外部方法(如使用尼龙带来固定线缆等)减少线缆对 RJ-45 模块的拉力，但这并不是根本的解决方法。线缆管理器将线缆托平，使线缆根本不对模块施力，从本质上解决了这个长期以来一直存在的问题。

(2) 线缆管理器为电缆提供了平行进入 RJ-45 模块的通路，使电缆在压入模块之前不再多次直角转弯，减少了自身的信号辐射损耗，同时也减少了对周围电缆的辐射干扰(串扰)。

(3) 由于线缆管理器使水平双绞线有规律的、平行地进入模块，因此，在今后线路扩充时，将不会因改变一根电缆而引起大量电缆的变动，使整体的可靠性得到保证，即提高了系统的可扩充性。

4.4.4 管理间子系统的设计要点

管理间子系统由交连/互连的配线架、信息插座式配线架、相关跳线组成。管理间子系统为连接其他子系统提供了连接手段。交连和互连允许将通信线路定位或重定位到建筑物的不同部分，以便能更容易地管理通信线路。管理间子系统的设计要点如下。

(1) 配线架的配线对数可由管理的信息点数来决定。配线架端口数量应该大于信息点数量，保证全部信息点过来的缆线全部端接在配线架中。在工程中，一般使用 24 口或者 48 口配线架。例如，某楼层共有 64 个信息点，至少应该先配 3 个 24 口配线架，配线架端口的总数量为 72 口。有时，为了在楼层进行分区管理，也可以选配较多的配线架。例如，上述的 64 个信息点如果分为 4 个区域时，平均每个区域 16 个信息点时，也需要选配 4 个 24 口配线架，这样，每个配线架端接 16 口，预留 8 口，能够进行分区管理并方便维护。

(2) 利用配线架的跳线功能，可使布线系统更灵活、快捷、便于维护。配线架一般由光配线盒和铜配线架组成。

(3) 管理子系统应有足够的空间放置配线架和网络设备。GB 50311—2007 规定，管理间的使用面积不应小于 $5m^2$，也可根据工程中配线管理和网络管理的容量进行调整。一般新建楼房时都有专门的垂直竖井，楼层的管理间基本都设计在建筑物竖井内，面积在 $3m^2$ 左右。在一般小型网络工程中，管理间也可能只是一个网络机柜。

(4) 管理间应提供不少于两个 220V 带保护接地的单相电源插座。有 Hub、交换机的地方，要配专用的稳压电源或不间断电源。管理间应采用外开丙级防火门，门宽大于 0.7m。

(5) 管理间的机柜应该可靠接地，防止雷电以及静电损坏。

(6) 管理间内温度应为 10～35℃，相对湿度宜为 20%～80%。一般应该考虑网络交换机等设备发热对管理间温度的影响，在夏季，必须保持管理间温度不超过 35℃。

4.4.5 管理间子系统的设计原则

管理间子系统有如下几个设计原则。

(1) 管理间子系统中，干线配线管理宜采用双点管理双交接。

(2) 管理间子系统中，楼层配线管理宜采用单点管理。

(3) 配线架的结构取决于信息点的数量、综合布线系统网络性质和选用的硬件。在配线架上应具有用于标记管理的插槽或标牌。

A 型适用于用户不经常对楼层的线路进行修改、移位或重组的情形，P 型适用于用户经常对楼层的线路进行修改、移位或重组的情形。

(4) 端接线路模块化系数合理。连接电缆端接采用 3 对线；基本型 PDS 设计中的干线电缆端接时采用 2 对线；增强型 PDS 设计中的干线电缆端接采用 3 对线；工作站点对点端接采用 4 对线。

(5) 交接设备跳接线连接方式要符合下列规定。

① 对配线架上相对稳定的，一般不经常进行修改、移位或重组的线路，宜采用卡接式接线方法。

② 对配线架上经常需要调整或重新组合的线路，宜采用快接式插接线方法。

③ 根据信息点(TO)的分布和数量确定交接间及楼层配线架(FD)的位置和数量，FD 的接线模块应有 20%～30%的余量。

④ 建筑物配线设备的规模宜根据楼内信息点数量、用户交换机门数、外线引入线对数、主干线缆的对数来确定。对光缆而言，应根据光缆的芯数、规格及型号确定光缆端接箱规格和形式。

⑤ 在交接间内，应留有一定的余量空间以备容纳未来扩充的交接硬件设备。

(6) 列出的管理接线间墙面材料清单应全面，并画出详细的墙面结构图。

4.5 设备间子系统的设计

4.5.1 设备间子系统概述

设备间子系统就是建筑物的网络中心。智能建筑物一般都有独立的设备间。

设备间子系统是建筑物中数据、语音垂直主干缆线终接的场所，也是建筑群的缆线进入建筑物的场所，还是各种数据和语音设备及保护设施的安装场所，也是网络系统进行管理、控制和维护的场所。

设备间子系统由设备室的电缆、连接器和相关支撑硬件组成，通过电缆把各种公用系统设备互连起来。设备间的主要设备有数字程控交换机、计算机网络设备、服务器、楼宇自控设备主机等。它们可以放在一起，也可分别设置。在较大型的综合布线中，可以将计算机设备、数字程控交换机、楼宇自控设备主机分别设置机房，把与综合布线密切相关的硬件设备放置在设备间，计算机网络设备的机房放在离设备间较近的位置。

4.5.2 设备间的环境因素

1. 温度和湿度

设备间的温度、湿度对微电子设备的正常运行及使用寿命有很大的影响。设备间内温度应为 10～35℃，相对湿度宜为 20%～80%，并应有良好的通风。

2. 尘埃

尘埃或纤维性颗粒积聚，会影响通信的质量，微生物的作用还会使导线被腐蚀断掉。

3．照明

设备间内的照明距地面 0.8m 处，照度不应低于 200lx，同时，还应设事故照明，距地面也为 0.8m 处，照度不应低于 51lx。

4．噪声

设备间的噪声应小于 70dB。

5．电磁场干扰

设备间内的无线电干扰场强，在频率为 0.15～1000MHz 范围内不应大于 120dB，设备间内磁场干扰场强不应大于 800A/m。

6．供电

设备间供电电源应满足 50Hz 频率，380/220V 电压，相数为三相五线制或三相四线制或单相三线制的要求。

7．物理安全

设备间的安全要求比较严格，主要是防止失窃与损坏。

8．建筑物防火与内部装修

建筑物的耐火等级不应低于三级。设备间进行装修时，装饰材料应选用难燃材料或者阻燃材料。

9．地面

为了方便表面敷设电缆和电源线，设备间的地面最好采用抗静电活动地板，其系统电阻应在 1～10Ω 之间。

10．墙面

墙面应选择不易产生尘埃，也不易吸附尘埃的材料。

11．顶棚

为了吸收噪声及布置照明灯具，设备顶棚一般是在建筑物梁下加一层吊顶。

12．火灾报警及灭火设施

在机房内、基本工作房间、活动地板下、吊顶地板下、吊顶上方、主要空调管道中及易燃物附近部位，应设置烟感和温感探测器。灭火装置禁止使用水、干粉或泡沫等易产生二次破坏的灭火剂。

4.5.3　设备间的设计原则

设备间内的所有进线终端设备宜采用色标，区别各类用途的配线区，设备间位置及大小应根据设备的数量、规模、最佳网络中心等内容综合考虑确定。在设计中，应该把握以下原则。

1．最近与方便原则

楼群(或大楼)主交接间(MC)宜选在楼群中系统应用最主要的一座大楼内，且最好离公用网最近，若条件允许，最好将主交接间与大楼设备间合二为一。

一般常放在一、二层，并尽量靠近通信线路引入房屋建筑的位置，以便与屋内外各种通信设备、网络接口及装置连接。通信线路的引入端和设备及网络接口的间距，一般不超过 15m。此外，设备间应邻近电梯间，以便装运笨重设备。同时，应注意电梯内的面积大小、净空高度以及电梯载重的限制。

2．主交接间面积、净高选取原则

按每 1500 个信息插座 15m^2 来计算，无障碍空间不低于 2.4m。设备间面积、净高应按照设备的具体要求来选取。当两者合二为一时，总面积应不小于主交接间和设备间分立时的面积要求之和。

设备间必须保证其净高(吊顶到地板之间)不应小于 2.55m(无障碍空间)，以便安装的设备进入。门的大小应能保证设备搬运和人员通行，要求门的高度应大于 2.1m，门宽应大于0.9m。

3．接地原则

设备间的位置应便于安装接地装置，根据房屋建筑的具体条件和通信网络的技术要求，按照接地标准，选用切实有效的接地方式。

4．色标原则

采用色标表示所有进线终端设备及相应的端口。

5．操作便利性原则

大楼主交接间配线架(CD、BD)宜采用机架式，当采用墙挂式配线架时，设备间应有足够的端接墙面，以便操作和安装。

4.5.4　设备间的设计步骤

1．选择和确定主布线场的硬件规模

主布线场是用来端接来自电话局和公用系统设备的线路，来自建筑主干线子系统和建筑群子系统的线路。最理想的情况是交连场的安装应使跳线或跨接线可连接到该场的任意两点。场的最大规模，应视交连场硬件的类型而定。若采用 P 型跳线架，场的最大规模是3600 对线；若采用 A 型跳线架，最大规模是 10800 对线。而最大区域的规模，对于 P 型和A 型方案，分别是 3600 对线和 10800 对线。

2．选择和确定中继场和辅助场

为便于线路管理和未来线路的扩充，应认真考虑安排设备间中继场和辅助场的位置。在设计交连场时，其中间应留出一定的空间，以便容纳未来的交连硬件。设计时，一般在相邻的墙面上安装中继场和辅助场。

4.5.5 设备间内线缆的敷设方式和适用场合

1．活动地板

线缆在活动地板下的空间敷设目前有两种：正常活动地板，高度为 330～500mm；简易活动地板，高度为 60～200mm。一般在建筑物建成后敷设。

正常活动地板下面空间较大，除敷设各种线缆外，还可兼作空调送风通道。简易活动地板因下面空间小，只供线缆敷设用，不能作为空调送风通道，如图 4-14 所示。

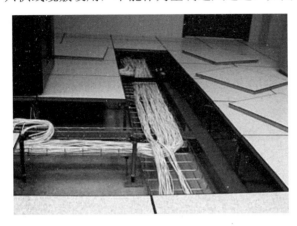

图 4-14　正常活动地板敷设方式

地板下敷设电缆的优点：线缆敷设和拆除均简单方便，能适应线路增减变化，有较高的灵活性，便于维护管理；地板下空间大，电缆容量和条数多，路由自由，节省电缆费用；不改变建筑物结构。

地板下敷设电缆的缺点：造价较高，在经济上受到限制，会减少房屋的净高；对地板表面材料有一定要求，如耐冲击性、耐火性、抗静电，要求在人员走动时感觉良好。

两种活动地板的适用场合：两种活动地板在新建建筑中均可使用，但要求能全房间铺设；正常活动地板适用于地下管线和障碍物较复杂且断面位置受限制的地段。而对于简易活动地板，由于下面空间较小，在层高不高的楼层尤为适用，可节省净高空间，也适用于已经建成的原有建筑。

2．地板或墙壁内的沟槽

线缆在建筑中预先建成的墙壁或地板内的沟槽中敷设，沟槽的断面尺寸大小根据线缆终接容量来设计，上面设置盖板保护。

地板或墙壁内沟槽敷设的优点：沟槽内部尺寸较大(但受墙壁或地板的限制)，能容纳的线缆条数较多；便于施工和维护，也有利于扩建；造价较活动地板低。

地板或墙壁内沟槽敷设的缺点：沟槽设计和施工必须与建筑设计和施工同时进行，在配合协调上较为复杂；沟槽对建筑结构有所要求，技术较复杂；沟槽上有盖板，在地面上的沟槽不易平整，会影响人员活动，且不美观和不隐藏；沟槽预先制成，线缆路由不能变动，难以适应变化。

地板或墙壁内沟槽敷设的适用场合：地板或墙壁内沟槽敷设的方式只适用于新建建筑，

在已建建筑中较难采用，因不易制成暗敷沟槽；沟槽敷设方式只能在局部段落中使用，不宜在面积较大的房间内全部采用。在今后有可能变化的建筑中不宜使用沟槽敷设方式。

3．预埋管路

在建筑的墙壁或楼板内预埋管路，其管径和根数根据线缆需要来设计。预埋管路必须在建筑施工中建成，所以使用中会受到限制，必须精心设计和考虑。

预埋管路敷设的优点：穿放线缆比较容易，维护、检修和扩建均有利；造价低廉，技术要求不高；不会影响房屋建筑结构。

预埋管路敷设的缺点：管路容纳线缆的条数少，设备密度较高的场所不宜采用；线缆改建或增设有所限制；线缆路由受管路限制，不能变动。

预埋管路的适用场合：预埋管路只适用于新建建筑，管路敷设段落必须根据线缆分布方案要求设计。

4．走线架

在设备(机架)上沿墙安装走线架(或槽道)的敷设方式、走线架和槽道的尺寸根据线缆需要设计。在机架上安装走线架或槽道时，应结合设备的结构和布置来考虑走线架敷设，如图 4-15 所示。

图 4-15　走线架敷设

走线架敷设的优点：不受建筑的设计和施工限制，可以在建成后安装；便于施工和维护，也有利于扩建；能适应今后变动的需要。

走线架敷设的缺点：线缆敷设不隐蔽、不美观(除暗敷外)；在设备(机架)上或沿墙安装走线架(或槽道)较复杂，增加施工操作程序；机架上安装走线架或槽道在层高较低的建筑中不宜使用。

走线架的适用场合：走线架敷设方式适应性较强，使用场合较多，在已建或新建的建筑中，均可使用这种敷设方式(除楼层层高较低的建筑外)。

4.6　建筑群干线系统的设计

4.6.1　建筑群子系统概述

建筑群子系统也称楼宇管理子系统。一个企业或某政府机关可能分散在几幢相邻建筑物或不相邻建筑物内办公，但彼此之间的语音、数据、图像和监控等系统可用传输介质和各种支持设备(硬件)连接在一起。连接各建筑物之间的传输介质(一般采用光缆)和各种支持设备(如配线架等)组成一个建筑群综合布线系统。连接各建筑物之间的线缆及相应设备组成了建筑群子系统。

这些建筑物之间的联系或对外通信都需要采用综合布线系统。建筑群主干布线子系统是智能化建筑群体内的主干传输线路，也是综合布线系统的骨干部分。它的系统组织得好坏、工程质量的高低、技术性能的优劣，都直接影响综合布线系统的服务效果，在设计中必须高度重视。

4.6.2 建筑群子系统的线缆敷设

1. 架空电缆布线

架空安装方法通常只用于有现成电线杆，而且电缆的走法不是主要考虑内容的场合。注意，从电线杆至建筑物的架空线距离不超过30m为宜。建筑物的电缆入口可以是穿墙的电缆孔或管道。入口管道的最小口径为50mm。建议另设一根同样口径的备用管道，如果架空线的净空有问题，可以使用天线杆型的入口。该天线的支架一般不应高于屋顶1200mm。如果再高，就应使用拉绳固定。此外，天线型入口杆高出屋顶的净空间应有2400mm，该高度正好使工人可摸到电缆。

架空电缆通常穿入建筑物外墙上的"U"形保护套，然后向下(或向上)延伸，从电缆孔进入建筑物内部，电缆入口的孔径一般为50mm，建筑物到最近处的电线杆通常相距应小于30m。

2. 直埋电缆布线

(1) 直埋电缆布线法优于架空电缆布线法，影响选择直埋电缆布线法的主要因素有如下几点。

① 初始价格。

② 维护费。

③ 服务可靠。

④ 安全性。

⑤ 外观。

(2) 在选择最灵活、最经济的直埋电缆布线线路时，主要的物理因素有如下几个。

① 土质和地下状况。

② 天然障碍物，如树林、石头，以及不利的地形。

③ 其他公用设施(如下水道、水、气、电)的位置。

④ 现有或未来的障碍，如游泳池、表土存储场或修路。

(2) 在直埋线缆时，需要申请许可证书。申请许可证时，要注意考虑以下几个内容。

① 挖开街道路面。

② 关闭通行道路。

③ 把材料堆放在街道上。

④ 使用炸药。

⑤ 在街道和铁路下面推进钢管。

⑥ 电缆穿越河流。

切不要把任何一个直埋施工结构的设计或方法看作是提供直埋布线的最好方法或唯一方法。

在选择某个设计或几种设计的组合时，重要的是采取灵活的、思路开阔的方法。这种方法既要适用，又要经济，还能可靠地提供服务。

直埋布线的选取地址和布局实际上是针对每项作业对象专门设计的，而且必须对各种方案进行工程研究后再做出决定。工程的可行性决定了哪种为最实际的方案。

3．管道系统电缆布线

管道系统的设计方法，就是把直埋电缆设计原则与管道设计步骤结合在一起。在考虑建筑群管道系统时，还要考虑接合井。在主集合点处设置接合井。接合井可以是预制的，也可以是现场浇筑的。应在结构方案中标明使用哪一种接合井。

预制接合井是较佳的选择。

现场浇筑的接合井只在下述几种情况下才允许使用。

(1) 该处的接合井需要重建。

(2) 该处需要使用特殊的结构或设计方案。

(3) 该处的地下或头顶空间有障碍物，因而无法使用预制接合井。

(4) 作业地点的条件(如土壤不稳固等)不适于安装预制人孔。

4．隧道内电缆布线

在建筑物之间通常有地下通道，大多是供暖供水的，利用这些通道来敷设电缆，不仅成本低，而且可利用原有的安全设施。如考虑到暖气泄漏等问题，电缆安装时应与供气、供水、供暖的管道保持一定的距离，安装在尽可能高的地方，可根据民用建筑设施的有关条例进行施工。

4.6.3　建筑群子系统的设计要点

建筑群子系统的设计有如下几个要点。

(1) 建筑群数据网主干线缆一般应选用多模或单模室外光缆。特殊情况下，如某建筑内的信息点特别少时，通向此建筑的干线可使用室外型铜质线缆，但要注意的是，布线距离应符合标准的规定，否则需要使用中继器。

(2) 建筑群数据网主干线缆需使用光缆与电信公用网连接时，应采用单模光缆，芯数应根据综合通信业务的需要确定。

(3) 建筑群主干线缆宜采用地下管道方式进行敷设，设计时应预留备用管孔，以便为扩充使用。管道所埋设的深度要求至少要离地面 18ft(4572cm)。若实际中需要对主干线架空时，应注意保护措施，防止物理损坏。

(4) 当采用直埋方式时，电缆通常在离地面 6096cm 以下的地方或按当地的规定，并应做好路由标志，线缆应做好保护。线缆引入大楼时，入口处应做好铁管保护。如果在同一沟内埋入了其他应用电缆，如视频、监控等，应设立明显的共用标志。

4.6.4　建筑群子系统的设计原则

建筑群子系统中，建筑群配线架等设备是装在屋内的，而其他所有线路设施都在屋外，因此，受客观环境和建设条件影响较大。由于工程范围大、涉及面较宽，在设计和建设中更要加以重视。

由于综合布线系统大多数采用有线通信方式，一般通过建筑群主干布线子系统与公用通信网连成整体，也是公用通信网的组成部分，它们的使用性质和技术性能基本一致，其技术也是相同的。因此，要从保证全程全网的通信质量来考虑，不应只以局部的需要为基点，使全程全网的传输质量有所降低。

建筑群主干布线子系统的线缆是室外通信线路，通常建在城市市区道路两侧。其建设原则、网络分布、建筑方式、工艺要求以及与其他管线之间的配合协调，都要与市区内的其他通信管线要求相同，必须按照本地区通信线路的有关规定办理。

建筑群主干布线子系统的线缆在校园式小区或智能化小区内敷设将成为公用管线设施时，其建设计划应纳入该小区的规划，具体分布应符合智能化小区的远期发展规划要求(包括总平面布置)。且与近期需要和现状相结合，尽量不与城市建设有关部门的规定发生矛盾，使传输线路建设后能长期稳定、安全可靠地运行。

在已建或正在建的建筑群内，如已有地下电缆管道或架空通信杆路时，应尽量设法利用。与该设施的主管单位(包括公用通信网或用户自备设施的单位)进行协商，采取合用或租用等方式，以避免重复建设，节省工程投资，使小区内管线设施减少，有利于环境美观和小区布置。

4.7　电气保护系统的设计

综合布线系统工程除本身网络系统设计外，尚有其他部分设计，本节将分别叙述综合布线系统中的电源设计、防护设计和光缆传输系统设计的主要内容和技术要点。

4.7.1　电源设计

电源是综合布线系统设备间和各个机房(包括程控用户电话交换机房、计算机主机房等)的主要动力。电源的供电质量好坏和安全可靠程度，直接影响智能化建筑或智能化小区中各种设备的正常运行。当然，电网能否正常工作和供电质量是否稳定(如电压、电流和频率等基本要素是否符合用电设备的要求)，其责任主要是在电力部门。但是，作为用电设施的综合布线系统，其电源设计是否合理、完善也是极为重要的，它不仅直接影响通信设施的输出质量，而且对保证安全生产及设备正常运行也起着决定性的作用。因此，电源设计在综合布线系统中内容虽然不多，但不应忽视。设计中应注意以下几点。

1．负荷等级的选定

综合布线系统的设备间和机房的电力负荷等级的选定，应根据智能化建筑的使用性质、重要程度、工作特点以及要求通信安全的保证程度等因素来考虑。一般与智能化建筑中的程控用户电话交换机和计算机主机用同一类型的电力负荷等级，这样，便于采用统一的供

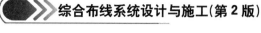

电方案。

2．供电电压

目前，我国的供电方式与世界上很多国家相同，采用三相四线制。单相额定电压(即相电压)为 220V，三相额定电压为 380V，频率均为交流 50Hz。因此，综合布线系统中，所用设备的电源都应符合这一规定。如果所用设备为国外产品，且不符合这一规定(电压不同或制式不一)时，应设置专用变换装置或采取其他技术措施，以满足用户设备的要求。

3．供电方式

在智能化建筑的智能化小区中，程控用户电话交换机和计算机主机等机房的供电方式应统一进行设计，以便节省设备和投资，有利于维护管理。一般有以下几种供配电方式。

当智能化建筑是一类供电单位，供电十分可靠、周围环境较好、没有电磁干扰时，可考虑采用直接供电方式，以养活设备数量、节省工程投资。在其他情况下，不宜只用直接供电方式。因为目前我国某些电网运行不太稳定，而智能化建筑周围的客观环境千差万别，所以在使用中要区别对待。

智能化建筑和智能化小区如具有两路及两路以上的交流电源时，宜选用能自动切换的电源设备。为了保证通信设备安全运行及计算机主机不中断工作，宜采用不间断电源系统(UPS)，并配备多台设备并联运行。

在综合布线系统中，较为常用的是直接供电与 UPS 相结合的方式。即由市电直接供给设备间的机房内的辅助设备，程控用户电话交换机和计算机主机及网络系统的互连设备均由 UPS 供电。这样做，就是为了防止设备间或机房内一些辅助设备产生电磁干扰，影响程控用户电话交换机和计算机主机及其网络系统的信息传输质量。这种供配电方式不仅可避免系统之间的互相干扰，也有利于维护和检修。此外，还可减少 UPS 设备数量，使工程投资费用降低。

设备间内装设程控用户电话交换机和计算机主机时，其电源设计的具体内容和设计要求应按照《工业企业程控用户交换机工程设计规定》(CECS 09—89)或计算机主机电源要求的有关规定考虑。

为了保证综合布线系统正常运行，设备间或干线交接间应设有独立、稳定、可靠的交流 50Hz、220V 电源，以便维护检修的日常管理，尽量不采用邻近的照明开关来控制上述电源插座，以防止偶然断电等事故发生。

为了避免电磁干扰，电力线进入机房以后，均应采用穿放在金属管内的屏蔽方式，为避免 50Hz 交流电源对综合布线系统的线缆产生电磁干扰，也应采用金属网结构具有屏蔽性能的电力电缆。配电柜一般应设置在设备间或机房的出入口附近，以便于操作、控制和管理。配电柜的内部件和具体安装由供电系统设计单位负责考虑。

4.7.2　电气防护设计

随着各种类型的电子信息系统在建筑物内的大量设置，各种干扰源将会影响到综合布线电缆的传输质量与安全。表 4-1 列出了射频应用设备，又称为 ISM 设备，我国目前常用的 ISM 设备大致有 15 种。

表 4-1　CISPR 推荐设备及我国常见的 ISM 设备一览表

序　号	CISPR 推荐设备	我国常见的 ISM 设备
1	塑料缝焊机	介质加热设备，如热合机等
2	微波加热器	微波炉
3	超声波焊接与洗涤设备	超声波焊接与洗涤设备
4	非金属干燥器	计算机及数控设备
5	木材胶合干燥器	电子仪器，如信号发生器
6	塑料预热器	超声波探测仪器
7	微波烹饪设备	高频感应加热设备，如高频熔炼炉等
8	医用射频设备	射频溅射设备、医用射频设备
9	超声波医疗器械	超声波医疗器械，如超声波诊断仪等
10	电灼器械、透热疗设备	透热疗设备，如超短波理疗机等
11	电火花设备	电火花设备
12	射频引弧弧焊机	射频引弧弧焊机
13	火花透热疗法设备	高频手术刀
14	摄谱仪	摄谱仪用等离子电源
15	塑料表面腐蚀设备	高频电火花真空检漏仪

注：CISPR 即国际无线电干扰特别委员会

综合布线系统选择线缆和配线设备时，应根据用户要求，并结合建筑物的环境状况进行考虑。

当建筑物在建或已建成但尚未投入使用时，为确定综合布线系统的选型，应测定建筑物周围环境的干扰场强度。对系统与其他干扰源之间的距离是否符合规范要求进行摸底，根据取得的数据和资料，用规范中规定的各项指标要求进行衡量，选择合适的器件和采取相应的措施。

光缆布线具有最佳的防电磁干扰性能，既能防电磁泄漏，也不受外界电磁干扰影响，在电磁干扰较严重的情况下，是比较理想的防电磁干扰布线系统。本着技术先进、经济合理、安全适用的设计原则，在满足电气防护各项指标的前提下，应首选屏蔽线缆和屏蔽配线设备或采用必要的屏蔽措施进行布线，待光缆和光电转换设备价格下降后，也可采用光缆布线。

总之，应根据工程的具体情况，合理配置。

如果局部地段与电力线等平行敷设，或接近电动机、电力变压器等干扰源，且不能满足最小净距要求时，可采用钢管或金属线槽等局部措施加以屏蔽处理。

在防护设计中，正确选用线缆和设备是关键。应了解工程现场实际情况，调查周围环境条件，必要时，需进行测试(如干扰场强等)，以取得翔实可靠的依据。根据工程实际情况和防护标准要求，结合当前用户信息需要和今后发展等因素，对各种线缆和设备的性能特点进行对比，选用非屏蔽系统或屏蔽系统。

当综合布线系统周围的环境干扰场强很高、采用屏蔽系统也无法满足规定要求时，应采用光缆系统。

4.7.3 接地设计

1. 接地结构

布线中，接地系统的好坏将直接影响到综合布线系统的运行质量。根据商业建筑物接地和接线要求的规定：综合布线系统接地的结构包括接地线、接地母线(层接地端子)、接地干线、主接地母线(总接地端子)、接地引入线、接地体 6 部分，在进行系统接地的设计时，可按上述 6 个要素，分层次地进行设计。

(1) 接地线。

接地线是指综合布线系统各种设备与接地母线之间的连线。所有接地线均为铜质绝缘导线，其截面应不小于 $4mm^2$。当综合布线系统采用屏蔽电缆布线时，信息插座的接地可利用电缆屏蔽层作为接地线连至每层的配线柜。若综合布线的电缆采用穿钢管或金属线槽敷设，钢管或金属线槽应保持连续的电气连接，并应在两端具有良好的接地。

(2) 接地母线(层接地端子)。

接地母线是水平布线与系统接地线的公用中心连接点。每一层的楼层配线柜应与本楼层接地母线相焊接，与接地母线处于同一配线间的所有综合布线用的金属架及接地干线均应与该接地母线相焊接。接地母线应为铜母线，其最小尺寸为 6mm(厚)×50mm(宽)，长度视工程实际需要来确定。接地母线应尽量采用电镀锡以减小接触电阻，如不是电镀的，则在将导线固定到母线之前，须对母线进行清理。

(3) 接地干线。

接地干线是由总接地母线引出、连接所有接地母线的接地导线。在进行接地干线的设计时，应充分考虑建筑物的结构形式、建筑物的大小，以及综合布线的路由与空间配置，并与综合布线电缆干线的敷设相协调。接地干线应安装在不受物理和机械损伤的保护处，建筑物内的水管及金属电缆屏蔽层不能作为接地干线使用。当建筑物中使用两个或多个垂直接地干线时，垂直接地干线之间每隔三层及顶层需用与接地干线等截面的绝缘导线相焊接。接地干线应为绝缘铜芯导线，最小截面应不小于 $16mm^2$。当在接地干线上，其接地电位差大于 1Vrms(有效值)时，楼层配线间应单独用接地干线接至主接地母线。

(4) 主接地母线(总接地端子)。

一般情况下，每栋建筑物有一个主接地母线。主接地母线作为综合布线接地系统中接地干线及设备接地线的转接点，其理想位置宜设于外线引入间或建筑配线间。主接地母线应布置在直线路径上，同时，从保护器到主接地母线的焊接导线不宜过长。接地引入线、接地干线、直流配电屏接地线、外线引入间的所有接地线，以及与主接地母线同一配线间的所有综合布线用的金属架均应与主接地母线良好焊接。当外线引入电缆配有屏蔽或穿金属保护管时，此屏蔽金属管应焊接至主接地母线。主接地母线应采用铜母线，其最小截面尺寸为 $6\sim100mm^2$，长度可视工程实际需要而定。与接地母线相同，主接地母线也应尽量采用电镀锡，以减小接触电阻。若不是电镀的，则主接地母线在固定到导线前，必须进行清理。

(5) 接地引入线。

接地引入线指主接地母线与接地体之间的接地连接线，宜采用镀锌扁钢。接地引入线应做绝缘防腐处理，在其出土部位应有防机械损伤措施，且不宜与暖气管道同沟布放。

(6) 接地体。

接地体分自然接地体和人工接地体两种。当综合布线采用单独接地系统时，接地体一般采用人工接地体，并应满足以下条件：

- 距离高频低压交流供电系统的接地体不宜小于 10m。
- 距离建筑物防雷系统的接地体不应小于 2m。
- 接地电阻不应大于 4Ω。

2．接地系统的设计

接地系统主要包括屏蔽保护接地、安全保护接地和防雷保护接地。

(1) 屏蔽保护接地。

当建筑内部或周围环境对综合布线系统产生电磁干扰时，除必须采用具有屏蔽性能的线缆和设备外，还应有良好的屏蔽保护接地系统，以抑制外界的电磁干扰，保证通信传输质量。在屏蔽保护接地系统设计中，应注意以下几点。

① 具有屏蔽性能的建筑群主干布线子系统的主干电缆(包括公用通信网等各种引入电缆)在进入房屋建筑后，应在电缆屏蔽层上(即接地点)焊好直径为 5mm 的多股铜芯线，连接到临近入口处的接地线装置上，要求焊接牢靠、稳固。接地线装置的位置距离电缆入口处不应大于 15m(入口处是指电缆从管道的引出处)，同时，尽量使电缆屏蔽层接地点接入口处为好。

② 综合布线系统所有线缆均采用具有屏蔽性能的结构，且利其屏蔽层组成整体系统性接地网时，在设计中要明确规定，施工中对各段线缆的屏蔽层都必须保持 360°良好的连续性相互连接，并应注意导线相对位置不变。此外，应根据线路情况，在一定段落设有良好的接地措施，并要求屏蔽层接地线(即电缆接地线的接地点)应尽量邻近接地线装置，一般不应超过 6m。

③ 综合布线系统为屏蔽系统时，其配线设备端应接地，用户终端设备处的接地视具体情况来定。两端的接地应尽量连接在同一接地体(即单点接地)。若接地系统中存在两个不同的接地体时，其接地电位差应小于 1Vrms(有效值)。这是采用屏蔽系统的整体综合性要求，每一个环节都有其重要的特定作用，不容忽视。

④ 每个楼层的配线架应单独设置接地导线至接地体装置，成为并联连接，不得采用串联连接。

⑤ 通信引出端的接地可利用电缆屏蔽层连接到楼层配线架上。工作站的外壳接地应单独布线，选用截面积不小于 2.5mm² 的铜芯绝缘导线。

由于采用屏蔽系统的工程建设投资较高，为了节约投资而采用非屏蔽线缆，或虽使用屏蔽线缆，但因屏蔽层的连续性和接地系统得不到保证时，应采取以下措施。

在非屏蔽线缆的路由附近敷设直径为 4mm 的铜线作为接地干线，其作用与电缆屏蔽层完全相同。并要求像电缆屏蔽层一样采取接地措施。

在需要屏蔽线缆的场合，如采用屏蔽线缆穿放在钢管或金属槽道(或桥架)内敷设时，要求各段钢管或金属槽道应保持连续的电气连接，并在其两端有良好的接地。

综合布线系统中的干线交接间应有电气保护和接地。其要求如下。

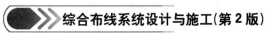

干线交接间的主干电缆如为屏蔽结构，且有线对分支到楼层时，除应按要求将电缆屏蔽层连接外，还应做好接地。接地线应采用直径为 4mm 的铜线；一端在主干电缆屏蔽层焊接，另一端则连接到楼层的接地端。这些接地端包括建筑的钢结构、主金属管道或专供该楼层用的接地体装置等。

干线交接间中，主干电缆的位置应尽量选择在邻近垂直的接地导体(如高层建筑中的钢结构)，并尽可能位于建筑物内部的中心部位。如果房屋的顶层是平顶，其中心部位的附近遭受雷击的概率最小，因此，该部位雷电的电流最小。且由于主干电缆与垂直地导体之间的互感作用，可最大限度地防止通信电缆上产生的电动势。在设计中，应避免把主干线路设在邻近建筑的外墙处，尤其是墙角，因为这些地方遭受雷击的概率最大，对通信线路极不安全。

(2) 安全保护接地和防雷保护接地。

当通信线路处在下述任何一种情况时，就认为该线路处于危险环境内，根据规定，应对其采取过压、过流保护措施。雷击引起的危险影响如下：

● 电压超过 250V 的电源线路碰地。
● 接地电位上升到 250V 以上而引起的电源故障。
● 交流 50Hz 感应电压超过 250V。

当通信线路能满足和具有下述任何一个条件时，可认为通信线路基本不会遭受雷击，其危险性可以忽略不计。

① 该地区每年发生的雷暴日不大于 5 天，其土壤电阻率 ρ 小于或等于 100Ω·m。

② 建筑物之间的通信线路采用直埋电缆，其长度小于 42m，电缆的屏蔽层连续不断，电缆两端均采取了接地措施。

③ 通信电缆全程完全处于已有良好接地的高层建筑或其他高耸建筑物所提供的类似保护伞的范围内(有些智能化小区具有金属材料，占地省，不会发生矛盾。当采用了联合接地方式时，为了减少危险，要求总接线接高频率这样的特点)，且电缆有良好的接地系统。综合布线系统中使用采取过压保护措施的元器件。目前，有气体放电管保护器或固态保护器两种。宜选用气体放电管保护器。固态保护器因价格较高，所以不常采用。

综合布线系统的线缆会遇到各种电压，有时，过压保护器因故不工作。例如 220V 电力线可能不足以使过压保护器放电，却有可能产生大电流进入设备。因此，必须同时采用过电流保护。为了便于维护和检修，建议采用能自恢复的过流保护器。此外，还可选用熔断丝保护器，因其便于维护管理和日常使用，价格也较适宜。

当智能化建筑避雷接地采用外引式泄流引下线入地时，通信系统接地应与建筑避雷接地分开设置，并保持规定的间距。这时，综合布线系统应采取单独设置接地体的方法，其接地电阻值不应大于 4Ω。如建筑避雷接地利用建筑物结构的钢筋作为泄流引下线，且与其基础和建筑物四周的接地体连成整个避雷接地装置时，由于综合布线系统的通信接地无法与它分开，或因场地受到限制不能保持规定的安全间距，因此，应采取互相连接在一起的方法。如在同一楼层有避雷针(高于 30m 的高层建筑每层都设置)时。应将它们互相连通，使整幢建筑物的接地系统组成一个笼式的均压整体，这就是联合接地方式。优点如下。

当建筑物遭受雷击时，楼内各点电位的分布比较均匀，工作人员和所有设备的安全将得到较好的保障。

较容易采取比较小的接地电阻值。接地电阻不应大于1Ω，以限制接地装置上的高电位值出现。如果智能化建筑中有些设备对此有更高的要求，或建筑物附近有强大的电磁场干扰，要求接地电阻更小时，应根据实际需要，采用其中最小规定值作为设计依据。

智能化建筑内综合布线系统的有源设备的正极和外壳、主干电缆的屏蔽层及其连通线均应接地，并应采用联合接地方式。

3．接地导线选择标准

国家标准《综合布线系统工程设计规范》(GB 50311—2007)中指出，对于屏蔽布线系统的接地做法，一般在配线设备(FD、BD、CD)的安装机柜(机架)内设有接地端子，接地端子与屏蔽模块的屏蔽罩相连通，机柜(机架)接地端子则经过接地导体连至大楼等电位接地体。为了保证全程屏蔽效果，终端设备的屏蔽金属罩可通过相应的方式与 TN—S 系统的PE 线接地。综合布线系统接地导线截面积可参考表 4-2 所示的标准确定。

表 4-2　接地导线的选择

名　　称	楼层配线设备至大楼总接地体的距离	
	30m	100m
信息点的数量(个)	75	>75
选用绝缘铜导线的截面(mm^2)	6～16	16～50

4.7.4　防火设计

对于防火线缆的应用分级，北美、欧洲、国际的相应标准中主要依据线缆受火的燃烧程度及着火以后，火焰在线缆上蔓延的距离、燃烧的时间、热量与烟雾的释放、释放气体的毒性等指标，并通过实验室模拟线缆燃烧的现场状况实测取得。

表 4-3～4-5 分别列出了线缆防火等级与测试标准，仅供参考。

表 4-3　通信线缆的国际测试标准

测试标准	线缆分级
IEC 60332-3C	
IEC 60332-1	

注：参考现行 IEC 标准

表 4-4　通信电缆的欧洲测试标准及分级表

测试标准	线缆分级
PrEN 50399-2-2 和 EN 50265-2-1	B1
	B2
PrEN 50399-2-1 和 EN 50265-2-1	C
	D
EN 50265-2-1	E

注：参考欧盟 EU CPD 草案

表 4-5　通信线缆北美测试标准及分级表

测试标准	电缆分级	光缆分级
UL910(NFPA262)	CMP(阻燃级)	OFNP 或 OFCP
UL1666	CMR(主干级)	OFNR 或 OFCR
UL1581	CM、CMG(通用级)	OFN(G)或 OFC(G)
VW-1	CMX(住宅级)	

注：参考现行 NEC 2002 版

对欧洲、美洲、国际的线缆测试标准进行同等比较后，建筑物的线缆在不同的场合及安装敷设方式时，建议选用符合相应防火等级的线缆，并按以下几种情况分别列出。

(1)　在通风空间内(如吊顶内及高架地板下等)采用敞开方式敷设线缆时，可选用 CMP 级(光缆为 OFNP 或 OFCP)或 B1 级。

(2)　在线缆竖井内的主干线缆采用敞开的方式敷设时，可选用 CMR 级(光缆为 OFNR 或 OFCR)或 B2、C 级。

(3)　在使用密封的金属管槽做防火保护的敷设条件下，线缆可选用 CM 级(光缆为 OFN 或 OFC)或 D 级。

4.7.5　电气防护设计原则

电气防护设计原则如下。

(1)　设备间、通信间安放的计算机主机，程控用户交换机，接入网设备及必要的转换设备对交、直流电源提出的要求，应能给予保证。

(2)　楼群、楼内主交接间、楼层交接间、设备间、通信间应有独立可靠的交流 220V 电源配电线路，有条件时，可配置 220V 50Hz 的 UPS 电源供电设备。

(3)　当综合布线系统的周围环境存在电磁干扰时，布线电缆必须采用屏蔽防护措施，以抑制外来的电磁干扰，建议采用钢管或金属线槽方式或采用屏蔽线缆或者光纤。

(4)　综合布线系统如采用电缆屏蔽层组成接地网时，各段的屏蔽层必须保持可靠连通并接地，任意两点的接地电压不应超过 1Vrms，不能满足接地条件的场地宜采用光纤敷设。

(5)　使用钢管或金属线槽方式敷设的非屏蔽双绞线，各段钢管或金属线槽应保持电气连接并接地。当使用屏蔽电缆时，从配线架到 TO 的整条通道都应有可靠的屏蔽措施。

(6)　在设备间、各层交接间、通信间都应提供合适的接地端。机架应用直径 4mm 的铜线连接至接地端，干线交接间必须把电缆的屏蔽层连至合格的楼层接地端，屏蔽层在各楼层的接地，都应采用直径 4mm 的铜线把干线电缆的屏蔽层焊接到合格的楼层接地端。

(7)　干线电缆位置应接近垂直的地导体，并尽可能位于建筑物的中心部分。

(8)　当电缆从建筑物外面进入建筑物内部容易受到雷击、电源碰地、电源感应电势或地电势上浮等外界影响时，必须采用过压、过流保护。

(9)　当线路处在危险环境中时，如雷击引起的危险影响、工作电压超过 250V 的电源线路碰地、地电势上升到 250V 以上引起的电源故障、交流 50Hz 感应电压超过 250V，均应对其进行过压、过流保护。

(10) 综合布线系统的过压保护宜选用放电保护器。

(11) 过流保护宜选用能够自复的保护器。

(12) 干线通道中垂直布线的光缆或铜缆必需是阻燃型线缆。

(13) 凡与综合布线系统有关的配线架、线缆等接地点，在任何层次上都不得与避雷系统相连，与强电接地系统的连接只能在两个接地系统的最底层。

(14) 要求综合楼的接地电阻值不应大于 1Ω。当楼内设备有更高要求或邻近有强电磁场干扰，而对接地电阻提出更高要求时，应取其中的最小值作为设计依据。

(15) 通信线与电力线的间隔距离应符合要求。

(16) 墙上敷设的线缆、管线与其他管线的间隔距离应符合规定。

本 章 小 结

本章主要介绍了有关综合布线系统设计中工作区子系统设计、水平子系统设计、干线子系统设计、管理间子系统设计、设备间子系统设计、建筑群子系统设计，以及综合布线工程的组织与管理和布线指南的设计。

通过本章的学习，认识和掌握了各类系统之间的设计与联系以及如何设计和规划各个系统，这将为后面的实地实践提供理论支持。

工作区子系统线槽的敷设要合理、美观；信息插座设计在距离地面 30cm 以上；信息插座与计算机设备的距离保持在 5m 范围内；网卡接口类型要与线缆接口类型保持一致；所有工作区所需的信息模块、信息插座、面板的数量要准确；要估算好水晶头和模块所需的数量。

水平干线子系统设计的主要内容涉及水平布线系统的网络拓扑结构、布线路由、管槽设计、线缆类型选择、线缆长度确定、线缆布放、设备配置等内容。

垂直干线子系统是整个建筑物综合布线系统中非常关键的组成部分，它提供建筑物的干线电缆，负责连接管理间子系统到设备间子系统，一般使用光缆，或选用大对数非屏蔽双绞线。

管理间子系统是专门安装楼层机柜、配线架、交换机和配线设备的楼层管理间。管理间为连接其他子系统提供手段，它是连接垂直干线子系统和水平干线子系统的部分。

设备间子系统也称设备子系统。设备间子系统由电缆、连接器和相关支撑硬件组成。它把各种公共系统设备和多种不同设备互相连起来，其中包括电信部门的光缆、程控交换机等。

建筑群子系统也称楼宇管理子系统。

一个企业或某政府机关可能分散在几幢相邻建筑物或不相邻建筑物内办公，但彼此之间的语音、数据、图像和监控等系统可用传输介质和各种支持设备(硬件)连接在一起。建筑群子系统一般采用光缆进行敷设。

在电气防护设计方面，要严格按照需求，结合国家标准《综合布线系统工程设计规范》(GB 50311—2007)进行设计。

本 章 实 训

1．实训目的

熟悉综合布线系统设计的主要内容；熟悉和掌握综合布线系统设计的技术设计部分。

2．实训内容

(1) 收集综合布线系统设计所需要的标准。

(2) 收集综合布线系统的设计方案。

(3) 参考实训楼、其他楼的综合布线系统或者本章中设计方案实例的情况，完成一份综合布线系统的设计方案。

3．实训步骤

(1) 系统介绍所采用系统的基本情况。

(2) 楼宇基本情况介绍。

(3) 设计思路。

(4) 信息点的分布。

(5) 设备分布。

(6) 水平子系统材料用量的确定。

(7) 垂直子系统干线材料用量的确定。

(8) 配线架分布表。

(9) 系统材料报价单。

(10) 系统实施及维护介绍。

(11) 施工图纸，包括系统图和平面图。

复习自测题

1．填空题

(1) _____子系统是指从终端设备到信息插座的整个区域。

(2) 工作区子系统又称为_____。

(3) 信息插座由_____和_____组成。

(4) 工作区子系统中通常使用_____或_____标准的 8 针模块化信息插座。

(5) 常见的信息模块主要有两种形式，一种是_____，另一种是_____。

(6) 光纤分为_____和_____。

(7) RJ-45 配线架上的模块全部为 RJ-45 模块，常见的有_____、_____、_____口机柜式。

(8) 建筑群子系统也称_____，一般采用_____敷设。

(9) 管理间子系统是专门安装楼层机柜、_____、_____和_____的楼层管理间。

(10) _____是从工作区的信息插座开始到管理子系统的配线架。

(11) 水平干线子系统指从信息插座到_____的部分，其功能是_____。

(12) 水平干线子系统的配线电缆宜采用_____，电缆长度必须在_____以内。

(13) 水平缆线需要平行走线时，一般非屏蔽网络双绞线电缆与强电电缆距离大于_____，屏蔽网络双绞线电缆与强电电缆距离大于_____。

(14) 垂直干线子系统负责连接_____和_____。一般选用_____或_____作为传输介质。

(15) 垂直干线通道的选择一般有_____和_____两种方式。

(16) 管理间子系统也称为_____或者_____。

(17) 管理间配线架端口数量应该_____信息点数量，保证全部信息点过来的缆线全部端接在配线架中。

(18) 设备间子系统由_____、_____和_____组成。

(19) 建筑群子系统的线缆布设方式主要有_____、_____、和_____等几种。

(20) 架空电缆时，建筑物到最近处的电线杆相距应小于_____。

2．选择题

(1) 双绞线分为(　　)。

　　A．粗和细　　　　　　　　B．屏蔽和非屏蔽　　　　C．单模和多模

(2) 同轴电缆分为(　　)。

　　A．粗和细　　　　　　　　B．屏蔽和非屏蔽　　　　C．单模和多模

(3) 综合布线中，信息插座设计在距离地面(　　)以上。

　　A．30cm　　　　　　　　B．35cm　　　　　　　　C．40cm

(4) 综合布线中，信息插座与计算机设备的距离保持在(　　)范围内。

　　A．3m　　　　　　　　　B．4m　　　　　　　　　C．5m

(5) 光缆的设计中，需要转弯时，其曲率半径不能小于(　　)。

　　A．20cm　　　　　　　　B．30cm　　　　　　　　C．40cm

(6) 楼层配线架的接线模块应有(　　)的余量。

　　A．10%～20%左右　　　B．20%～30%左右　　　C．30%～40%左右

(7) 综合布线系统中，设备间的噪声应小于(　　)。

　　A．50dB　　　　　　　　B．60dB　　　　　　　　C．70dB

(8) 设备间内无线电干扰场强，在频率为0.15～1000MHz范围内不大于(　　)。

　　A．120dB　　　　　　　B．130dB　　　　　　　C．140dB

(9) 设备间内磁场干扰场强不大于(　　)。

　　A．800A/m　　　　　　　B．850A/m　　　　　　　C．900A/m

(10) 设备间供电电源应满足(　　)。

　　A．40Hz，380/220V　　B．50Hz，380/220V　　C．50Hz，220/380V

(11) 水平干线子系统的范围是(　　)。

    A. 从楼层配线架到 CP 集合点之间　　　　B. 从信息插座到设备间配线架

    C. 从信息插座到管理间配线架　　　　　　D. 从楼层配线架到信息终端

(12) 若水平子系统的信息长度大于 100m,可以采取(　　)措施进行布线。

    A. 采用大对数电缆　　　　　　　　　　　B. 采用光缆布线

    C. 仍然采用 5 类双绞线　　　　　　　　　D. 以上都可以

(13) 垂直干线子系统的拓扑结构是(　　)。

    A. 星型拓扑结构　　　　　　　　　　　　B. 环型拓扑结构

    C. 树型拓扑结构　　　　　　　　　　　　D. 总线型拓扑结构

(14) 光缆需要拐弯时,其曲率半径不得小于(　　)。

    A. 15cm　　　　　　　　　　　　　　　　B. 30cm

    C. 35cm　　　　　　　　　　　　　　　　D. 40cm

(15) 在综合布线系统中,管理间子系统包括(　　)。

    A. 楼层配线间　　　　　　　　　　　　　B. 二级交接间

    C. 建筑物设备间的线缆、配线架　　　　　D. 相关接插跳线

3. 简答题

(1) 信息插座有哪些类型?

(2) 简述工作区子系统的设计要点。

(3) RJ-45 水晶头需求量的计算公式是什么?

(4) 信息模块需求量的计算公式是什么?

(5) 什么是水平干线子系统?与工作区子系统是什么关系?

(6) 水平干线子系统中设计中,应遵循哪些原则?

(7) 垂直干线子系统的设计中应遵循哪些原则。

(8) 简述管理间子系统的设计要点。

(9) 简述建筑物设备间子系统的设计原则。

(10) 简述建筑群子系统的设计原则。

第5章 综合布线系统的施工技术

综合布线系统的施工是一项比较复杂的系统工程，除了要有较高的施工技术外，在管理等其他方面，对施工人员也提出了一系列的要求，因此，综合布线工程施工技术是从事综合布线的技术人员必须具备的技能。本章主要介绍综合布线工程施工的基本要求、施工准备、施工工具、管槽的安装技术、双绞线电缆的施工、光缆的施工技术。

通过本章的学习，学生将能够：

- 掌握综合布线系统工程施工的基本要求，学会使用各种施工工具。
- 掌握各种管槽的安装。
- 领会双绞线电缆的施工技术要求，掌握信息插座和配线架端接技术。
- 领会光缆的施工技术要求，掌握光纤连接器的安装和光纤熔接等操作技术。

本章的核心概念： 设备及部件的检验、管槽安装、双绞线电缆的布线、光缆的布线。

5.1 综合布线系统工程施工的依据和文件

国内大多数的综合布线系统工程均采用国外厂商所提供的产品，因此，工程的设计及其安装绝大部分都是由国外厂商或代理商直接组织实施的，由于产品的技术特点或产品结构存在着区别，因此，在施工过程中发现具体设计和施工以及与房屋建筑的互相融合方面存在一些问题。为此，我国主管建设部门联合其他相关单位组织编制和批准发布了一批有关综合布线系统工程设计和施工的规范，为我国智能化建筑和智能化小区的综合布线系统工程提供了重要的依据和法规。

5.1.1 系统工程施工标准与规范

我国国内标准有中国工程建设标准化协会颁布的《建筑与建筑群综合布线系统工程设计规范》(CECS 72—1997)、国家质量技术监督局与建设部联合发布的国家标准《建筑与建筑群综合布线系统工程设计规范》(GB/T 50311—2000)等。为了使相应的行业标准与国际接轨，我国国家及行业在持续推进综合布线标准的制定，这些标准的制定，使我国综合布线走上了标准化的轨道，促进了综合布线在我国的应用和发展。

2007年4月，建设部颁布了新标准《综合布线系统工程设计规范》(GB 50311—2007)并于2007年10月开始执行。该标准参考了国际上综合布线标准的最新成果，对综合布线系统的组成、综合布线子系统的组成、系统的分级等进行了严格的规范，新增了5e类、6类和7类铜缆相关标准的内容。

在进行综合布线系统工程施工时，具体标准的选用应根据用户投资金额、用户的安全性需求等多方面来决定，按相应的标准或规范来设计综合布线系统，可以减少建设和维护费用。我国主要的综合布线标准与规范如表5-1所示。

表 5-1　国内综合布线标准与规范

制定部门	标 准 号	标准名称	颁布时间
中国工程建设标准化协会	CECS 72	建筑与建筑群综合布线系统工程设计规范	1997
	CECS 89	建筑与建筑群综合布线系统工程验收规范	
	CECS 119	城市住宅建筑综合布线系统工程设计规范	2000
工业与信息化部	YD/T 9261.3	大楼通信综合布线系统	1997
	YD 5082	建筑与建筑群综合布线系统工程设计施工图集	1999
	YD/T 1013	综合布线系统电气特性通用测试方法	1999
	YD/T 1460.3	通信用气吹微型光缆及光纤单元	2006
国家质量技术监督局与建设部	GB/T 50311	建筑与建筑群综合布线系统工程设计规范	2000
	GB/T 50314	智能建筑设计标准	2000
	GB 50311	综合布线系统工程设计规范	2007
	GB 50312	综合布线系统工程验收规范	

值得注意的是，2008 年 7 月，中国工程建设标准化协会信息通信专业委员会发布了《数据中心布线系统设计与施工技术白皮书》，详细地阐述了面向未来的数据中心结构化布线的规划思路、设计方法和实施指南。此外，在综合布线系统工程施工中，还有可能涉及本地电话网。因此，还必须遵循我国通信行业标准《本地电话网用户线路工程设计规范》(YD 5006—1995)、《本地电话网通信管道与通信工程设计规范》(YD 5007—1995)等的规定。

5.1.2　系统工程施工的有关文件

综合布线系统工程施工中，具体工程与指导性文件和相关文件中的重要部分紧密结合的程度，直接影响到工程的质量、施工进度的安排和以后运行的效果。所以，在综合布线系统施工过程中，必须始终以这些相关文件来指导和监督布线工程的进行，否则，将会在很大程度上降低工程质量并延缓施工进度，造成非常恶劣的结果。一般指导性文件或相关文件主要有以下几种。

(1) 由建设部批准的具有房屋建筑或住宅小区内智能化系统工程设计资质的单位所编制的综合布线系统工程设计文件和施工图纸。安装施工单位应该按照上述文件和图纸的意图及内容，进行安装施工，若有异议或改进时，应获得设计单位书面同意后，才能改变原来设计的内容和要求进行施工。

(2) 经建设单位和施工单位双方协商，共同签订的承包施工合同或有关协议。安装施工单位应按照签订的合同或协议中约定的条款和要求，按期保质保量地完成施工任务。

(3) 有关综合布线系统工程中的施工操作规范和生产厂商提供的产品安装手册。

(4) 具有智能化系统集成资质或智能化子系统集成资质的单位所做的深化系统设计，必须是在负责智能化建筑或智能化小区的工程设计单位总体负责和指导下进行，只有这样的深化系统设计文件，才具有指导性作用，安装施工单位才可按照其文件要求和意图进行施工。如果不是这样的程序，就不应作为指导施工的文件。这是为了保证工程质量，并可分清职责范围。

(5) 在工程设计会审和施工前，技术交底以及施工过程中可能发生客观条件变化或建设单位要求安装施工单位改变原来的设计方案,对于这些会议或过程中的会议纪要和重要记录,都应留存,作为日后查询验证的文件。

5.2 综合布线系统工程施工的基本要求

5.2.1 安装施工的基本要求

安装施工的基本要求有以下几点。

(1) 综合布线系统必须按照《综合布线系统工程验收规范》(GB 50312—2007)中的有关规定进行安装施工。

(2) 如遇到规范中未包括的内容,可按《综合布线系统工程设计规范》(GB 50311—2007)中的规定执行。

(3) 综合布线的主干布线子系统的施工与本地电话网及宽带接入技术相关,因此,要遵循《本地电话网用户线路工程设计规范》(YD 5006—2003)(该标准现在修订中,标准名称改为《住宅小区和商住大楼通信管线与通信设施工程设计规范》)等标准的规定。

(4) 工程中的线缆类型和性能、布线部件的规格及质量应符合《大楼通信综合布线系统第 1~3 部分》(YD/T 926.1-3—2001)等规范或设计文件的规定。

(5) 布线工程不能影响房屋建筑结构的强度,不影响内部装修美观要求,不降低其他系统功能和妨碍用户通道通畅。

(6) 施工现场要有技术人员监督和指导。

(7) 标记必须清晰、有序。

(8) 对布设完毕的线路,必须进行检查。

(9) 要布设一些备用线。

(10) 高低压线必须分开布设。

(11) 施工不损坏其他地上、地下管线或结构物。

5.2.2 安装施工过程中的注意事项

安装施工过程中的注意事项有以下几项。

(1) 施工现场管理人员要认真负责,及时处理施工进程中出现的各种情况,协调处理各方的意见。

(2) 如果现场施工遇到不可预见的问题,应及时向工程单位汇报,并提出解决办法给工程单位,当场研究解决,以免影响工程进度。

(3) 对工程单位计划不周的问题,要及时妥善解决。

(4) 对工程单位新增加的点,要及时在施工图中反映出来。

(5) 对部分场地或工段要及时进行阶段检查验收,确保工程质量。

(6) 制定工程进度表。

在制定工程进度表时,要留有余地,还要考虑其他工程施工时可能对本工程带来的影响,避免出现不能按时完工、交工的问题。因此,建议使用管理指派任务表、工程施工进度表,如表 5-2、表 5-3 所示。管理人员对工程的监督管理则依据这两个表进行。

表 5-2　管理指派任务表

施工名称	施工质量	施工人员	完工日期	是否返工处理	测试结果

注：此表一式三份，施工组、测试组、项目负责人或领导各执一份

表 5-3　工程施工进度表

工　作　区	楼　层	房　号	联　系　人	电　话	日　期	备　注

5.2.3　安装施工结束时的注意事项

1．工程施工结束时的注意事项

(1) 清理现场，保持现场清洁、美观。

(2) 对墙洞、竖井等交接处要进行修补。

(3) 各种剩余材料汇总，把剩余材料集中放置在一处，并登记其还可使用的数量。

(4) 做总结材料。

2．总结材料的主要内容

(1) 开工报告。

(2) 布线工程图。

(3) 施工过程报告。

(4) 测试报告。

(5) 使用报告。

(6) 工程验收所需的验收报告。

5.3　综合布线系统工程的施工准备

5.3.1　工程的施工准备

施工前的准备工作主要包括技术准备、施工前的环境检查、施工前的设备器材及施工

工具检查、施工组织准备等环节。

1．技术准备

(1) 熟悉综合布线系统工程设计、施工、验收的规范要求，收集、审定和学习施工用标准、规范、施工图集，掌握综合布线各子系统的施工技术以及整个工程的施工组织技术。

(2) 熟悉和会审施工图纸。施工图纸是工程人员施工的依据，因此，作为工程人员，在对图纸会审前，应当认真阅读并熟悉图纸的内容和要求，掌握设计人员的设计思想，把疑点和问题整理出来，待技术交底时一并解决。只有对施工图纸了如指掌后，才能明确工程的施工要求，明确工程所需的设备和材料，明确与土建工程及其他安装工程的交叉配合情况，确保施工过程中不破坏建筑物的外观，不会与其他安装工程发生冲突。

(3) 技术交底工作。技术交底工作包含设计交底及技术交底。技术交底工作主要由设计单位的设计人员和工程安装承包单位的项目技术负责人一起进行。技术交底工作的主要内容包括以下几项：

- 设计要求和施工组织设计中的有关要求。
- 工程使用的材料、设备性能参数。
- 工程施工条件、施工顺序、施工方法。
- 施工中采用的新技术、新设备、新材料的性能和操作使用方法。
- 预埋部件注意事项。
- 工程质量标准和验收评定标准。
- 施工中的安全注意事项。

技术交底的方式有书面技术交底、会议交底、施工组织设计交底等形式，技术交底文件编写和交底记录要形成文件，装入竣工技术档案中。表 5-4 所示为技术交底的常用表格。

表 5-4　技术交底的参考表格

施工技术交底

年　月　日

工程名称		工程项目	
内　容			

项目技术负责人：　　　　　　　　　施工组：

(4) 编制施工方案。在全面熟悉施工图纸的基础上，依据图纸并根据施工现场情况、技术力量及技术准备情况，综合做出合理的施工方案。

(5) 编制工程预算。工程预算具体包括工程材料清单和施工预算。

2．人力资源准备

(1) 组织机构设置。

组织机构设置的目的，是为了产生组织功能，实现工程项目管理的总目标。为了确保智能化设备供货、安装工程质量优良，进度满足要求，应具备一个具有丰富工程设计、实施经验及工程项目管理经验的精干的管理人员，全面负责工程项目的设计、施工、管理和协调工作。工程组织机构如图 5-1 所示。

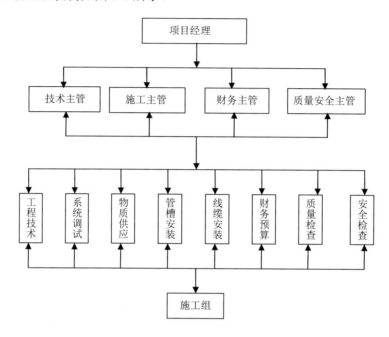

图 5-1　工程组织机构的组成

(2) 职责分工。

综合布线施工的职责分工如下。

① 项目经理。具有大型工程项目管理与实施经验、丰富的技术知识和良好的个人综合素质，负责组织本项目实施方案设计，以及现场组织、实施、协调和管理工作。对本工程的进度、质量、安全、经费、风险负责。

② 技术主管。具有大型工程项目设计、实施经验，技术知识、技能全面，负责组织弱电工程技术方案及设计文件的编制及审核，协助项目经理全面负责工程的技术和管理，指导各分系统负责人开展有关技术工作。

③ 施工主管。具有大型工程项目管理与实施经验，协助项目经理负责现场组织、实施、协调和管理工作。侧重于现场项目的施工工作，并负责弱电工程项目部驻现场期间的日常事务与行政工作。

④ 财务主管。能够根据工程实际情况设计编制财务预算；能够根据工程的财务预算执行情况及时预警和控制；能够准确地对发生的各项经济业务进行确认、计量和报告，进行财务分析；能够科学合理地筹集、调配使用资金。

⑤ 质量安全主管。要求熟悉工程的质量管理和所负责分系统的工程特点、技术特点以及产品特点，并熟悉相关技术执行标准与验收标准。负责协调相关工程技术人员对子系统中安装调试的设备的检验与工程验收工作及施工现场的质量管理工作。负责现场的安全管理工作，树立"安全第一，预防为主"的观点，通过加强工程施工现场的安全管理、检查，及时发现并处理各种隐患，确保工程顺利实施，负责工程完工部分的保护工作。

⑥　施工组。施工组主要负责各主管所安排的任务，施工组中设置一名施工队长。

5.3.2　施工工具

在综合布线系统工程中所使用的施工工具是进行安装施工的必要条件，随施工环境和安装工序的不同，有不同类型和品种的工具。在施工过程开始之前，就应该根据工程的情况，准备好工程施工中必需的工具，这些施工工具主要用来布放、剪裁、终端加工、测试等，按照施工的对象来区分，有管槽安装工具、线缆安装工具、线缆的端接工具、验收测试工具。

1. 管槽安装工具

综合布线系统施工过程中，项目经理、网络工程师和布线工程师们往往存在这样的现象：重视线缆系统的安装，但轻视、忽视管槽系统的安装，认为其技术含量低，是一种粗活、重活。在工程实际中，系统集成商往往将管槽系统设计好后，将管槽系统安装转包给其他工程队施工，从而给工程质量带来隐患。管槽系统是综合布线的"面子"，起到了保护线缆的作用，管槽系统的质量直接关系到整个布线工程的质量，很多工程质量问题往往出在管槽系统的安装上。在《建筑与建筑群综合布线系统工程验收规范》(GB/T 50312—2000)中，管槽系统的安装质量检验占了相当的比重。

要提高管槽系统的安装质量，首先要熟悉安装施工工具，并掌握这些工具的使用。综合布线管槽系统的施工工具很多，下面介绍一些常用的电动工具和设备，对简单电工和五金工具只列出名称。

(1) 电工工具箱。

电工工具箱(如图 5-2 所示)是布线施工中必备的工具，它一般应包括以下工具：钢丝钳、尖嘴钳、斜口钳、剥线钳、一字螺丝刀、十字螺丝刀、测电笔、电工刀、电工胶带、活扳手、呆扳手、卷尺、铁锤、凿子、斜口凿、钢锉、钢锯、电工皮带、工作手套等。工具箱中还应常备诸如：水泥钉、木螺钉、塑料膨胀管、金属膨胀栓等小材料。

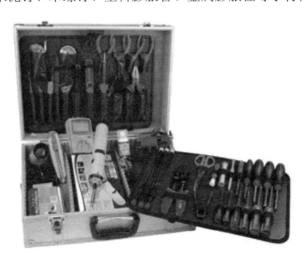

图 5-2　电工工具箱

(2) 电源线盘。

在施工现场，特别是室外施工现场，由于施工范围广，不可能随处都能取到电源，因此，要用长距离的电源线盘接电，线盘长度有 20m、30m、50m 等型号，如图 5-3 所示。

(3) 线槽剪。

线槽剪(如图 5-4 所示)是 PVC 线槽专用剪，剪出的端口整齐美观。

图 5-3   电源线盘

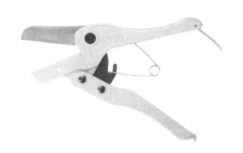

图 5-4   线槽剪

(4) 台虎钳。

台虎钳(如图 5-5 所示)是中小工件锯割、凿削、锉削时常用的夹持工具之一。顺时针摇动手柄，钳口就会将工件(如钢管)夹紧；逆时针摇动手柄，就会松开工件。

(5) 梯子。

安装管槽及进行布线拉线工序时，常常需要登高作业。常用的梯子有直梯和人字梯两种。直梯多用于户外登高作业，如搭在电杆上和墙上安装室外光缆；后者通常用于户内登高作业，如安装管槽、布线拉线等。直梯和人字梯在使用之前，宜将梯脚绑缚橡皮之类的防滑材料，人字梯还应在两页梯之间绑扎一道防自动滑开的安全绳。

(6) 管子台虎钳。

管子台虎钳又名龙门钳，它是切割钢管、PVC 塑料管等管形材料的夹持工具，外形如图 5-6 所示。管子台虎钳的钳座是固定在三脚铁板工作台上的。扳开钳扣，将龙门架向右扳，便可把管子放置在钳口之中，再将龙门架扶正，钳扣即自动落下扣牢。旋转手柄，可把管子牢牢夹住。

图 5-5   台虎钳

图 5-6   管子台虎钳

(7) 管子切割器。

钢管布线的施工中，要大量地切割钢管、电线管。这时，管子切割器便派上了用场。

管子切割器又称管子割刀。如图 5-7 所示为轻便型钢管切割器，如图 5-8 所示为塑料管切割器。

图 5-7　钢管切割器

图 5-8　塑料管切割器

(8) 管子钳。

管子钳又称管钳，如图 5-9 所示。管子钳是用来安装钢管布线的工具，用它来装卸电线管上的管箍、锁紧螺母、管子活接头、防爆活接头等。常用的管子钳，其规格有 200mm、250mm 和 350mm 等多种。

(9) 简易弯管器。

弯管器一般用于 25mm 以下的管子弯管，如图 5-10 所示。

图 5-9　管子钳

图 5-10　简易弯管器

(10) 螺纹铰板。

螺纹铰板又名管螺纹铰板，简称"铰板"。常见型号有 GJB-60、WGJB-114W。螺纹铰板是铰制钢管外螺纹的手动工具，是重要的管道工具之一。

(11) 扳曲器。

直径稍大的(大于 25mm)电线管或小于 25mm 的厚壁钢管，可采用扳曲器来弯管，它也可以自制。

(12) 充电起子。

充电起子是工程安装中经常使用的一种电动工具，如图 5-11 所示，它既可当螺丝刀，又能用做电钻，特别是其自带充电电池，不用电线，在任何场合都能工作；单手操作，具有正反转快速变换按钮，使用灵活方便；有强大的扭力，配合各式通用的六角工具头，可以拆卸及锁入螺钉、钻洞等。

(13) 手电钻。

手电钻既能在金属型材上钻孔，也适用于在木材、塑料上钻孔，在布线系统安装中是经常用到的工具，如图 5-12 所示。手电钻由电动机、电源开关、电缆、钻孔头等组成。用钻头钥匙开启钻头锁，使钻夹头扩开或拧紧，钻头松出或固牢。

图 5-11　充电起子

图 5-12　手电钻

(14) 冲击电钻。

冲击电钻简称冲击钻。它是一种旋转带冲击的特殊用途的手提式电动工具。当需要在混凝土、预制板、瓷面砖、砖墙等建筑材料上进行钻孔、打洞时，只需把"锤钻调节开关"拨到标记锤的位置上，在钻头上安装电锤钻头(又名硬质合金钻头)，便能产生既旋转又冲击的动作，在需要的部位进行钻孔；当需要在金属等韧性材料上进行钻孔加工时，只要将"锤钻调节开关"拨到标有钻的位置上，即可产生纯转动，换上普通麻花钻头，便可在所需要的部位钻孔。其外形如图 5-13 所示。冲击电钻为双重绝缘，安全可靠。它由电动机、减速箱、冲击头、辅助手柄、开关、电源线、插头及钻头夹等组成。

(15) 电锤。

电锤以单相串激电动机为动力，适用于在混凝土、岩石、砖石砌体等脆性材料上钻孔、开槽、凿毛等作业。电锤的外观如图 5-14 所示。电锤钻孔速度快，而且成孔精度高，它与冲击电钻从功能上看有相似的地方，但从外形与结构上看，是有很多区别的。

图 5-13　冲击电钻

图 5-14　电锤

(16) 电镐。

电镐采用精确的重型电锤机械结构，具有极强的混凝土铲凿功能，比电锤功率大，更具冲击力和震动力，减震控制使操作更加安全，并具有生产效能可调控的冲击能量，适合多种材料条件下的施工，如图 5-15 所示。

(17) 射钉器(射钉枪)。

射钉器又名射钉枪，如图 5-16 所示。它是利用射钉器发射钉弹，使弹内火药燃烧，释放出推动力，将专用的射钉直接钉入钢板、混凝土、砖墙或岩石基体中，从而把需要固定的钢板卡子、塑料卡子、PVC 槽板、钢制或塑制挂历墙机柜或布线箱永久或临时地固定好。

操作时，将射钉和射钉弹装入射钉器内，对准被固件和基体，解除保险，扣动扳机，击发射钉弹，火药气体推动钉子穿过被固件进入基体，从而达到固定的目的。

图 5-15　电镐

图 5-16　射钉器

(18) 曲线锯。

曲线锯在现场施工中，主要用于锯割直线和特殊的曲线切口；能锯割木材、PVC 和金属等材料；曲线锯重量轻，有减少疲劳、小巧型的设计，易于在紧凑空间操作；可调速，低速起动易于切割控制，防震手柄方便把持，如图 5-17 所示。

(19) 角磨机。

角磨机如图 5-18 所示。当金属槽、管切割后，会留下锯齿形的毛边，会刺穿线缆的外套，用角磨机将切割口磨平，即可保护线缆。角磨机同时也能当切割机用。

图 5-17　曲线锯

图 5-18　角磨机

(20) 型材切割机。

在布线管槽的安装中，常常需要加工角铁横担、割断管材。用型材切割机，其切割之快，用力之省，是钢锯望尘莫及的。型材切割机的外形如图 5-19 所示。它由砂轮锯片、护罩、操纵手柄、电动机、工件夹、工件夹调节手轮及底座、胶轮等组装而成，电动机一般是三相交流电动机。

(21) 台钻。

桥架等材料切割后，用台钻钻上新的孔，与其他桥架连接安装。台钻如图 5-20 所示。

2. 线缆安装工具

(1) 穿线器。

施工人员遇到线缆须穿管布放时，多采用钢丝牵拉。由于普通钢丝的韧性和强度不是为布线牵引设计的，操作极为不便，施工效率低，还可能影响施工质量。国外在布线工程中已广泛使用"穿线器",作为数据线缆或动力线缆的布放工具。简易型穿线器和玻璃纤维穿线器如图 5-21 和图 5-22 所示。

图 5-19　型材切割机

图 5-20　台钻

图 5-21　简易型穿线器

图 5-22　玻璃纤维穿线器

专业牵引线材料具有优异的柔韧性与高强度,表面为低摩擦系数涂层,便于在 PVC 管或钢管中穿行,可使线缆布放作业效率与质量大为提高。根据综合布线设计与验收规范的相关规定:直线布管每 30m 应设置拉线盒装置;有弯头的管段长度超过 20m 时,应设置拉线盒装置;有 2 个弯时,不超过 15m 应设置拉线盒装置。因此,选用 30.5m 的牵引线最为合适。对于垂直干线部分,应由高层向底层下垂布设,借助线缆自重,每次最多牵拉 10 根至 15 根电缆。线缆拉出后,应剪断 30cm 的线头,避免应力影响线缆结构。水平电缆布设应组成线束,远离电力、热力、给水和输气管线,防止被磨、刮、蹭、拖等损伤。在管路中布线时,为保证布线的电气性能和便于操作,应注意管径利用率。对屏蔽电缆、扁平线缆、大对数主干电缆或光缆,直管利用率为 50%～60%,弯曲管道应为 40%～50%;布放 4 对双绞水平电缆或 4 芯光缆时,管道截面利用率应为 25%～30%。可按以下公式计算管中的布线根数:

管径利用率 = 线缆外径 / 管道内径

牵引线缆时,应注意以下几个问题:

- 计划好同一方向一起牵引的线缆的数量和型号。
- 安排好线轴和线盒。
- 选两三根电缆,将其与已穿入管中的牵引线引线孔可靠固定。

- 一次最多布放 1～15 根电缆，确保无打结、绊住现象。
- 线束被牵引出另一端后，应剪掉 25mm 左右的线缆头，因这部分有可能在牵引中损坏。

(2) 线轴支架。

大对数电缆和光缆一般都是包装在线缆卷轴上，放线时，必须将线缆卷轴架设在线轴支架上，并从顶部放线。

(3) 滑车。

当线缆从上而下垂放电缆时，为了保护线缆，需要一个滑车，保障线缆从线缆卷轴拉出后经滑车平滑地往下放线。朝天钩式滑车安装在垂井的上方，三联井口滑车安装在垂井的井口。

(4) 牵引机。

当大楼主干布线采用由下往上敷设时，就需要用牵引机向上牵引线缆，牵引机有手摇式牵引机和电动牵引机两种，当大楼楼层较高和线缆数量较多时，使用电动牵引机，当楼层较低且线缆数量少而轻时，可用手摇牵引机。

图 5-23 所示是一款电动牵引机，电动牵引机能根据线缆情况，通过控制牵引绳的松紧随意调整牵引力和速度，牵引机的拉力计可随时读出拉力值，并有重负荷警报及过载保护功能。图 5-24 所示是手摇式牵引机，它是两级变速棘轮机构，安全省力，是最经济的选择。

图 5-23　电动牵引机　　　　　　　　图 5-24　手摇式牵引机

(5) 润滑剂。

由于通信线缆的特殊结构，线缆在布放过程中承受的拉力不要超过线缆允许承受张力的 80%。各种情况下，线缆的最大允许值是有限的，必要时，要采用润滑剂。

(6) 扎带机。

要确保工程中绑扎力一致，且提高施工效率，就得依靠适当的工具，扎带机如图 5-25 所示。在线缆布放到位后，应适当绑扎(每 1.5m 固定一次)，因双绞线结构的原因，绑扎不能过紧，不使线缆产生应力，线缆的绑扎如图 5-26 所示。

3．线缆的端接工具

(1) 双绞线剪线钳。

在线缆布放好后，就要对其进行剪切。剪切线缆要注意冗余，预留的原则是：在交接间、设备间的电缆长度一般为3～6m，工作区为0.3～0.6m。剪切工具应符合人体工程设计要求，可重复使用而不使操作者疲劳，并要考虑安全性和牢固性。锯齿形刃口可防止线缆护套打滑，手柄应适合于握持和施加压力，双绞线剪线钳如图5-27所示。

(2) 双绞线剥线钳。

工程技术人员往往直接用压线工具上的刀片来剥除双绞线的外套，他们凭经验来控制切割深度，这就留下了隐患，一不小心，切割线缆外套时就会伤及导线的绝缘层。由于双绞线的表面是不规则的，而且线径存在差别，所以，采用剥线钳剥去双绞线的外护套更安全可靠。剥线钳使用高度可调的刀片或利用弹簧张力来控制合适的切割深度，保障切割时不会伤及导线的绝缘层。剥线钳有多种类型，图5-28所示是其中的一种双绞线剥线钳。

图 5-25　扎带机

图 5-26　线缆的绑扎

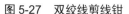

图 5-27　双绞线剪线钳

图 5-28　双绞线剥线钳

(3) 打线工具。

打线工具用于将双绞线压接到信息模块和配线架上，信息模块配线架是采用绝缘置换连接器(IDC)与双绞线连接的，IDC实际上是具有V形豁口的小刀片，当把导线压入豁口时，刀片割开导线的绝缘层，与其中的导体形成接触。打线工具由手柄和刀具组成，它是两端式的，一端具有打接及裁线的功能，裁剪掉多余的线头；另一端不具有裁线的功能，工具的一面显示清晰的"CUT"字样,使用户可以在安装的过程中容易识别正确的打线方向。手柄握把具有压力旋转钮,可进行压力大小的选择。打线工具如图 5-29 所示。

(4) 手掌保护器。

由于信息模块在打线的时候容易划伤手,于是西蒙公司专门设计生产了一种打线保护装置,将信息模块嵌套在保护装置后,再对信息模块压接,这样既方便把双绞线卡入信息模块中,另外,也可以起到隔离手掌,保护手的作用。手掌保护器如图 5-30 所示。

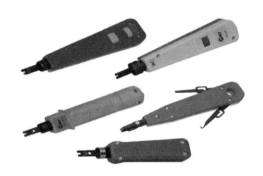

图 5-29 打线工具

图 5-30 手掌保护器

(5) 光纤剪刀、剥线钳。

对于光纤,须用专用光纤剪刀(如图 5-31 所示)和刻刀,并用专用工具剥去光纤涂层,以便利于使用光纤连接器进行加工。常用的剪切和剥去工具最好能与光纤的特殊尺寸相匹配,并能完成多种加工操作而不用更换工具。如常用的米勒钳(Mini Lite)就集成了两种工具,小 V 形口用于去除 125μm 光纤缓冲层和涂层材料,大 V 形口用于大范围去除光纤绝缘外护套。光纤剥线钳如图 5-32 所示。钳子刀口经过热处理并有激光打出的标记,便于识别。另外,对于 900μm 或 250μm 光纤的剪切剥取也要用专用工具。

图 5-31 光纤剪刀

图 5-32 光纤剥线钳

(6) 光纤接续子。

光纤接续子用于尾纤接续、不同类型的光缆转接、室内外永久或临时接续、光缆应急恢复。光纤接续子有很多类型,如图 5-33 所示为 CamSplice 光纤接续子,它是一种简单、易用的光纤接续工具,可以接续多模或单模光纤。

(7) 光纤切割工具。

光纤切割工具用于多模和单模光纤切割,包括通用光纤切割工具(如图 5-34 所示)和光纤切割笔(如图 5-35 所示)。光纤切割工具用于光纤精密切割,光纤切割笔用于光纤的简易切割。

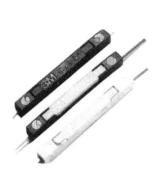

图 5-33 光纤接续子

图 5-34 光纤切割工具

图 5-35 光纤切割笔

(8) 单芯光纤熔接机。

单芯光纤熔接机采用芯对芯标准系统进行快速、全自动熔接。如图 5-36 所示,它配备有双摄像头和 5 英寸高清晰度彩显,能进行 X、Y 轴同步观察。拥有深凹式防风盖,可在 15m/s 的强风下进行接续工作,可以自动检测放电强度,放电稳定可靠,能够进行自动光纤类型识别,自动校准熔接位置,自动选择最佳熔接程序,自动推算接续损耗。其选件及必备件有:主机、AC 转换器/充电器、AC 电源线、监视器罩、电极棒、便携箱、操作手册、精密光纤切割刀、充电/直流电源和涂覆层剥皮钳。

图 5-36 单芯光纤熔接机

4.验收测试工具

(1) 验证测试工具。

布线系统的现场测试包括验证测试和认证测试。验证测试是测试所安装的双绞线的通断和长度测试,认证测试除了验证测试的全部内容外,还包括对线缆电气性能,如衰减、近端串扰等指标的测试。因此,布线测试仪也分为两种类型:验证测试仪和认证测试仪。

验证测试仪用于施工的过程中,由施工人员边施工边测试,以保证所完成的每一个连接的正确性。此时只测试电缆的通断、电缆的打线方法、电缆的长度以及电缆的走向。下面介绍四种典型的验证测试仪表。其中,后三种是国际知名测试仪表供应商——美国 Fluke公司的 MicroTools 系列产品。

① 简易布线通断测试仪。

如图 5-37 所示，是最简单的电缆通断测试仪，包括主机和远端机，测试时，线缆两端分别连接上主机和远端机，就能判断双绞线 8 芯线的通断情况，但不能定位故障点的位置。

② 电线缆序检测仪。

如图 5-38 所示，是小型手持式验证测试仪，可以方便地验证双绞线电缆的连通性。包括检测开路、短路、跨接、反接以及串扰等问题。只需按动测试(TEST)按键，线序仪就可以自动地扫描所有线对并发现所有存在的线缆问题。当与音频探头配合使用时，内置的音频发生器可追踪到穿过墙壁、地板、天花板的电缆。线序仪还有一个远端，因此，一个人就可以方便地完成电缆和用户跳线的测试。

图 5-37　简易布线通断测试仪

图 5-38　电线缆序检测仪

③ 电缆验证仪。

图 5-39 所示是一个功能强大、专为防止及解决电缆安装问题而设计的电缆验证仪，它可以检测电缆的通断、电缆的连接线序、电缆故障的位置，从而节省安装的时间和金钱。

它可以测试同轴线缆以及双绞线，并可诊断其他类型的电缆，如语音传输电缆、网络安全电缆或电话线。它产生四种音调来确定墙壁中、天花板上或配线间中电缆的位置。

④ 单端电缆测试仪。

Fluke 620 是一种单端电缆测试仪，如图 5-40 所示。进行电缆测试时，无须在电缆的另外一端连接远端单元，即可进行电缆的通断、距离、串扰等测试。这样，不必等到电缆全部安装完毕，就可以开始测试，发现故障可以立即得到纠正，省时又省力。如果使用远端单元，还可查出接线错误及电缆的走向等。

图 5-39　电缆验证仪

图 5-40　单端电缆测试仪

(2) 其他测试工具。

① 数字万用表。

数字万用表主要用于综合布线系统中设备间、楼层配线间和工作区电源系统的测量。

② 接地电阻测量仪。

综合布线系统中，用接地电阻测量仪来测量接地系统是否符合相关的技术规范。接地电阻测量仪又名接地电阻摇表，简称接地摇表，是专门用来检查接地的仪表。

5.3.3 施工前的检查

1. 施工前的环境检查

在工程施工开始前，应对楼层配线间、二级交接间、设备间的建筑和环境条件进行检查，具备以下条件方可开工。

(1) 交接间、设备间、工作区土建工程已全部竣工。房屋地面平整、光洁，门的高度和宽度应不妨碍设备和器材的搬运，门锁和钥匙齐全。

(2) 房屋预埋地槽/暗管及孔洞和竖井的位置、数量、尺寸均应符合设计要求。

(3) 铺设活动地板的场所，活动地板防静电措施的接地应符合设计要求。

(4) 交接间、设备间应提供 220V 单相带地电源插座。

(5) 交接间、设备间应提供可靠的接地装置，设置接地体时，检查接地电阻值及接地装置应符合设计要求。

(6) 交接间、设备间的面积、通风及环境温、湿度应符合设计要求。

2. 施工前的器材检查

工程施工前，应认真对施工器材进行检查，经检验的器材应做好记录，对不合格的器材，应单独存放，以备检查和处理。

(1) 器材检验一般要求如下。

① 工程所用线缆器材的形式、规格、数量、质量在施工前应进行检查，无出厂检验证明材料，或与设计不符者，不得在工程中使用。

② 经检验的器材应做好记录，对不合格的器件应单独存放，以备核查与处理。

③ 工程中使用的线缆、器材应与订货合同或封存的产品在规格、型号、等级上相符。

④ 备品、备件及各类资料应齐全。

(2) 型材、管材与铁件的检查要求如下。

① 各种型材的材质、规格、型号应符合设计文件的规定，表面应光滑、平整，不得变形、断裂。预埋金属线槽、过线盒、接线盒及桥架表面涂覆或镀层均匀、完整，不得变形、损坏。

② 管材采用钢管、硬质聚氯乙烯管时，其管身应光滑、无伤痕，管孔无变形，孔径、壁厚应符合设计要求。

③ 管道采用水泥管块时，应按通信管道工程施工及验收中的相关规定进行检验。

④ 各种铁件的材质、规格均应符合质量标准，不得有歪斜、扭曲、飞刺、断裂或破损。

⑤ 铁件的表面处理和镀层应均匀、完整，表面光洁，无脱落、气泡等缺陷。

(3) 线缆的检验要求如下。

① 工程使用的对绞电缆和光缆形式、规格应符合设计的规定和合同要求。

② 电缆所附标志、标签内容应齐全、清晰。

③ 电缆外护线套需完整无损，电缆应附有出厂质量检验合格证。如用户要求，应附有本批量电缆的技术指标。

④ 电缆的电气性能抽验应从本批量电缆中的任意三盘中各截出 100m 长度，加上工程中所选用的接插件进行抽样测试，并做测试记录。

⑤ 光缆开盘后，应先检查光缆外表有无损伤，光缆端头封装是否良好。

⑥ 综合布线系统工程采用光缆时，应检查光缆合格证及检验测试数据，在必要时，可测试光纤衰减和光纤长度。

(4) 接插件的检验要求如下。

① 配线模块和信息插座及其他接插件的部件应完整，检查塑料材质是否满足设计要求。

② 过流保护各项指标应符合有关规定。

③ 光纤插座的连接器使用形式和数量、位置应与设计相符。

(5) 配线设备的使用应符合下列规定。

① 光缆或电缆交接设备的形式、规格应符合设计要求。

② 光缆或电缆交接设备的编排及标志名称应与设计相符。各类标志应统一，标志位置正确、清晰。

(6) 有关双绞电缆的电气性能、机械特性，以及光缆的传输性能及接插件的具体技术指标和要求，应符合设计要求。

5.4 综合布线系统管槽的安装技术

在智能建筑内的综合布线系统经常利用暗敷管路或桥架和槽道进行线缆敷设，它们对综合布线系统的线缆起到了很好的支撑和保护作用。在综合布线工程施工中，管路和槽道的安装是一项重要的工作。

5.4.1 管路和槽道的安装要求

1. 管路的安装要求

(1) 预埋暗敷管路应采用直线管道为好，尽量不采用弯曲管道，直线管道超过 30m 再需延长距离时，应设置暗线箱等装置，以利于牵引敷设电缆时使用。如必须采用弯曲管道时，要求每隔 15m 处设置暗线箱等装置。

(2) 暗敷管路如必须转弯时，其转弯角度应大于 90°。暗敷管路的曲率半径不应小于该管路外径的 6 倍。要求每根暗敷管路在整个路由上需要转弯的次数不得多于两个，暗敷管路的弯曲处不应有折皱、凹穴和裂缝。

(3) 明敷管路应排列整齐，横平竖直，且要求管路每个固定点(或支撑点)的间隔均匀。

(4) 要求在管路中放有牵引线或拉绳，以便牵引线缆。

(5) 在管路的两端应设有标志，其内容包含序号、长度等，应与所布设的线缆对应，以使布线施工中不容易发生错误。

2．桥架和槽道的安装要求

(1) 桥架及槽道的安装位置应符合施工图规定，左右偏差不应超过 50mm。

(2) 桥架及槽道水平度每平方米偏差不应超过 2mm。

(3) 垂直桥架及槽道应与地面保持垂直，并无倾斜现象，垂直度偏差不应超过 3mm。

(4) 两槽道拼接处水平偏差不应超过 2mm。

(5) 线槽转弯半径不应小于其槽内的线缆最小允许弯曲半径的最大值。

(6) 吊顶安装应保持垂直，整齐牢固，无歪斜现象。

(7) 金属桥架及槽道节与节间应接触良好，安装牢固。

(8) 管道内应无阻挡，道口应无毛刺，并安置牵引线或拉线。

(9) 为了实现良好的屏蔽效果，金属桥架和槽道接地体应符合设计要求，并保持良好的电气连接。

3．水平子系统线缆敷设支撑保护要求

(1) 预埋金属线槽支撑保护要求。

① 在建筑物中预埋的线槽可为不同的尺寸，按一层或二层设备，应至少预埋两根以上，线槽截面高度不宜超过 25mm。

② 线槽直埋长度超过 15m 或在线槽路由交叉、转变时，宜设置拉线盒，以便布放线缆和维护。

③ 接线盒盖应能开启，并与地面齐平，盒盖处应采取防水措施。

④ 线槽宜采用金属引入分线盒内。

(2) 设置线槽支撑保护要求。

① 水平敷设时，支撑间距一般为 1.5～2m，垂直敷设时，固定在建筑物构体上的间距宜小于 2m。

② 金属线槽敷设时，在下列情况下设置支架或吊架：

● 线槽接头处。

● 间距 1.5～2m。

● 离开线槽两端口 0.5m 处。

● 转弯处。

③ 塑料线槽底固定点间距一般为 1m。

(3) 在活动地板下敷设线缆时，活动地板内净空不应小于 150mm。如果活动地板内作为通风系统的风道使用时，地板内净高不应小于 300mm。

(4) 采用公用立柱作为吊顶支撑柱时，可在立柱中布放线缆。立柱支撑点宜避开沟槽和线槽位置，支撑应牢固。

(5) 在工作区的信息点位置和线缆敷设方式未定的情况下，或在工作区采用地毯下布放线缆时，在工作区宜设置交接箱，每个交接箱的服务面积约为 $80cm^2$。

(6) 同种类的线缆布放在金属线槽内，应同槽分室(用金属板隔开)布放。

(7) 采用格形楼板和沟槽相结合时，敷设线缆支槽保护要求如下。

① 沟槽和格形线槽必须沟通。

② 沟槽盖板可开启，并与地面齐平，盖板和信息插座出口处应采取防水措施。

③ 沟槽的宽度宜小于 600mm。

4．干线子系统的线缆敷设支撑保护要求

干线子系统的线缆敷设支撑保护有如下几点要求。

(1) 线缆不得布放在电梯或管道竖井中。

(2) 干线通道间应沟通。

(3) 弱电间中，线缆穿过的每层楼板孔洞宜为方形或圆形。长方形孔尺寸不宜小于 300mm×100mm，圆形孔洞处应至少安装三根圆形钢管，管径不宜小于 100mm。

(4) 建筑群干线子系统线缆敷设的支撑保护应符合设计要求。

5．槽管大小选择的计算方法

根据工程施工的体会，对槽、管的选择，可采用以下简易计算方式：

$$n = \frac{槽(管)截面积}{线缆截面积} \times 70\% \times (40\% \sim 50\%)$$

式中：n——用户要安装多少条线(已知数)。

槽(管)截面积——要选择的槽管截面积(未知数)。

线缆截面积——选用的线缆面积(已知数)。

70%——布线标准规定允许的空间。

40%～50%——线缆之间浪费的空间。

5.4.2　管路和槽道的类型与规格

根据综合布线施工的场合，可以选用不同类型和规格的管路和槽道。下面简要地介绍施工中常用的管路和槽道。

1．明敷管路

旧建筑物的布线施工常使用明敷管路，新的建筑物应少用或尽量不用明敷管路。在综合布线系统中，明敷管路常见的有钢管、PVC 线槽、PVC 管等。钢管具有机械强度高、密封性能好、抗弯、抗压和抗拉能力强等特点，尤其是有屏蔽电磁干扰的作用，管材可根据现场需要任意截锯勒弯，施工安装方便。但是，它存在材质较重、价格高且易腐蚀等缺点。PVC 线槽和 PVC 管具有材质较轻、安装方便、抗腐蚀、价格低等特点，因此，在一些造价较低、要求不高的综合布线场合，需要使用 PVC 线槽和 PVC 管。

在潮湿场所中，明敷的钢管应采用管壁厚度大于 2.5mm 以上的厚壁钢管。在干燥场所中明敷的钢管，可采用管壁厚度为 1.6～2.5mm 的薄壁钢管。使用镀锌钢管时，必须检查管身的镀锌层是否完整，如有镀锌层剥落或有锈蚀的地方，应刷防锈漆或采用其他防锈措施。

PVC 线槽和 PVC 管有多种规格，具体要根据敷设的线缆容量来选定规格，常见的有 25mm×25mm、25mm×50mm、50mm×50mm、100mm×100mm 等规格的 PVC 线槽，10mm、15mm、20mm、100mm 等规格的 PVC 管。PVC 线槽除了直通的线槽外，还要考虑选用足够数量的弯角、三通等辅材，图 5-41 所示为 PVC 线槽及相关辅材。PVC 管则要考虑选用足够的管卡，以固定 PVC 管，图 5-42 所示为安装 PVC 管常用的管卡。

直通管槽　　　　　　弯角　　　　　　　　三通

图 5-41　PVC 线槽及相关辅材

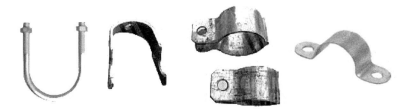

图 5-42　PVC 管安装使用的管卡

2．暗敷管路

在新建的智能建筑物内，一般都采用暗敷管路来敷设线缆。在建筑物土建施工时，一般同时预埋暗敷管路，因此，在设计建筑物时，就应同时考虑暗敷管路的设计内容。暗敷管路是水平子系统中经常使用的支撑保护方式之一。

暗敷管路常见的有钢管和硬质的 PVC 管。常见钢管的内径为 15.8mm、27mm、41mm、43mm、68mm 等。

3．桥架和槽道

生产桥架和槽道的厂家很多，目前，桥架和槽道的规格标准尚未制定。桥架和槽道产品的长度、宽度和高度等规格尺寸均按厂家规定的标准生产，常见的桥架连接管道如图 5-43 所示。

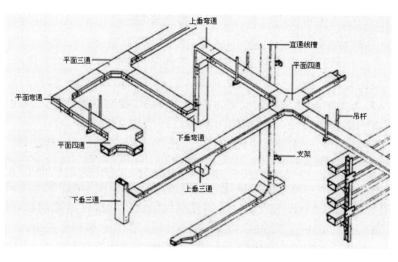

图 5-43　常见的桥架连接管道

在新建的智能建筑中安装槽道时，要根据施工现场的具体尺寸，进行切割锯裁后加工组装，因而安装施工费时费力，不易达到美观要求。尤其是，在已建的建筑物中施工更加困难。为此，最好在订购桥架和槽道时，由生产厂家做好售前服务，到现场根据实地测定桥架和槽道的各段尺寸和转弯角度等，尤其是梁、柱等突出部位。然后根据实际安装的槽道规格尺寸和外观色彩，进行生产(包括槽道、桥架和有关附件及连接件)。在安装施工时，只需按照组装图纸顺序施工，做到对号入座即可，这样，既便于施工，也能达到美观要求，且能节省材料和降低工程造价。

5.5 双绞线电缆的施工

在综合布线工程中，线缆布设是一项非常关键的工作，它关系到整个工程的质量问题。在线缆布设之前，关键是确定好布设的路由，然后根据布线的场合选用合适的布线方案。线缆布设的主要技术包括水平布线技术、主干布线技术和光缆布线技术。

5.5.1 线缆布放的一般要求

1．布线安全

参加施工的人员应遵守以下几点要求。

(1) 穿特定的工作服。

(2) 使用安全的工具。

(3) 保证工作区的安全。

(4) 制定施工安全措施。

2．线缆布放步骤

线缆布放时，应按照以下步骤进行。

(1) 线缆布放前，应核对规格、程序、路由及位置是否与设计规定相符合。

(2) 布放的线缆应平直，不得产生扭绞、打圈等现象，不应受到外力挤压和损伤。

(3) 在布放前，线缆两端应贴有标签，标明起始和终端位置以及信息点的标号，标签书写应清晰、端正和正确。

(4) 信号电缆、电源线、双绞线缆、光缆及建筑物内其他弱电线缆应分离布放。

(5) 布放线缆应有冗余，在二级铰接间、设备间双绞电缆预留长度一般为 3～6m，工作区为 0.3～0.6m，特殊要求的应按设计要求预留。

(6) 布放线缆，在牵引过程中，吊挂线缆的支点相隔间距不应大于 1.5m。

(7) 在线缆布放的过程中，为了避免受力和扭曲，应制作合格的牵引端头。如果采用机械牵引，应根据线缆布放环境、牵引的长度、牵引张力等因素，选用集中牵引或者分散牵引等方式。

3．放线

(1) 从线缆箱中拉线。首先除去塑料塞，通过出线孔拉出数米的线缆，再拉出所要求长度的线缆，割断它，将线缆滑回到槽中去，留数厘米伸出在外面，并重新插上塞子以固定线缆。

(2) 线缆处理。首先使用斜口钳在塑料外衣上切开"1"字形的长缝，找出尼龙的扯绳，将电缆紧握在一只手中，用尖嘴钳夹紧尼龙扯绳的一端，并把它从线缆的一端拉开，拉的长度根据需要而定，最后割去无用的电缆外衣。

5.5.2 路由选择技术

电缆敷设的路由在工程的设计阶段就确定下来，并在设计图纸中反映出来。根据确定下来的电缆敷设路由，可以设计出相应的管槽安装路由图。在建筑物土建阶段就要开始埋好暗埋的管道，土建工程完成后，可以开始桥架和槽道的施工。当建筑物内的管路、桥架和槽道安装完毕后，就可以开始敷设线缆了。

选择线缆敷设路由时，要根据建筑物结构的允许条件，尽量选择最短距离，并保证线缆长度不超过标准中规定的长度。例如，水平链路长度不超过90m。水平电缆敷设的路由根据水平布线所采用的布线方案，有走地下线槽管道的，有走活动地板下面的，有房屋吊顶的，形式多种多样。

干线电缆敷设的路由主要根据建筑物内竖井或垂直管路的路径以及其他一些垂直走线路径来决定。根据建筑物结构，干线电缆敷设路由有垂直路由和水平路由，单层建筑物一般采用水平路由，有些建筑物结构较复杂，也有采用垂直路由和水平路由的。

建筑群子系统的干线线缆敷设路由与采用的布线方案有关。如果采用架空布线方法，则应尽量选择原有电话系统或有线电视系统的干线路由；如果采用直埋电缆布线法，则路由的选择要综合考虑土质、天然障碍物、公用设施(如下水道、水、气、电)的位置等因素；如果采用管道布线法，则路由的选择应考虑地下已布设的各种管道，要注意管道内与其他管路保持一定的距离。

5.5.3 线缆牵引技术

在线缆敷设之前，建筑物内的各种暗敷的管路和槽道已安装完成，因此线缆要敷设在管路或槽道内，就必须使用线缆牵引技术。为了方便线缆牵引，在安装各种管路或槽道时已内置了一根拉绳(一般为钢绳)，使用拉绳可以方便地将线缆从管道的一端牵引到另一端。

根据施工过程中敷设的电缆类型，可以使用三种牵引技术，即牵引4对双绞线电缆、牵引单根25对双绞线电缆、牵引多根25对双绞线电缆或更多对的电缆。

1. 牵引4对双绞线电缆

(1) 主要方法是使用电工胶布，将多根双绞线电缆与拉绳绑紧，使用拉绳均匀用力，缓慢牵引电缆。具体操作步骤如下。

① 将多根双绞线电缆的末端缠绕在电工胶布上，如图5-44所示。

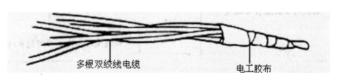

图5-44 用电工胶布缠绕多根双绞线电缆的末端

高职高专立体化教材 计算机系列

② 在电缆缠绕端绑扎好拉绳，然后牵引拉绳，如图 5-45 所示。

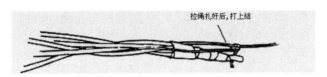

图 5-45　将双绞线电缆与拉绳绑扎固定

(2) 4 对双绞线电缆的另一种牵引方法也是经常使用的，具体步骤如下。

① 剥除双绞线电缆的外表皮，并整理为两扎裸露金属导线，如图 5-46 所示。

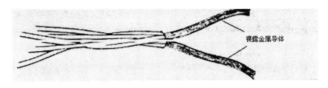

图 5-46　剥除电缆外表皮以得到裸露的金属导体

② 将金属导体编织成一个环，拉绳绑扎在金属环上，然后牵引拉绳，如图 5-47 所示。

2．牵引单根 25 对双绞线电缆

主要方法是将电缆末端编制成一个环，然后绑扎好拉绳后，牵引电缆，具体的操作步骤如下。

(1) 将电缆末端与电缆自身打结成一个闭合的环，如图 5-48 所示。

图 5-47　编织成金属环以供拉绳牵引　　　　图 5-48　电缆末端与电缆自身打结为一个环

(2) 用电工胶布加固，以形成一个坚固的环，如图 5-49 所示。

(3) 在缆环上固定好拉绳，用拉绳牵引电缆，如图 5-50 所示。

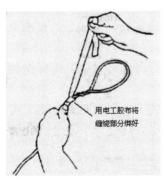
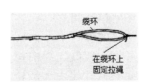

图 5-49　用电工胶布加固以形成坚固的环　　　图 5-50　在缆环上固定好拉绳

3．牵引多根 25 对双绞线电缆或更多对的电缆

主要操作方法是将线缆外表皮剥除后，将线缆末端与拉绳绞合固定，然后通过拉绳牵引电缆。

具体操作步骤如下。

(1) 将线缆外表皮剥除后，将线对均匀分为两组线缆，如图 5-51 所示。

(2) 将两组线缆交叉地穿过接线环，如图 5-52 所示。

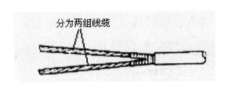

图 5-51　将电缆分为两组线缆

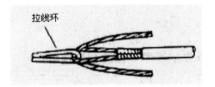

图 5-52　两组线缆交叉地穿过接线环

(3) 将两组线缆缠绕在自身电缆上，加固与接线环的连接，如图 5-53 所示。

(4) 在线缆缠绕部分紧密缠绕多层电工胶布，以进一步加固电缆与接线环的连接，如图 5-54 所示。

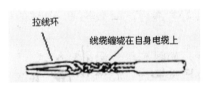

图 5-53　线缆缠绕在自身电缆上

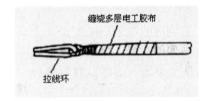

图 5-54　在电缆缠绕部分紧密缠绕电工胶布

5.5.4　水平布线技术

1．水平布线技术规范

水平线缆在布设过程中，不管采用何种布线方式，都应遵循以下技术规范。

(1) 为了考虑以后线缆的变更，在线槽内布设的电缆容量不应超过线槽截面积的 70%。

(2) 水平线缆布设完成后，线缆的两端应贴上相应的标签，以识别线缆的来源地。

(3) 非屏蔽 4 对双绞线缆的弯曲半径应至少为电缆外径的 4 倍，屏蔽双绞线电缆的弯曲半径应至少为电缆外径的 6～10 倍。

(4) 线缆在布放过程中应平直，不得产生扭绞、打圈等现象，不应受到外力的挤压和损伤。

(5) 线缆在线槽内布设时，注意与电力线等电磁干扰源的距离，要达到规范的要求。

(6) 线缆在牵引过程中，要均匀用力，缓慢牵引，线缆牵引力度规定如下：

● 一根 4 对双绞线电缆的拉力为 100N。

● 二根 4 对双绞线电缆的拉力为 150N。

● 三根 4 对双绞线电缆的拉力为 200N。

● 不管多少根线对电缆，最大拉力不能超过 400N。

2．水平布线施工技术

建筑物内水平布线可选用天花板吊顶、暗道、墙壁线槽等多种布设方式，在决定采用哪种方法之前，应到施工现场进行比较，从中选择一种最佳的施工方案。

(1) 天花板吊顶内布线。

天花板吊顶内布线方式是水平布线中最常使用的方式。这种布线方式较适合于新建的建筑物布线施工。天花板吊顶内布线方式的具体施工步骤如下。

① 根据建筑物的结构确定布线路由。

② 沿着所设计的布线路由，打开天花板吊顶，用双手推开每块镶板，如图 5-55 所示。在楼层布线信息点较多的情况下，多根水平线缆会较重，为了减轻线缆对天花板吊顶的压力，可使用 J 形钩、吊索及其他支撑物来支撑线缆。

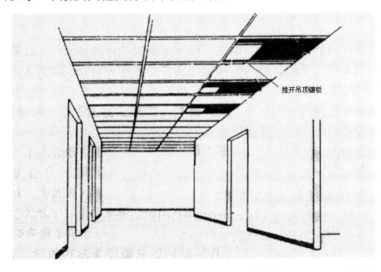

图 5-55　打开天花板吊顶的镶板

③ 假设一楼层内共有 12 个房间，每个房间的信息插座安装两条 UTP 电缆，则共需要一次性布设 24 条 UTP 电缆。为了提高布线效率，可将 24 箱线缆放在一起，并使线缆接管嘴向上，如图 5-56 所示分组堆放在一起，每组有 6 个线缆箱，共有 4 组。

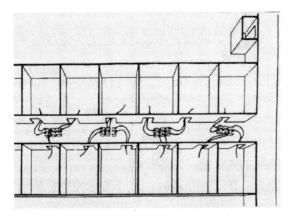

图 5-56　分组堆放电缆箱

④ 为了方便区分电缆，在电缆的末端应贴上标签以注明来源地，在对应的线缆箱上也写上相同的标注。

⑤ 在离楼层管理间最远的一端开始，拉到管理间。

⑥ 电缆从信息插座布放到管理间并预留足够的长度后，从线缆箱一端切断电缆，然后在电缆末端贴上标签，并标注与线缆箱相同的标注信息。

(2) 暗道布线。

暗道布线方式是在建筑物浇筑混凝土时，把管道预埋在地板内，管道内附有牵引电线缆的钢丝或铁丝。施工人员只须根据建筑物的管道图纸来了解地板的布线管道系统，确定布线路由，就可以确定布线施工的方案。

对于老建筑物或没有预埋管道的新建筑物，要向用户单位索要建筑物的图纸，并到布线的建筑物现场，查清建筑物内水、电、气管路的布局和走向，然后详细绘制布线图，确定布线施工方案。

对于没有预埋管道的新建筑物，施工可以与建筑物装修同步进行，这样既便于布线，又不影响建筑物的美观。管道一般从配线间埋到信息插座安装孔。安装人员只要将线缆固定在信息插座的拉线端，从管道的另一端牵引拉线，就可将线缆布设到楼层配线间。

(3) 墙壁线槽布线。

墙壁线槽布线法一般按如下步骤施工。

① 确定布线路由。

② 沿着布线路由方向安装线槽，线槽安装要讲究直线美观。

③ 线槽每隔 50cm 要安装固定螺钉。

④ 布放线缆时，线槽内的线缆容量不超过线槽截面积的 70%。

⑤ 布放线缆的同时，盖上线槽的塑料槽盖。

5.5.5 主干线缆的布线技术

1. 主干线缆的布线技术规范

主干线缆的布线施工过程要注意遵守以下规范要求。

(1) 应采用金属桥架或槽道敷设主干线缆，以提供线缆的支撑和保护功能，金属桥架或槽道要与接地装置可靠连接。

(2) 在智能建筑中，有多个系统综合布线时，注意各系统使用的线缆的布设间距要符合规范要求。

(3) 在线缆布放过程中，线缆不应产生扭绞或打圈等可能影响线缆本身质量的现象。

(4) 线缆布放后，应平直，处于安全稳定的状态，不应受到外界的挤压或遭受损伤而产生故障。

(5) 在线缆布放的过程中，布放线缆的牵引力不宜过大，应小于线缆允许拉力的 80%，在牵引过程中，要防止线缆的拖、蹭、磨等损伤。

(6) 主干线缆一般较长，在布放线缆时，可以考虑使用机械装置辅助人工进行牵引，在牵引过程中，各楼层的人员要同步牵引，不要用力拽拉线缆。

2．主干线缆的布设技术

干线电缆提供了从设备间到每个楼层的水平子系统之间信号传输的通道，主干电缆通常安装在竖井通道中。在竖井中敷设干线电缆一般有两种方式：向下垂放电缆和向上牵引电缆。相比而言，向下垂放电缆比向上牵引电缆要容易些。

(1) 向下垂放电缆。

如果干线电缆经由垂直孔洞向下垂直布放，则具体操作步骤如下。

① 把线缆卷轴搬放到建筑物的最高层。

② 在离楼层的垂直孔洞 3～4m 处安装好线缆卷轴，并从卷轴顶部馈线。

③ 在线缆卷轴处安排所需的布线施工人员，每层上要安排一个工人，以便引寻下垂的线缆。

④ 开始旋转卷轴，将线缆从卷轴上拉出。

⑤ 将拉出的线缆引导进竖井中的孔洞。在此之前，先在孔洞中安放一个塑料的套状保护物，以防止孔洞不光滑的边缘擦破线缆的外皮，如图 5-57 所示。

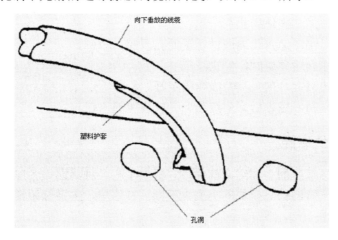

图 5-57 在孔洞中安放塑料保护套

⑥ 慢慢地从卷轴上放缆并进入孔洞向下垂放，注意不要快速地放缆。

⑦ 继续向下垂放线缆，直到下一层布线工人能将线缆引到下一个孔洞。

⑧ 按前面的步骤，继续慢慢地向下垂放线缆，并将线缆引入各层的孔洞。

如果干线电缆经由一个大孔垂直向下布设，就无法使用塑料保护套，最好使用一个滑车轮，通过它来下垂直布线，具体操作步骤如下。

首先，在大孔的中心上方安装一个滑轮车，如图 5-58 所示。

然后，将线缆从卷轴拉出，并绕在滑轮车上。

接着，按上面所介绍的方法牵引线缆穿过每层的大孔，当线缆到达目的地时，把每层上的线缆绕成卷，放在架子上固定起来，等待以后的端接。

(2) 向上牵引电缆。

向上牵引线缆可借用电动牵引绞车将干线电缆从底层向上牵引到顶层。具体的操作步骤如下。

① 先往绞车上穿一条拉绳。

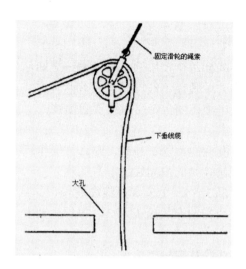

图 5-58　在大孔上方安装滑轮车

② 启动绞车,并往下垂放一条拉绳,拉绳向下垂放,直到安放线缆的底层。
③ 将线缆与拉绳牢固地绑扎在一起。
④ 启动绞车,慢慢地将线缆通过各层的孔洞向上牵引。
⑤ 线缆的末端到达顶层时,停止绞车。
⑥ 在地板孔边沿上,用夹具将线缆固定好。
⑦ 当所有连接制作好之后,从绞车上释放线缆的末端。

5.5.6　信息插座的端接

信息模块是信息插座的主要组成部件,它提供了与各种终端设备连接的接口。连接终端设备类型不同,安装的信息模块的类型也不同。在这里,主要介绍常用的连接计算机的信息模块。

1. 信息模块简介

连接计算机的信息模块根据传输性能的要求,可以分为 5 类、超 5 类、6 类信息模块。各厂家生产的信息模块的结构有一定的差异性,但功能及端接方法是相类似的。图 5-59 所示为 AVAYA 超 5 类信息模块,压接模块时,可根据色标,按顺序压放 8 根导线到模块槽位内,然后使用槽帽压接进行加固。这种模块压接方法简单直观,且效率高。

图 5-60 所示为 IBDN 的超 5 类(GigaFlex5e)模块,它是一种新型的压接式模块,具有良好的可靠性和优良的传输性能。

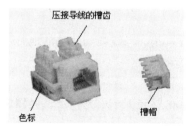

图 5-59　AVAYA 模块结构

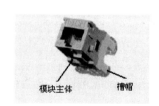

图 5-60　IBDN GigaFlex5e 模块

信息模块的端接有两种标准：T568-A 和 T568-B。两类标准规定的线序压接顺序有所不同，图 5-61 所示为两种标准规定的导线排列顺序。

由图 5-61 可知，T568-A 和 T568-B 线序中，1、3 线对，2、6 线对分别对调，因此，只要熟记一种标准线序，就可以知道另一种标准的线序。

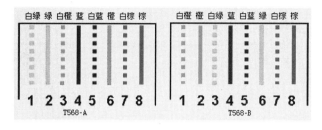

图 5-61　T568-A 和 T568-B 的规定线序

无论在压接信息模块时采用何种标准，都可以有效地减少线对产生的串扰，但是，一个系统中只能选择一种标准，绝对不能两种标准混用。例如，模块端接采用 T568-A 标准，则管理器件、跳线等也应采用 T568-A 标准。

2．信息模块端接技术的要点

各厂家的信息模块的结构有一些差异，因此，具体的模块压接方法各不相同，下面介绍 IBDN GigaFlex 模块压接的具体操作步骤。

(1) 使用剥线工具，在距线缆末端 5cm 处剥除线缆的外皮，如图 5-62 所示。

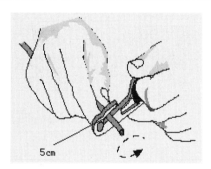

图 5-62　剥除线缆的外皮

(2) 使用线缆的抗拉线将线缆外皮剥除至线缆末端 10cm，如图 5-63 所示。

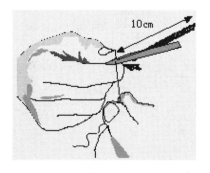

图 5-63　剥除线缆至末端 10cm 处

(3) 剪除线缆的外皮及抗拉线，如图 5-64 所示。

(4) 按色标顺序，将 4 个线对分别插入模块的槽帽内，如图 5-65 所示。

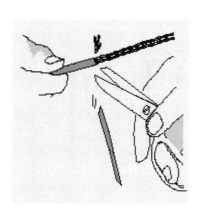

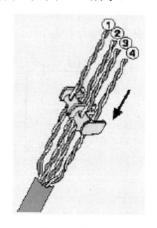

图 5-64　剪除线缆的外皮及抗拉线　　　　图 5-65　将线对插入模块的槽帽内

(5) 将模块的槽帽压进线缆外皮，顺着槽位的方向，将 4 个线对逐一弯曲，如图 5-66 所示。

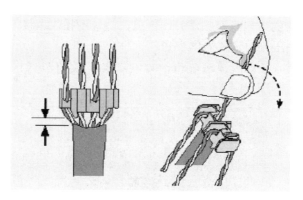

图 5-66　压紧槽帽并整理线对

(6) 将线缆及槽帽一起压入模块插座，如图 5-67 所示。

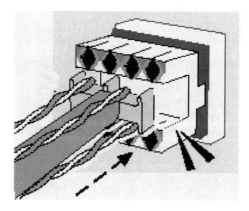

图 5-67　将线缆及槽帽一起压入模块插座

(7) 将各线对分别按色标顺序压入模块的各个槽位内，如图 5-68 所示。

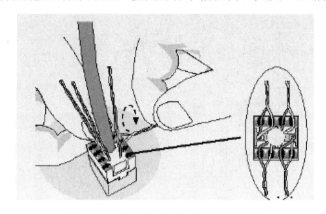

图 5-68　将各线对压入模块各槽位内

(8) 使用 IBDN 打线工具加固各线对与插槽的连接，如图 5-69 所示。

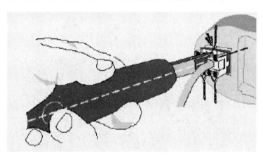

图 5-69　使用打线工具加固线对与插座的连接

3. 信息插座的安装要求

模块端接完成后，接下来就要安装到信息插座内，以便工作区内终端设备使用。各厂家信息插座的安装方法有相似性，具体可以参考厂家的说明资料。下面以 IBDN 插座安装为例，介绍信息插座的安装步骤。

(1) 将已端接好的 IBDN 模块卡接在插座面板槽位内，如图 5-70 所示。

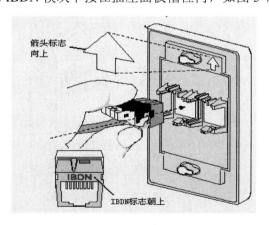

图 5-70　将模块卡接到面板插槽内

(2) 将已卡接了模块的面板与暗埋在墙内的底盒接合在一起,如图 5-71 所示。

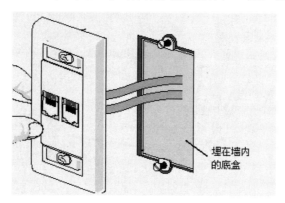

图 5-71　将面板与底盒接合在一起

(3) 用螺钉将插座面板固定在底盒上,如图 5-72 所示。

图 5-72　用螺钉固定插座面板

(4) 在插座面板上安装标签条,如图 5-73 所示。

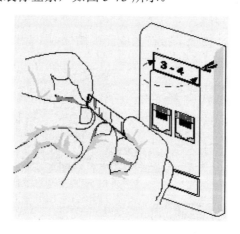

图 5-73　在插座面板上安装标签条

5.5.7　RJ45-RJ45 跳线端接技术

1．RJ45-RJ45 跳线简介

RJ45-RJ45 跳线是由一根双绞线电缆与两个 RJ-45 连接头端接而成的，如图 5-74 所示。RJ45-RJ45 跳线根据连接系统性能的要求分为 5 类、超 5 类、6 类跳线，具体长度要根据连接设备的位置而定制。该跳线主要用于工作区信息插座与终端设备的连接、管理子系统中管理器件之间的交叉连接、管理器件与设备的连接、设备与设备之间的级联。

综合布线系统中，主要使用直通跳线，即两端连接线序一致。只有设备之间级联时，才会使用反序跳线连接，即两端线序的 1、2 线对分别与 3、6 线对连接。下面主要介绍常用的直通 RJ45-RJ45 跳线端接技术。

2．RJ45-RJ45 跳线端接技术的要点

在综合布线施工中，RJ-45 接头端接也要遵循一定的标准规范。与信息模块端接类似，RJ-45 接头端接也要遵循 T568-A 标准或 T568-B 标准。不论采用哪种标准，都必须与信息模块端接采用的标准相同。RJ-45 接头端接的具体步骤如下。

(1) 首先使用剥线工具环切双绞线的外皮，然后使用抗拉线从电缆开口处切开电缆外皮，直至距端头 20mm 处露出 4 对线，如图 5-75 所示。

图 5-74　RJ45-RJ45 跳线

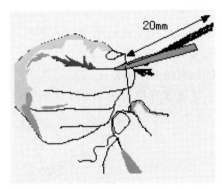

图 5-75　切开电缆直至距端头 20mm 处

(2) 为 4 对绝缘导线解纽，使其按正确的顺序(按 T568-A 或 T568-B 标准)平行排列，如图 5-76 所示。

(3) 导线经修整后，距套管的长度 14mm，从线头开始，至少 10mm±1mm 之内导线之间不应有交叉，导线 6 应在距套管 4mm 之内跨过导线 4 和 5，如图 5-77 所示。

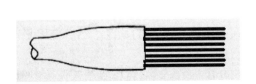

图 5-76　将 4 对导线解纽并平行排列

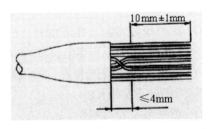

图 5-77　将导线排列整齐并修整

（4）将导线插入 RJ-45 接头，导线在 RJ-45 头部能够见到铜芯，套管内的平坦部分应从插塞后端延伸直至张力消除，套管伸出插塞后端至少 6mm，如图 5-78 所示。

（5）用压线钳压实 RJ-45 接头，使接头与每根导线牢固连接，如图 5-79 所示。

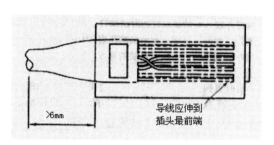

图 5-78　将导线插入 RJ-45 接头

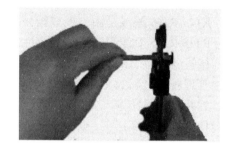

图 5-79　使用压线钳压接 RJ-45 接头

（6）重复以上步骤，在双绞线的另一端压接另一个 RJ-45 接头，最终得到一根完整的 RJ45-RJ45 跳线。

5.5.8　配线架端接

1．模块化配线架安装技术的要点

模块化配线架主要应用于楼层管理间和设备间内的计算机网络电缆的管理。各厂家的模块化配线架结构及安装相类似，因此，下面以 IBDN PS5E HD-BIX 配线架为例，介绍模块化配线架安装的步骤。

IBDN PS5E HD-BIX 配线架的具体安装步骤如下。

（1）使用螺钉将 HD-BIX 配线架固定在机架上，如图 5-80 所示。

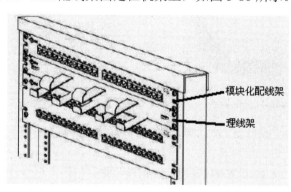

图 5-80　在机架上安装配线架

（2）在配线架背面安装理线环，将电缆整理好，固定在理线环中，并使用绑扎带固定好电缆，一般 6 根电缆作为一组进行绑扎，如图 5-81 所示。

（3）根据每根电缆连接接口的位置，测量端接电缆应预留的长度，然后使用平口钳截断电缆，如图 5-82 所示。

（4）根据系统安装标准，选定 T568-A 或 T568-B 标签，然后将标签压入模块组插槽内，如图 5-83 所示。

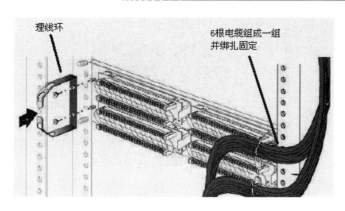

图 5-81 安装理线环并整理固定电缆

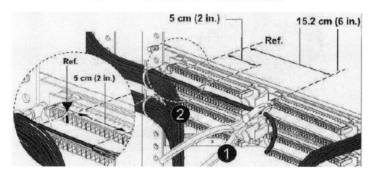

图 5-82 测量预留电缆长度并截断电缆

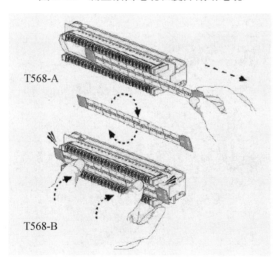

图 5-83 调整合适的标签并安装在模块组槽位内

(5) 根据标签色标排列顺序，将对应颜色的线对逐一压入槽内，然后使用 IBDN 打线工具固定线对连接，同时，将伸出槽位外多余的导线截断，如图 5-84 所示。

(6) 将每组线缆压入槽位内，然后整理并绑扎固定线缆，如图 5-85 所示。

(7) 将跳线通过配线架下方的理线架整理固定后，逐一接插到配线架前面板的 RJ-45 接口，最后，编好标签并贴在配线架前面板，如图 5-86 所示。

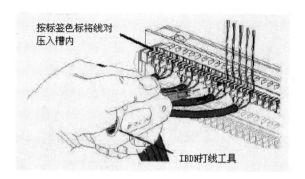

图 5-84　将线对逐次压入槽位并打压固定

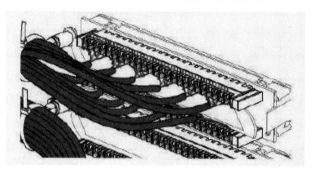

图 5-85　整理并绑扎固定线缆

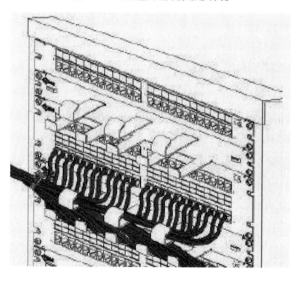

图 5-86　将跳线接插到配线架各接口并贴好标签

2．在机柜内安装模块化配线架的技术要点

在楼层配线间和设备间内，模块化配线架和网络交换机一般安装在机柜内。为了使安装在机柜内的模块化配线架和网络交换机美观大方且方便管理，必须对机柜内设备的安装进行规划，具体应遵循以下几个原则。

(1)　模块化配线架一般安装在机柜下部，交换机安装在其上方。

(2)　每个模块化配线架之间安装有一个理线架，每个交换机之间也要安装理线架。

(3) 正面的跳线从配线架中出来，全部要放入理线架内，然后从机柜侧面绕到上部的交换机间的理线器中，再接插进入交换机端口。

常见的机柜内的模块化配线架安装实物如图 5-87 所示。

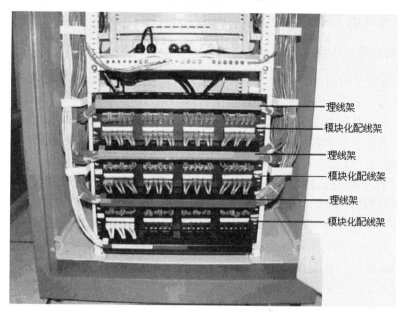

理线架
模块化配线架
理线架
模块化配线架
理线架
模块化配线架

图 5-87　机柜内配线架安装实物

3. 接插式配线架的端接

(1) 第一个 110 型配线架上要端接的 24 条线牵拉到位，每个配线槽中放 6 条双绞线。左边的线缆端接在配线架的左半部分，右边的线缆端接在配线架的右半部分。

(2) 在配线板的内边缘处，将松弛的线缆捆起来，保证单条的线缆不会滑出配线板槽，避免线缆束松弛和不整齐。

(3) 在配线板边缘处的每条线缆上标记一个新线的位置，这有利于下一步在配线板的边缘处准确地剥去线缆的外衣。

(4) 拆开线缆束并紧握住，在每条线缆的标记处划痕，然后将刻好痕的线缆束放回去，为盖上 110 型配线板做准备。

(5) 当 4 个线缆束全都刻好痕并放回原处后，用螺钉固定 110 配线架，并开始进行端接(从第一条线缆开始)。

(6) 在刻痕处外不小于 15cm 处切割线缆，并将刻痕的外套划掉。

(7) 沿着 110 型配线架的边缘，将 4 对导线拉进前面的线槽中。

(8) 拉紧并弯曲每一线对，使其进入到索引条的位置中去，用索引条上的高齿将 1 对导线分开，在索引条最终弯曲处提供适当的压力，使线对的变形最小。

(9) 当上面两个索引条的线对安放好，并使其就位及切割后，再进行下面两个索引条的线对安置。在所有 4 个索引条就位后，再安装 110 连接模块。

5.6 光缆的施工

5.6.1 光缆布放的基本知识

1. 光缆敷设施工的特点

光缆与电缆虽然都是通信线路的传输介质，施工敷设方法基本相似，建筑方式也大都相同，但是，它们之间有很大的区别，除了传输的信号分别是光信号或电信号外，由于光缆中的光纤是用二氧化硅为主要成分的石英光导纤维制成的，它不同于电缆中的铜芯导线，此外，还有以下的区别和各自的特点，这些对于敷设施工都有很大的关系。

(1) 机械强度。

由于光纤是由玻璃纤维制成的，所以在实际运用时，要求光纤在制造和敷设过程中，应有一定的机械强度，以保证其不会断裂。但是光纤直径很细，且性能较脆弱，容易断裂，如果其表面有伤痕，光纤断裂现象就更有可能发生，从而降低光纤的机械强度。为了保证光缆的施工质量，需要注意以下要求。

① 光缆弯曲时不能超过最小曲率半径。

② 光缆敷设时的张力、扭转力和侧压力均应符合有关规定。由于光缆在牵引敷设时，不能直接承受拉力，其最小伸长率只相当于 0.5%；电缆中的铜芯导线的最小伸长率因线径粗细而有所区别，如 0.4mm 线径的导线最小伸长率大于或等于 10%，这说明铜芯导线可以承受一定的拉力。

③ 在施工敷设中，要避免光缆受到外界的冲击力，防止光纤受损。

(2) 接续方式。

光缆光纤和电缆导线的接续方式不同。铜芯导线的连接操作技术比较简单，不需较高的技术和相应的设备，这种连接是电接触式的，各方面要求较低。光纤的连接就比较困难，它不仅要求连接的接触良好，且要求两端光纤的接触端中心完全对准，其偏差较小，因此技术要求高，且需要的设备和相应的技术力量也较高。

2. 光缆施工的一般要求

光缆施工的一般要求有如下几项。

(1) 必须在施工前对光缆的端别予以判定，并确定 A、B 端。A 端应是网络枢纽方向，B 端是其他建筑物一侧，敷设光缆的端别应方向一致，不得使端别排列混乱。

(2) 根据运到施工现场的光缆情况，结合工程实际，将合理配盘与光缆敷设顺序相结合，应充分利用光缆的盘长，施工中宜整盘敷设，以减少中间接头，不得任意切断光缆。室外管道光缆的接头位置应避开繁忙路口或有碍正常工作处，直埋光缆的接头位置宜安排在地势平坦和地基稳固地带。

(3) 光纤的接续人员必须经过严格培训，取得合格证书才批准上岗操作。

(4) 在装卸光缆盘作业时，应使用叉车或吊车，如采用跳板时，应小心细致地从车上滚卸，严禁将光缆盘从车上直接推落到地。在工地滚动光缆盘的方向，必须与光缆的盘绕方向(箭头方向)相反，其滚动距离规定在 50m 以内，当滚动距离大于 50m 时，应使用运输工具。在车上装运光缆盘时，应将光缆固定牢靠，不得歪斜和平放。在车辆运输时，车速宜缓慢，注意安全，防止发生事故。

（5）光缆如采用机械牵引，牵引力应用拉力计监视，不得大于规定值。光缆盘转动速度应与光缆布放速度同步，要求牵引的最大速度为 15m/min，并保持恒定。光缆出盘处要保持松弛的弧度，并留有缓冲的余量，又不宜过多，避免光缆出现背扣、扭转或小圈。牵引过程中不得突然起动或停止，应互相照顾呼应，严禁拉扯，以免光纤受力过大而损伤。在敷设光缆的全过程中，应保证光缆外护套不受损伤，密封性能良好。

（6）光缆不论在建筑物内或建筑群间敷设，应单独占用管道管孔，如利用原有管道和铜芯导线电缆合用时，应在管孔中穿放塑料子管，塑料子管的内径应为光缆外径的 1.5 倍以上，光缆在塑料子管中敷设，不应与铜芯导线电缆合用同一管孔。在建筑物内，光缆与其他弱电系统平行敷设时，应有间距分开敷设，并固定绑扎。当小芯数光缆在建筑物内采用暗管敷设时，管道的截面利用率应为 25%～30%。

（7）布放光缆应平直，不得产生扭绞、打圈等现象，不应受到外力挤压和损伤。光缆布放前，其两端应贴有标签，以指明起始和终端位置。标签应书写清晰、端正和正确。最好以直线方式敷设光缆。如有转弯，光缆的弯曲半径在静止状态时至少应为光缆外径的 10 倍，在施工过程中，至少应为 20 倍。

3．光缆施工的注意事项

光缆施工的注意事项有以下几点。

（1）在进行光纤接续或制作光纤连接器时，施工人员必须戴上眼罩和手套，穿上工作服，保持环境洁净。

（2）不允许观看已通电的光源、光纤及其连接器，更不允许用光学仪器观看已通电的光纤传输通道器件。

（3）只有在断开所有光源的情况下，才能对光纤传输系统进行维护操作。

4．光纤布线过程

（1）光纤的纤芯是石英玻璃的，极易弄断，因此在施工弯曲时，绝不允许超过最小的弯曲半径。

（2）光纤的抗拉强度比电缆小，因此，在操作光缆时，不允许超过各种类型光缆的抗拉强度。

（3）在光缆敷设好以后，在设备间和楼层配线间，将光缆捆接在一起，然后才进行光纤连接。可以利用光纤端接装置(OUT)、光纤耦合器、光纤连接器面板来建立模组化的连接。

（4）当敷设光缆工作完成后，及光纤交连和在应有的位置上建立互连模组以后，就可以将光纤连接器加到光纤末端上，并建立光纤连接。

（5）通过性能测试来检验整体通道的有效性，并为所有连接加上标签。

5.6.2　光缆布线技术

1．施工准备

（1）光缆的检验要求。

工程所用的光缆规格、型号、数量应符合设计的规定和合同要求。

① 光纤所附标记、标签内容应齐全和清晰。

② 光缆外护套须完整无损，光缆应有出厂质量检验合格证。

③ 光缆开盘后，应先检查光缆外观有无损伤，光缆端头封装是否良好。

④ 光纤跳线检验应符合下列规定：具有经过防火处理的光纤保护包皮，两端的活动连接器端面应装配有合适的保护盖帽；每根光纤接插线的光纤类型应有明显的标记，应符合设计要求。

(2) 配线设备的使用规定。

① 光缆交接设备的型号、规格应符合设计要求。

② 光缆交接设备的编排及标记名称，应与设计相符。各类标记名称应统一，标记位置应正确、清晰。

2. 建筑物内主干光缆的布线方法

综合布线系统中，光缆主要应用于干线子系统、建筑群子系统的场合。随着网络应用的快速发展，光纤到户、光纤到桌面技术应用工程也逐渐增多。光缆布线也采用独特且灵活的布线方式，即吹光纤布线技术。光缆垂直子系统布线技术在某些方面与主干电缆的布线技术类似，如采用两种相似的布线技术：向下垂放光缆和向上牵引光缆。

(1) 向下垂放光缆。

① 将光缆卷轴搬到建筑物的最高层。

② 在建筑物最高层距槽孔 1～1.5m 处安放光缆卷轴，使卷筒转动时能控制光缆布放，要将光缆卷轴置于平台上，以便保持在所有时间内都是垂直的。

③ 引导光缆进入槽孔，如果是一个小孔，则首先要安装一个塑料导向板，如图 5-88 所示，以防止光缆与混凝土摩擦，导致光缆损坏。

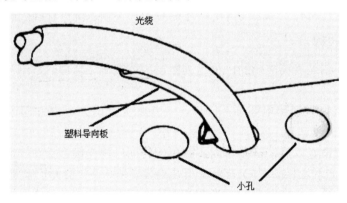

图 5-88　在小孔处安装塑料导向板

④ 如果要通过大孔洞布放光缆，则在孔洞的中心上方处安装一个滑轮，然后把光缆拉出，绞绕到滑轮上，如图 5-89 所示。

⑤ 慢慢地从卷轴上放光缆并进入孔洞向下垂放，注意不要快速地放光缆。

⑥ 继续向下布放光缆，直到下一层布线工人能将光缆引到下一个孔洞。

⑦ 按前面的步骤，继续慢慢地布放光缆，并将光缆引入各层的孔洞。

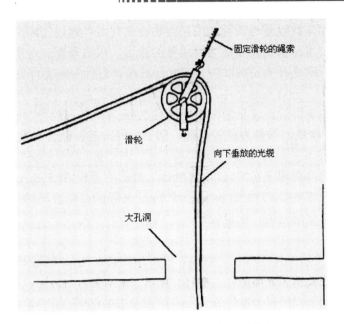

图 5-89　光缆绞绕在孔洞上方的滑轮上

(2)　向上牵引光缆。

向上牵引光缆与向下垂放光缆方向相反，其操作步骤如下。

①　先往绞车上穿一条拉绳。

②　启动绞车，并往下垂放一条拉绳，拉绳向下垂放，直到安放光缆的底层。

③　将光缆与拉绳牢固地绑扎在一起。

④　启动绞车，慢慢地将光缆通过各层的孔洞向上牵引。

⑤　光缆的末端到达顶层时，停止绞车。

⑥　在地板孔边沿上用夹具将光缆固定。

⑦　当所有连接制作好之后，从绞车上释放光缆的末端。

(3)　吊顶敷设光缆。

敷设光纤从弱电井到配线间的这段路径，一般采用走吊顶(电缆桥架)敷设的方式。

①　沿着光纤敷设路径打开吊顶。

②　利用工具切去一段光纤的外护套，并由一端开始的 0.3m 处环切光缆的外护套，然后除去外护套。

③　将光纤及加固芯切去，并掩盖在外护套中，只留下纱线。对须敷设的每条光缆重复此过程。

④　将纱线与带子扭绞在一起。

⑤　用胶布紧紧地将光缆护套缠住，缠绕长度为 20cm。

⑥　将纱线放到合适的夹子中去，直到被带子缠绕的护套全塞入夹子中为止。

⑦　将带子绕在夹子和光缆上，将光缆牵引到所需的地方，并留下足够长的光缆供后续处理用。

(4)　吹光纤布线技术。

目前最新的光纤布线方法就是吹光纤技术，它具有低成本，布放效率高等优点。首先根据光纤布线路由预先敷设塑料微管，当需要布设光纤时，通过压缩空气将光纤吹到空管道内。吹光纤布线技术目前已发展成为较成熟的技术，国内外都有运用吹光纤技术布线的综合布线工程实例。吹光纤系统由微管、吹光纤纤芯、附件和吹光纤安装设备组成。

① 微管。

微管有单微管和多微管。常见的微管规格有 5mm 和 8mm 两种。每一个微管组可由 2 根、4 根或 7 根微管构成，微管内壁较光滑，利于光纤纤芯在微管内吹动。

② 吹光纤纤芯。

吹光纤纤芯结构与普通光纤相同，吹光纤单芯纤芯有多模 62.5μm/125μm、50μm/125μm 和单模 8.3μm/125μm 三种。每根 5mm 外径或 8mm 外径的单微管同时最多可吹 8 芯光纤。吹光纤的表皮经特殊涂层处理，质量较轻，更利于吹动光纤。

③ 附件。

附件包括 19 英寸吹光纤配线架、跳线、光纤出线盒、用于微管间连接的陶瓷接头等。

④ 吹光纤安装设备。

常见的吹光纤安装设备是 BICC 公司生产的设备 IM2000，IM2000 由两个手提箱组成，总净重量不超过 35kg，便于携带和安装。该设备通过压缩空气，将光纤吹入微管内，吹制速度最高可达到 40m/min。

3. 主干光缆的施工

主干光缆一般采用管道敷设、直埋和架空的敷设方式。下面主要介绍的是管道敷设方式。在管道光缆敷设时，应注意以下要求。

(1) 在敷设光缆前，根据设计文件和施工图纸，对光缆穿放的选用管孔数和位置进行核对。如所选管需要改变(同一路由上的管孔位置不宜改变)，应取得设计单位的同意。

(2) 敷设光缆前，应逐段将管孔清刷干净并进行试通。清刷时，应用专制的清刷工具，清刷后，应用试通棒试通，检查合格，才可穿放光缆。如采用塑料子管，要求对塑料子管的规格、盘长进行检查，均应符合设计规定。一般塑料子管的内径为光缆外径的 1.5 倍，当一个水泥管管孔中布放两根以上的子管时，其子管等效总外径应小于管孔内径的 85%。

(3) 当穿放塑料子管时，其敷设方法与光缆敷设基本相同，但需要符合下列规定。

① 布放两根以上的塑料子管时，如管材已有不同颜色可以区别，其端头可不必做标志；若是无颜色的塑料子管，应在其端头做好区别的标志。

② 布放塑料子管的环境温度应在-5～35℃之间，在温度过低或过高时，应尽量避免施工，以保证塑料子管的质量不受影响。

③ 连续布放塑料子管的长不宜超过 300m，并要求塑料子管不得在管道中间有接头。

④ 牵引塑料子管的最大拉力，不应超过管材的抗张强度，牵引时的速度要求均匀。

⑤ 穿放塑料子管的水泥管管孔，应采用塑料管堵头在管孔处安装，使塑料子管固定。塑料子管布放完毕，应将子管口临时堵塞，以防异物进入管内。

(4) 光缆的牵引端头可以预制，也可在现场制作。为防止在牵引过程中发生扭转而损伤光缆，在牵引端头与牵引索之间应加装转环。

(5) 光缆采用人工牵引布放时，每个人孔或手孔应有人值守，帮助牵引；机械布放光缆时，须每个人孔均有人，但在转弯人孔处应有专人照看，整个敷设过程中，必须严密组织，并有专人统一指挥。牵引光缆的过程中，应有较好的联络手段，不应有未经训练的人员上岗和在无联络工具的情况下施工。

(6) 光缆一次牵引长一般不应大于 100mm。超长距离时，应采取将光缆盘成 8 字形，分段牵引，或在中间适当地点增加辅助牵引，以减小光缆张力和提高施工效率。

(7) 为了在牵引过程中保护光缆外护套等不受损伤，在光缆穿入管孔或管道转弯处或与其他障碍物交叉时，应采用导引装置或喇叭形保护管等保护。此外，根据需要，可在其四周加涂中性润滑剂等材料，以减少牵引光缆时的摩擦阻力。

(8) 光缆敷设后，应在人孔或手孔中逐步将光缆放置在规定的托板上，并应留适当余量，避免光缆过于绷紧。在人孔或手孔中的光缆需要接续时，其预留长度应符合规定。在设计中，如有要求做特殊预留的长度，应按规定位置妥善放置(如预留光缆是为了将来引入新建的建筑物中)。

(9) 光缆在管道中间的管孔内不得接头。当光缆在孔中没有接头时，要求光缆弯曲放置在电缆托板上固定绑扎，不得在人孔中间直接通过，否则既影响今后施工和维护，又对光缆增加损害机会。

(10) 光缆穿过人孔或手孔中时，均应放在人孔或手孔的铁架托板上予以固定绑扎，并应按设计要求采取保护措施。保护材料可以采用蛇形软管、塑料管等管材。

(11) 光缆穿过人孔或手孔时，应注意以下几点。

① 光缆穿放的管孔出口端应封堵严密，以防水分或杂物进入管内。

② 光缆及其接续应有识别标志，标志内容有编号、光缆型号和规格等。

③ 在严寒地区应按设计要求采取防冻措施，以防光缆受冻损伤。

④ 如光缆有可能被碰损伤，可在其上面或周围设置绝缘板隔断，以便保护。

5.6.3 光纤的端接与接续

光缆连接是综合布线系统工程中极为重要的施工项目，按其连接类型，可分为光缆接续、光缆端接两类。它们虽然都是光缆连接形成的光通路，但有很大的区别。

光缆接续是光缆互相直接连接，中间没有任何设备，它是固定接续；光缆端接是中间安装设备，例如光缆接线箱(LIU，又称光纤互连装置)、光缆接续箱和光缆配线架(LGX，又称光纤接线架)，光缆的两端分别连接在这些设备上，利用光纤跳线或连接器进行互连或交叉连接，形成完整的光通路，它是活动接续。

因此，它们的施工内容和技术要求也各有其特点。在任何一个综合布线系统中，如果采用光缆传输，必然有光缆接续的施工内容，包括光纤接续、铜导线、金属护层和加强芯的连接、接头损耗测量、接头套管(盒)的封合安装以及光缆接头的保护措施的安装等。

上述施工内容均应按操作顺序依次进行，以确保施工质量。光缆端接的施工内容一般不包括光缆终端设备的安装。主要是光缆本身弹簧部分，通常是光缆布置(包括光缆端接的位置)、光纤整理和连接器的制作、金属护层和加强芯的终端和接地等施工内容。

目前国内、外生产厂商提供的光缆端接设备在产品结构和连接方式上有所区别，其附件也有所不同。因此，在光缆端接的施工内容方面会有些差别，应根据选用的光缆端接设备和连接硬件的具体情况予以调整和变化，也不可能与上面的叙述完全一致。

1. 光缆接续和端接施工前的准备要求

(1) 在光缆连接施工前，应核对光缆的规格及程式等，是否与设计要求相符。如有疑问，必须查询清楚，确认正确无误后才能施工。

(2) 对光缆的端别必须剥开光缆检验识别，要求必须符合规定。光缆端别的识别方法是观看光缆截面，由领色光纤为首(领色规定应根据生产厂家提供的产品说明书或有关标准规定)，按顺时针方向排列时为 A 端，相反为 B 端。如光缆中有铜导线组时，铜导线端别识别方法应与光纤端别的识别规定一致。经核对，光纤和铜导线的端别均正确无误后，应按顺序进行编线，并做好永久性标记，以便施工和今后维修检查。

(3) 要对光缆的预留长度进行核实，应当在光缆接续和光缆端接位置比较合理的前提下，要求在光缆接续的两端和光缆端接设备的两侧，预留的光缆长度必须留足，以利于光缆接续。按规定预留在光终端设备两侧的光缆，可以预留在光终端设备机房主干或电缆进线室，视具体情况而定。预留光缆应选择安全位置，当有处于易受外界损伤的段落时，应采取切实有效的保护措施(如穿管保护等)。

(4) 光缆接续或端接前，应检查光缆(在光缆接续时，应检查光缆的两端)的光纤和铜导线(如为光纤和铜导线组合光缆)的质量，在确认合格后，方可进行接续或端接。光纤质量主要是光纤常数、光纤长度等；铜导线质量主要是电气特性等各项指标。

(5) 由于光缆接续和光缆端接都要求光纤端面极为清洁光亮，以确保光纤连接后的传输特性良好。因此，对光缆连接时的所在环境要求极高，必须整齐有序、清洁干净。在室内应是干燥无尘、温度适宜、清洁干净的机房；在室外，应在专用光缆接续作业车或工程车内。如因具体条件限制，也应在临时搭盖的帐篷内进行施工操作，严禁在有粉尘的地方进行作业。在光缆接续和端接过程中，应特别注意防尘、防潮和防震。光缆各连接部位和工具及材料应保持清洁干净，施工操作人员在施工作业过程中应穿工作服，戴工作帽，以确保连接质量和密封效果。对于采用填充材料的光缆，在光缆连接前，应采用专制的清洁剂等材料去除填充物，并应擦洗干净，不得留有残污和遗渍，以免影响光缆的连接质量。在施工现场对光缆的整理清洁过程中，严禁使用汽油等易燃剂清洁，尤其在室内更不应使用，以防止发生火灾。

(6) 在室外进行光缆接续工作时，如遇风、雷、雨、雪等潮湿多尘的天气，必须立即停止施工，以免影响光纤接续质量。

(7) 在室外进行光缆接续应连续作业，以确保光纤接续质量良好。当日确实无法全部完成光缆接头时，应采取切实有效的保护措施，不得使光缆内部受潮或受外力损伤。

(8) 光缆连接施工的全过程，都必须严格执行操作规程中规定的工艺要求。例如，在切断光缆时，必须使用光缆切断器切断，严禁使用钢锯，以免拉伤光纤。严禁用刀片去除光纤的一次涂层，或用火焰燃烧外护套。应根据光缆接头套管的工艺尺寸要求，剥开一定的长度，不宜过长或过短。在剥除外护套的过程中，不应损伤光纤，以免留有后患。

2. 光缆的接续

光缆的接续包含光纤接续、铜导线、金属护层和加强芯的连接、接头套管的封合安装等。在施工时，应分别按其操作规定和技术要求执行。

目前，光纤接续有熔接法、粘接法和冷接法，一般采用熔接法，具体流程如图 5-90 所示。无论选用哪种接续方法，为了降低连接损耗，在光纤接续的全部过程中，应进行质量监控。具体可参考《光纤数字传输系统工程施工及验收暂行技术规定》(YDJ 44—1989)中的规定。在光纤接续中，应按以下要求施工。

(1)　在光纤接续中，应严格执行操作规程的要求，以确保光纤接续的质量。光纤接续采用熔接法。

(2)　使用光纤熔接前，应严格遵守厂家提供的使用说明及要求，每次熔接作业前，应将光纤熔接机的有关部位清洁干净。

(3)　在光纤熔接前，必须将光纤按要求切割，务必合格，才能将光纤进行熔接。在光纤接续时，应按两端光纤的排列顺序一一对应接续，不得接错。

(4)　在光纤接续的全过程中，尤其是使用的光纤熔接机缺乏接续质量检验功能，或有检验功能但不能保证光纤接续质量时，应在接续过程中使用光时域反射仪进行监测，务必使光纤接续损耗符合规定要求。

(5)　熔接完成并测试合格后，对光纤接续部位，应立即做增强保护措施。目前增强保护方法有热胀缩管法、套管法和 V 形槽法，较常用的是热胀缩管法。

(6)　光纤接续的全过程中，光纤护套涂层的去除及去污垢、光纤端面切割、光纤熔接、热胀缩管的加强保护等施工作业，应持续完成，不得任意中断。使光纤接续程序完整而正确实施，确保光纤接续质量优良。

(7)　光纤全部连接完成后，应按下列要求将光纤接头固定和光纤余长收容盘放。

光纤接续应按顺序排列整齐，布置合理，并应将光纤接头固定；光纤接头部位应平直安排，不应受力，具体要求如下。

①　余长的光纤盘绕弯曲时的曲率半径应大于厂家规定的要求，一般收容时半径不应小于 40mm，光纤收容余长的长度不应小于 1.2m。

②　光纤盘留后，按顺序收容，严禁有扭绞、受压现象，应用海绵等缓冲材料压住光纤，形成保护层，并移放在接头套管中。

③　光纤接续的两侧余长应粘贴上光纤芯的标记，以便今后检测时备查。

(8)　光纤接续损耗值应符合设计要求和表 5-5 的内容。

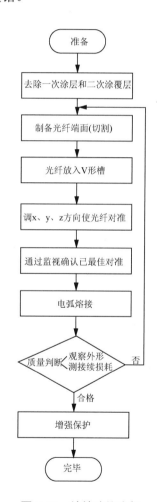

图 5-90　熔接法的流程

(9)　综合布线系统的光缆端接一般都在设备上或专制的端接盒内，在设备上是利用其装设的连接硬件，如耦合器、适配器等器件，使光纤互相进行连接。端接盒则采用光缆尾纤与盒内的光纤连接器连接。

表 5-5　光纤接续损耗值设计规范

		多模光纤接续损耗(dB)		单模光纤接续损耗(dB)	
		平　均　值	最　大　值	平　均　值	最　大　值
光纤接续方法	熔焊法	0.15	0.30	0.15	0.30
	机械接续法	0.15	0.30	0.20	0.30

这些光纤连接方式都是采用活动接续，分为光纤交叉连接(又称光纤跳接)和光纤互相连接(简称光纤互连，又称光纤对接)两种。现分别叙述其特点和具体情况。

①　光纤交叉连接与铜导线电缆在建筑物配线架或交接箱上进行跳线是基本相似的，它是一种以线缆端接设备为中心，对线路进行集中管理的设施。是为了便于线路维护管理而考虑的设置，既可简化光纤连接，又便于重新配置、新增或拆除线路等调整工作。一般采用两端均装有连接器的光纤跳线或光纤跨接线，在端接设备上不安装耦合器、适配器或连接器面板进行插接，使端接在设备上的输入和输出光缆互相连接，形成完整的光通路。这些光缆端接设备较多，有光缆配线架(LGX)、光缆接线箱(LIU)、光缆端接架、光缆互连单元和光缆端接盒等多种类型和器种，应根据它们的规格和敷设方式等来考虑。

②　光纤互相连接简称光纤互连，又称光纤对接，它是综合布线系统中较常用的光纤连接方法，有时，它也可作为线路管理使用。其主要特点是直接将来自不同的光缆的光纤，例如分别是输入端和输出端的光纤，通过连接套箍互相连接，在中间不必通过光纤跳线或光纤跨接线连接。因此，在综合布线系统中，如果不是考虑对线路进行经常性的调整工作，为了降低光能量的损耗，常常使用光纤互连模块，因为光纤互相连接的光能损耗远比光纤交叉连接小。光纤互相连接是固定对应连接，灵活运用性差，但其光能量损耗较小，这两种连接方式应根据网络需要和设备配置来决定选用。

这两种连接方式所选用的连接硬件，均有用作插接连器的光纤耦合器(如 ST 耦合器)、固定光纤耦合器的光纤连接器面板或嵌板等装置以及其他附件。此外，还有识别线路的标志，这些都是在光纤端接处必须具备的元器件。具体数量的配置和安装方法因生产厂家的产品不同而有所区别，在安装施工时，必须加以了解和熟悉。

3．光缆和光纤端接的基本要求

(1)　在光缆端接的设备机房内，光缆和光缆终端接头的布置应合理有序，安装位置应安全稳定，其附近不应有可能损害它的外界设施，例如热源和易燃物质等。

(2)　为保证连接质量，从光缆终端接头引出的尾巴光缆所带的连接器，应按设计要求和规定插入光纤配线架上的连接硬件中。如暂时不用的光纤连接器，可以不插接，应在连接器插头端盖上塑料帽，以保证其清洁干净。

(3)　光纤在机架或设备内(如光纤连接盒)，应对光纤接续予以保护。光纤连接盒有固定和活动两种方式(如抽屉式、翻转式、层叠式和旋转式等)，不论在哪种光纤接续装置中，光纤盘绕应有足够的量，都应大于或符合规定的曲率半径，以保证光纤正常运行。

(4)　利用室外光缆中的光纤制作连接器时，其制作工艺应严格按照操作规程执行，光纤芯径与连接器接头的中心位置的同心度偏差应达到以下要求(采用光显微镜或数字显微镜检查)：多模光纤同心度偏差应小于或等于 $3\mu m$；单模光纤同心度偏差应小于或等于 $1\mu m$。

(5) 其连接的接续损耗也应达到规定指标。如上述两项不能达到规定指标，尤其是超过光纤接续损耗指标时，不得使用，应剪掉接续重新制作，务必合格才准许使用。

5.6.4 光缆连接器安装

1. ST型护套光纤现场安装方法与步骤

(1) 打开材料袋，取出连接体和后壳罩。

(2) 转动安装平台，使安装平台打开，用所提供的安装平台底座，把安装工具固定在一张工作台上。

(3) 把连接体插入安装平台插孔内，释放拉簧朝上。把连接体的后壳罩向安装平台插孔内推，当前防护罩全部被推入安装平台插孔后，顺时针旋转连接体1/4圈，并锁紧在此位置上，防护罩留在上面。

(4) 在连接体的后罩壳上拧紧松紧套(捏住松紧套有助于插入光纤)，将后壳罩带松紧套的细端先套在光纤上，挤压套管也沿着芯线方向向前滑。

(5) 用剥线器从光纤末端剥去长40～50mm外护套，护套必须剥得干净，端面成直角。

(6) 将纱线头集中拢向900μm缓冲光纤后面，在缓冲层上做第一个标记(如果光纤直径小于2.4mm，在保护套末端做标记，否则在束线器上做标记)；在缓冲层上做第二个标记(如果光纤直径小于2.4mm，就在6mm和17mm处做标记；否则就在4mm和15mm处做标记)。

(7) 在裸露的缓冲层处拿住光纤，把离光纤末端6mm或11mm标记处的900μm缓冲层剥去。为了不损坏光纤，从光纤上一小段一小段地剥去缓冲层；握紧护套可以防止光纤移动。

(8) 用一块蘸有酒精的纸或布小心地擦洗裸露的光纤。

(9) 将纱线抹向一边，把缓冲层压在光纤切割器上，用镊子取出废弃的光纤，并妥善地置于废物瓶中。

(10) 把切割后的光纤插入显微镜的边孔里，检查切割是否合格。把显微镜置于白色面板上，可以获得更清晰明亮的图像；还可用显微镜的底孔来检查连接体的末端套圈。

(11) 从连接体上取下后端防尘罩。

(12) 检查缓冲层上的参考标记位置是否正确。把裸露的光纤小心地插入连接体内，直到感觉光纤碰到了连接体的底部为止，用固定夹子固定光纤。

(13) 按压安装平台的活塞，慢慢地松开活塞。

(14) 把连接体向前推动，并逆时针旋转连接体1/4圈，以便从安装平台上取下连接体。把连接体放入打褶工具，并使之平直。用打褶工具的第一个刻槽，在缓冲层上的"缓冲褶皱区域"打上褶皱。

(15) 重新把连接体插入安装平台插孔内并锁紧。把连接体逆时针旋转2/8圈，小心地剪去多余的纱线。

(16) 在纱线上滑动挤压套管，保证挤压套管紧贴在连接到连接体后端的扣环上，用打褶工具中间的那个槽给挤压套管打褶。

(17) 松开芯线，将光纤弄直，推后罩壳使之与前套结合。正确插入时，能听到一声轻微的响声，此时，可从安装平台上卸下连接体。

2．SC型护套光纤器现场安装方法与步骤

SC型护套光纤器现场安装方法与步骤如下。

(1) 打开材料袋，取出连接体和后壳罩。

(2) 转动安装平台，使安装平台打开，用所提供的安装平台底座，把安装工具固定在一张工作台上。

(3) 把连接体插入安装平台插孔内，释放拉簧朝上。把连接体的后壳罩向安装平台插孔内推，当前防尘罩全部被推入安装平台插孔后，顺时针旋转连接体1/4圈，并锁紧在此位置上，防尘罩留在上面。

(4) 将松紧套套在光纤上，挤压套管也沿着芯线方向向前滑。

(5) 用剥线器从光纤末端剥去长约40～50mm外护套，必须剥干净，端面成直角。

(6) 将纱线头集中拢向900μm缓冲光纤后面，在缓冲层上做第一个标记(如果光纤直径小于2.4mm，在保护套末端做标记；否则在束线器上做标记)；在缓冲层上做第二个标记(如果光纤直径小于2.4mm，就在6mm和17mm处做标记；否则，就在4mm和15mm处做标记)。

(7) 在裸露的缓冲层处拿住光纤，把光纤末端到第一个标记处的900μm缓冲层剥去。为了不损坏光纤，从光纤上一小段一小段地剥去缓冲层；握紧护套可以防止光纤移动。

(8) 用一块蘸有酒精的纸或布小心地擦洗裸露的光纤。

(9) 将纱线抹向一边，把缓冲层压在光纤切割器上，从缓冲层末端切割出7mm光纤。用镊子取出废弃的光纤，并妥善地置于废物瓶中。

(10) 把切割后的光纤插入显微镜的边孔里，检查切割是否合格。把显微镜置于白色面板上，可以获得更清晰明亮的图像；还可用显微镜的底孔来检查连接体的末端套圈。

(11) 从连接体上取下后端防尘罩并扔掉。

(12) 检查缓冲层上的参考标记位置是否正确。把裸露的光纤小心地插入连接体内，直到感觉光纤碰到了连接体的底部为止。

(13) 按压安装平台的活塞，慢慢地松开活塞。

(14) 小心地从安装平台上取出连接体，以松开光纤，把打褶工具松开放置于多用工具突起处并使之平直，使打褶工具保持水平，并适当地拧紧(听到三声轻响)。把连接体装入打褶工具的第一个槽，多用工具突起指到打褶工具的柄，在缓冲层的缓冲褶皱区用力打上褶皱。

(15) 抓住处理工具(轻轻)拉动，使滑动部分露出约8mm，取出处理工具并扔掉。

(16) 轻轻朝连接体方向拉动纱线，并使纱线排整齐，在纱线上滑动挤压套管，将纱线均匀地绕在连接体上，从安装平台上小心地取下连接体。

(17) 抓住主体的环，使主体滑入连接体的后部，直到它到达连接体的挡位。

本 章 小 结

作为一名综合布线工程技术人员，必须熟悉综合布线工程实施的每个环节，掌握管槽施工和线缆布线技术的细节，特别要熟练掌握模块端接、信息插座安装、模块化数据配线

架安装、光缆传输系统施工、光纤连接器端接、光纤接续等安装技术。要掌握各类线缆、管槽及布线设备的安装方法，应在施工前认真阅读厂家说明书，以熟悉具体安装步骤，最好在施工前能逐一操作一遍，以掌握具体的安装工艺。

本 章 实 训

实训一　管槽安装及电缆布放

1．实训目的

通过本次实训，学生将能够：

● 了解常用管槽安装工具的种类，熟悉其基本功能和性能，掌握其使用方法。
● 了解常用布线材料的品种和规格，掌握其用途。
● 了解并掌握双绞线电缆的施工要求，按标准完成管槽的安装和线缆的布放。

2．实训内容

(1) 弯管器的使用。
(2) 管槽的安装。
(3) 线缆的布放。

3．实训步骤

(1) 认识管槽材料。
(2) 认识管槽安装工具。
(3) 学习弯管器的使用方法。
(4) 管槽安装。
① 按实际长度，对管槽进行切割。
② 按要求将管槽安装到墙上。
(5) 布放电缆。
(6) 整理器材和工具。

4．实训总结

管槽布线是综合布线施工中最常使用的一种布线方式，只有掌握好该方式，才能更好地完成布线施工。

实训二　配线电缆端接

1．实训目的

通过本次实训，学生将能够：

● 熟练掌握 T568-A 和 T568-B 国际标准线序的制作规范，掌握信息插座卡接方法。
● 掌握快捷式配线架的打线方法。
● 掌握铜缆端接工具的使用方法。

2. 实训内容

卡接信息模块和 PatchMax 快捷式配线架成端(配线电缆的一端终接于信息插座的信息模块上，另一端端接于楼层配线架上)。

3. 实训仪表和器材

所需的实训仪表和器材如下：

- 电缆剥线器　　　　　　　1个
- 单芯冲压工具　　　　　　1把
- 剪线钳　　　　　　　　　1把
- PatchMax 配线架(24 口)　　1个
- 4 对 UTP 电缆(10m)　　　1条
- 信息插座(带数据模块)　　2个
- 4 对 UTP 跳线(直连)　　　2条
- Fluke 测试仪或能手　　　1台

4. 打线标准

非屏蔽4对双绞线(UTP)电缆的连接都是按标准来进行的。在4对双绞线电缆的连接中，要求配线架端和信息插座端均按照 T568-A 或 T568-B 规则打线，正确连接的结果应该是两端线序对应，不能产生错接、反接、串扰等现象。

5. 实训步骤

(1) 信息插座的卡接。

① 将信息插座面板上的固定螺钉拧开，把 86×86 的底盒用木螺丝固定在工作台上，然后将 UTP 电缆从底盒的入线口拉出 20～30cm。

② 用剥线器剥去电缆的外护套 10cm。

③ 将电缆按 T568-B 的线序对应模块上的色谱把芯线排列到信息模块的卡线槽上。

④ 将排列好的芯线卡入模块的卡线槽中。

⑤ 使用单芯打线枪对准线槽进行卡接，将多余的线头切断，严禁用手或其他工具将多余线头扭断(或用力将模块的盖板压入，使芯线卡接。注：不同种类模块各异)。

(2) 卡接 PatchMax 配线架。

① 将 PatchMax 配线架用螺丝固定于机架上，卡进 T568-B 的色标条。

② 将 4 对 UTP 电缆引入 PatchMax 配线架内，比好卡接和预留的电缆长度，用扎带将电缆固定于配线架上，做好切割电缆外护套标记。

③ 在标记处环切电缆外护套层，并将其退出。

④ 松开电缆中的芯线，但保持每对线原扭绞状态不变，按顺序分色。

⑤ 将 4 对线卡入配线架的相应色标处(可以先左边第 1 口)。

⑥ 然后用单芯冲压工具(单对打线工具)垂直地对准卡线槽口用力压下，听到"啪"的一声即可，特别注意冲压工具有切刀的一边必须在芯线末端这边，将不需要的部分切掉，拔出冲压工具，再打下一条线，打完8根线为止。

⑦ 用 Fluke 测试仪或能手检测电缆卡接质量。

6. 注意事项

(1) 卡接线对时，应保持接线工具垂直于模块正表面均匀加力，不应上下左右偏斜，不能用力强行将导线卡入，否则容易伤及导线或使导线扭断，也有可能使模块损坏，出现隐患。

(2) 导线接续完毕后，为保证导线和簧片接触的可靠性和气密性。应目测导线是否正确卡入槽口底部和有无异样，如有问题，应重新卡接，以确保连接质量。

(3) 切记，线对的排列次序应与色标一致。

复习自测题

1. 填空题

(1) 暗敷管路如必须转弯时，其转弯角度应大于_____。暗敷管路的曲率半径不应小于该管路外径的_____倍。

(2) 线槽内布设的电缆容量不应超过线槽截面积的_____。

(3) 在竖井中敷设干线电缆的方式一般有_____和_____。

(4) 信息模块的端接遵循的两种标准是_____和_____。

(5) 光纤连接器的制作工艺主要有_____和_____两种方式。

(6) 综合布线系统中常见的 RJ45-RJ45 跳线主要有_____和_____两类。

(7) 光纤连接器最常见的有_____连接器和_____连接器两类。

2. 简答题

(1) 简述综合布线工程施工前准备工作的主要内容。

(2) 简述 T568-A 标准和 T568-B 标准所规定的线序。为什么模块端接、模块化配线架安装必须采用这两种标准之一？

(3) 简述光纤熔焊的技术要点。

第6章 综合布线系统的测试技术

综合布线工程实施完成后，需要对布线工程进行全面的测试工作，以确保系统的施工质量达到设计要求，同时，向用户证明他们的投资得到了应有的质量保证。

对于采用了5类以上电缆及相关终端连接的综合布线系统来说，如果不使用高精度的仪器进行系统测试，很可能会在传输高速数据时出现问题。

本章介绍综合布线测试的类型、标准、模型、参数，常用测试仪器的功能与使用方法，以及双绞线和光纤的测试技术。

通过本章的学习，学生将能够：
- 掌握测试的类型、标准、模型。
- 理解常用测试参数的定义，并熟悉其指标要求。
- 会使用常用的线缆测试仪器进行布线系统的验收和认证测试。
- 学会综合布线系统的双绞线传输通道测试和光缆传输通道测试。

本章的核心概念： 验证测试、认证测试、测试模型、测试参数。

6.1 测 试 概 述

众所周知，要提高综合布线工程的施工质量，不仅需要一支经过专门训练、实践经验丰富的施工队伍来完成施工任务，而且需要一套科学有效的测试方法来监督和保障工程的施工质量。为此，需要了解综合布线系统的测试类型、有关测试标准和测试内容。

6.1.1 测试类型

综合布线工程测试一般分为两类：验证测试和认证测试。

1. 验证测试

验证测试又称为随工测试，指施工人员在施工过程中边施工边测试，主要是检测线缆质量和安装工艺，及时发现并纠正施工过程中随机产生的问题，不至于等到工程完工时才发现问题，避免重新返工。因为在工程竣工检查中，短路、反接、线对交叉、链路超长等问题占整个工程质量问题的80%左右，这些质量问题在施工过程中通过重新端接、调换线缆、修正布线路由等措施，比较容易解决，而如果到了工程完工验收阶段出现这些问题，解决起来是十分困难的。

验证测试一般不需要使用复杂的测试设备，只要有能满足测试接线图和线缆长度的测试仪即可。如美国Fluke网络公司的MicroTools系列产品等。

2. 认证测试

认证测试又称验收测试或竣工测试，是所有测试环节中最重要的一项内容，也是最为全面和细致的一项测试。它是指在工程验收时对布线系统的电气特性、传输性能等进行全面检测，以确定布线是否达到有关规定所要求的标准。认证测试是评价一个综合布线工程设计水平和工程质量总体水平的行之有效的手段，所以，综合布线系统必须进行认证测试。认证测试通常分为两种类型：自我认证测试和第三方认证测试。

(1) 自我认证测试是由施工方自行组织，按照设计施工方案对工程所有链路进行测试，从而确保每一条链路都符合标准要求。如果发现有未达标链路，应进行整改，直到复测合格为止。这种测试可以由设计、施工、监理多方参与，建设方也应派遣网络管理人员参加，了解整个测试过程。这种测试数据应按相关要求编制成测试技术档案，写出测试报告，交给建设方存档，以方便日后管理和维护布线系统。

(2) 第三方认证测试是指在进行了施工方自我认证测试后，委托第三方对系统进行的认证测试。由于综合布线工程的质量将直接影响用户的计算机网络是否按设计要求顺利开通，而且随着千兆以太网布线系统的普及和光纤在综合布线系统中的大量应用，工程施工工艺要求越来越高，因此，越来越多的用户既要求布线施工方提供布线系统的自我认证测试，同时，也委托第三方对系统进行认证测试，以确保布线系统施工的质量。这是对综合布线系统质量验收管理的规范化做法。

6.1.2 测试标准

综合布线工程的测试必须按照一定的标准或规范来进行。目前，综合布线中所遵循的测试标准主要出自北美的工业技术标准化委员会 ANSI/TIA/EIA、国际标准化委员会 ISO/IEC 以及欧洲标准化委员会 CENELEC。其中，ANSI/TIA/EIA 标准属于北美标准系列，在全世界一直起着综合布线系统规范化的导向作用。

国际上第一部综合布线系统现场测试的技术规范是由 ANSI/TIA/EIA 于 1995 年 10 月发布的《现场测试非屏蔽双绞线(UTP)电缆布线系统传输性能技术规范》(TSB-67)。它是标准 TIA/EIA 568-A 的一个附本，提供了一个用于认证双绞线电缆是否达到 5 类线要求的标准，适用的布线系统是在一条线缆的两对线上传输数据，可利用的最大带宽为 100MHz，最高支持 100Base-T 以太网。该标准规定的 5 类电缆布线现场测试参数主要有接线图、长度、近端串扰和衰减 4 项。而 ISO/IEC 11801 标准规定的 5 类电缆布线现场测试参数主要有接线图、长度、近端串扰、衰减、衰减串扰比和回波损耗。

随着网络传输速度和综合布线技术的迅速发展，综合布线测试标准也不断修订和完善。为了保证 5 类电缆线能支持千兆以太网，ANSI/TIA/EIA 于 1999 年 10 月发布了《100Ω 4 对 5 类线附加传输性能指南》(TSB-95)，提出了回波损耗、等效远端串扰、传输延迟等千兆以太网所要求的测试指标。随着超 5 类(Cat5e)布线系统的广泛应用，1999 年 11 月，ANSI/TIA/EIA 又公布了《100Ω 4 对增强 5 类布线传输性能规范》（ANSI/TIA/EIA568-A5—2000)，作为超 5 类 D 级双绞线电缆系统的现场测试标准，该标准规定的超 5 类电缆系统的测试内容既包括接线图、长度、衰减和近端串扰这 4 项基本测试项目，也包括回波损耗、衰减串扰比、综合近端串扰、等效远端串扰、综合远端串扰、传输延迟、直流环路电阻等参数。2002 年 6 月，ANSI/TIA/EIA 发布了支持 6 类(Cat6)布线标准的 ANSI/TIA/EIA 568-B，该标准取代了 ANSI/TIA/EIA 568-A 标准和所有附录，包括 5 类、超 5 类和 6 类电缆系统要求。568-B 标准从结构上分为 3 部分：568-B.1 为综合布线系统总体要求，主要包含了电信综合布线系统设计原理、安装准则以及与现场测试相关的内容；568-B.2 为平衡双绞线布线组件，主要包含组件规范、传输性能、系统模型以及用户验证电信布线系统的测量程序相关的内容；568-B.3 为光纤布线组件，主要包含与光纤电信布线系统的组件规范和传输相关要求的内容。

ANSI/TIA/EIA 568-B.2-1 是 ANSI/TIA/EIA 568-B.2 的增编，它详细规定了 6 类布线系统所需测试的参数，包括接线图、长度、衰减、近端串扰、传输延迟、延迟偏离、直流环路电阻、综合近端串扰、回波损耗、等效远端串扰、综合等效远端串扰和综合衰减串扰比等，要求的测试频率范围是 1～250MHz，对于每一条链路测试，都应当全部包含这些参数。

6 类标准中使用了一些新的术语，如将用于表示链路与通道上的信号损失量的参数"衰减"改名为"插入损耗"，将测试模型中的"基本链路"重新定义为"永久链路"。该标准后来被国际标准化组织(ISO)批准，标准号为 ISO 11801—2002，成为 6 类 E 级双绞线电缆系统的现场测试标准。

2008 年 10 月发布了最新的 ANSI/TIA/EIA 568-C 标准，该标准分为 4 个部分：568-C.0 为用户建筑物通用布线标准、568-C.1 为商业楼宇电信布线标准、568-C.2 为平衡双绞线电信布线和连接硬件标准、568-C.3 为光纤布线和连接硬件标准。

其中的 568-C.2 标准针对铜缆连接硬件标准 568-B.2 进行了修订，主要是为铜缆布线生产厂家提供具体的生产技术指标，所有有关铜缆的性能和测试要求都包括在这个标准文件中，其中的性能级别将主要支持 3 类：超 5 类、6 类、扩展 6 类。在新标准中，对部分测试参数也进行了修订，如将衰减串扰比改为衰减近端串扰比，将等效远端串扰改为衰减远端串扰比等。

TIA 系列布线标准，过去、现在都对我国的布线行业有着巨大的影响，在此基础上，我国于 2000 年推出了《建筑与建筑群综合布线系统工程验收规范》(GB/T 50312—2000)，该标准制定了 5 类综合布线工程测试及验收方法，规定 5 类电缆布线的测试内容分为基本测试项目和任选测试项目，基本测试项目有长度、接线图、衰减和近端串扰；任选测试项目有衰减串扰比、环境噪声干扰强度、传输延迟、回波损耗、特性阻抗和直流环路电阻等内容。目前使用的最新国家标准为《综合布线系统工程验收规范》(GB 50312—2007)，该标准包括目前使用最广泛的 5 类电缆、超 5 类电缆、6 类电缆和光缆的测试方法。

6.1.3 测试模型

在 TSB-67 标准和 ANSI/TIA/EIA 568-B 标准中，分别定义了两种认证测试模型，而在我国国家标准《综合布线系统工程验收规范》(GB 50312—2007)中，规定了 3 种测试模型：基本链路模型、信道模型和永久链路模型，3 类和 5 类布线系统按照基本链路模型和信道模型进行测试，超 5 类和 6 类布线系统按照永久链路模型和信道模型进行测试。3 个标准规定的测试模型比较如表 6-1 所示。

表 6-1 TSB-67、TIA/EIA 568-B 和 GB 50312—2007 中测试模型的区别

TSB-67	TIA/EIA 568-B	GB 50312—2007	
		3 类、5 类	超 5 类、6 类
基本链路	永久链路	基本链路	永久链路
信道	信道	信道	信道

1. 基本链路模型

基本链路包括最长 90m 的建筑物中固定的水平电缆、水平电缆两端的接插件(一端为工作区信息插座,另一端为楼层配线架)和两条与现场测试仪相连的各 2m 长的测试设备跳线。基本链路模型如图 6-1 所示。

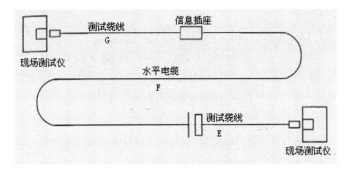

图 6-1　基本链路模型

图 6-1 中,G、E 是测试设备跳线,F 是信息插座至配线架之间的电缆,由综合布线施工承包商负责安装,链路质量由其负责,所以基本链路又被称为承包商链路。

2. 信道模型

信道是指从网络设备跳线到工作区跳线间端到端的连接,它包括最长为 90m 的建筑物中固定的水平电缆、水平电缆两端的接插件(一端为工作区信息插座,另一端为楼层配线架)、一个靠近工作区的可选的附属转接连接器、最长为 10m 的在楼层配线架上的两处连接跳线和最长为 100m 的用户终端连接线。信道模型如图 6-2 所示。

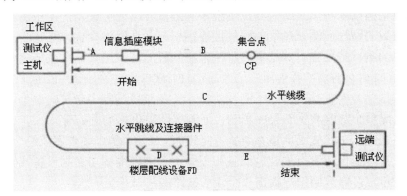

图 6-2　信道模型

图 6-2 中,A 是用户端连接跳线,B 是转接电缆,C 是水平电缆,D 是最长 2m 的跳线,E 是配线架到网络设备间的连接跳线,B 和 C 总计最大长度为 90m,A、D 和 E 总计最大长度为 10m。信道测试的是网络设备到计算机间端到端的整体性能,这是用户所关心的,故信道又称为用户链路。

> **注意**:在 TIA/EIA 568 标准中,信道链路包括 4 连:墙上插座、CP 点、C1 点、C2 点,信道模型的起始点和终点不包括跳线的插头。

基本链路和信道的区别，在于基本链路不包含用户使用的跳接电缆(配线架与交换机或集线器间的跳线、工作区用户终端与信息插座间的跳线)，而信道是作为一个完整的端到端链路定义的，包括连接用户跳接电缆。测试基本链路时，采用测试仪专用的测试跳线连接的测试接口；测试信道时，直接使用链路两端的跳接电缆连接测试仪接口。

3．永久链路模型

在 ANSI/TIA/EIA 568-B.2-1 和 ISO/IEC 11801—2002 定义的超 5 类、6 类标准中，放弃了基本链路的定义，而采用了永久链路的定义。永久链路又称为固定链路，它由最长 90m 的水平电缆、水平电缆两端的接插件(一端为工作区信息插座，另一端为楼层配线架)和链路可选的转接连接器组成。永久链路模型如图 6-3 所示。

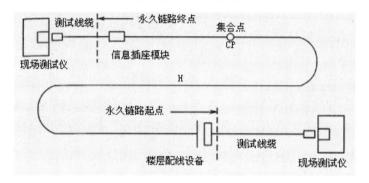

图 6-3　永久链路模型

图 6-3 中，H 是信息插座至楼层配线设备(包括集合点)的水平电缆，其最大长度为 90m。

永久链路和基本链路的区别是，永久链路不包括测试时两端引入的 2m 长测试跳线，而基本链路包括两端的测试跳线。测试跳线是与测试设备配套使用的，虽然其品质很高，但随着测试次数的增加，测试跳线的电气性能指标可能会发生变化，导致测试误差，这种误差包含在总的测试结果中，其结果会直接影响到总的测试结果。永久链路测试模型用永久链路适配器(如 Fluke DTX 系列测试仪为 DTX-PLA002S)连接测试仪和被测链路，测试仪能自动排除测试跳线的影响，排除了测试跳线本身在测量过程中带来的误差，从技术上消除了测试跳线对整个链路测试结果的影响，使测试结果更加准确、合理。

永久链路是综合布线施工单位必须负责完成的。通常，施工单位完成综合布线工作后，所要连接的设备、器件还没有安装，而且并不是所有的电缆都连接到设备或器件上，所以综合布线施工单位可能只向用户提出一个永久链路的测试报告。

从用户的角度来说，用于高速网络的传输或其他通信传输时的链路不仅仅要包含永久链路部分，而且还要包括用于连接设备的用户电缆，所以，他们希望得到一个基于信道模型的测试报告。无论哪种报告，都是为了认证该综合布线的链路是否可以达到设计的要求，两者只是测试的范围和定义不一样。

总之，永久链路针对布线商，通道链路针对最终用户；永久链路认证测试合格加上合格的跳线，就能够保证通道链路也是合格的。

在实际测试应用中，选择哪一种测试模型应根据需求和实际情况决定。虽然使用信道链路方式更符合使用的情况，但由于它包含了用户的设备连线部分，测试较复杂，对于现在的超 5 类和 6 类布线系统，一般工程验收测试都选择永久链路模型进行。

6.2　综合布线系统的测试参数

目前，综合布线系统工程中使用的传输介质主要是双绞线和光缆。对于不同等级的电缆，需要测试的参数不相同，本节参照我国国家标准《综合布线系统工程验收规范》(GB 50312—2007)，介绍综合布线系统测试参数的概念及其指标要求。

6.2.1　双绞线链路测试参数

1. 接线图

接线图(Wire Map)测试用来验证水平电缆终接在工作区或管理间配线设备的 8 位模块式通用插座的安装连接正确或错误，属于最基础的测试。综合布线可采用 T568-A 和 T568-B 两种端接方式，两种端接方式的线序是固定的，不能混用和错接。对于非 RJ-45 的连接方式，按相关规定列出结果。

布线施工过程中，由于放线和端接技术等原因，可能出现几种典型正确或不正确的连接图测试情况，如图 6-4 所示。当出现不正确连接时，测试仪指示有误，并显示错误类型。

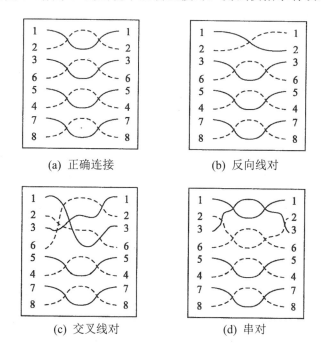

图 6-4　典型的几种连接图测试情况

2. 长度

长度(Length)是指链路的物理长度。布线链路及信道线缆长度应在测试连接图所要求的极限长度范围内。

现场测试综合布线长度可以通过测量线缆芯线电子长度的方法来估算。常用的测量方法是时域反射法(TDR)。TDR 的工作原理是：测试仪从电缆的一端发出一个脉冲波，在脉冲行进时，如果碰到阻抗的变化，如开路、短路或接线错误，就会将部分或全部的脉冲波能量反射回测试仪。依据来回脉冲的延迟时间及已知的信号在电缆中传播的标准传播速率(NVP)，测试仪就可以算出脉冲波接收端到该脉冲波返回点的长度。

NVP 是指电信号在该电缆中传输的速度与光在真空中传输速度的比值，用百分数表示，计算公式如下：

$$NVP = \frac{2 \times L/T}{C} \times 100\%$$

式中：L——电缆长度。

T——信号传送与接收之间的时间差。

C——光在真空中的传播速度(3×10^8m/s)。

该值随不同电缆类型而异。通常，NVP 范围是 60%～90%，即 NVP=(0.6～0.9)C。

由于电缆的生产厂商对电缆的标准传输速率值的标定有相当大的不确定性，因此要获得比较精确的链路长度，就应该在正式测量前，用一个同一批号的已知长度(大于 15m)的电缆来校正测试仪，以得到精确的 NVP 值。测试电缆越长，测试结果就越精确。由于每条电缆的线对之间的绞距不同，所以，在测试时，采用延迟时间最短的线对作为参考标准来校正电缆测试仪。

由于 NVP 值不易准确测量，故在实际测试中通常采取忽略 NVP 值影响，对长度测量极值加上 10%余量的做法。基本链路的最大长度是 94m，永久链路的最大长度是 90m，信道的最大长度是 100m。加上 10%余量后，长度测试"通过"或"失败"的参数是：基本链路为 94+94×10%=103.4，永久链路为 90+90×10%=99m，信道为 100+100×10%=110m。当测试仪以"*"显示长度时，则表示为临界值，表明在测试结果接近极限时长度测试结果不可信，要引起用户的注意。

3．衰减或插入损耗

衰减(Attenuation)是指信号能量在沿传输介质传输时损耗的量度。衰减是一种插入损耗，一条链路的总插入损耗(Insertion Loss)是电缆和布线部件的衰减总和。衰减与以下几个因素有关。

(1) 线缆长度。线缆越长，链路的衰减就越大。现场测量时通常以 100m 为限。

(2) 信号频率。由于线缆阻抗的存在，它会随着信号频率的增加，而使信号的高频分量衰减加大。所以应测量应用范围内的全部频段的衰减。

(3) 环境温度。在 20℃的基础上，温度每上升 1℃，3 类电缆的衰减量增加 1.5%，超5 类电缆的衰减量增加 0.4%，6 类电缆的衰减量增加 0.3%。

(4) 电缆结构。有屏蔽的电缆，衰减值也会上升 2%～3%。

衰减的度量单位是分贝(dB)，是指单位长度的电缆(通常是 100m)的衰减量。以规定的扫描/步进频率标准作为测量单位，衰减的 dB 值越大，接收的信号越弱。信号衰减到一定程度时，将会引起链路传输的信息不可靠。

现场测试仪器应测量出已安装的每一对线缆衰减的最严重情况，并且通过衰减最大值与衰减允许值比较后，得出通过或未通过的结论。

4．近端串扰

串扰是高速信号在双绞线上某线对中传输时，由于平衡电缆互感和电容的存在，在相邻线对中感应的一部分信号。串扰分为近端串扰和远端串扰两种。

近端串扰(Near End Cross Talk，NET)是指在一条双绞线中，发送线对对同一侧其他线对的电磁干扰信号。它是双绞线电缆链路的一个关键的性能指标。影响 NEXT 值的因素主要有双绞线本身的质量和打线、压接线头时的工艺水平和测试时的频率等。除此之外，NEXT 值在电缆原材料和工艺比较均匀的情况下，还取决于扭绞节距、成缆节距、线对间距和线缆结构等因素。双绞线的两条导线绞合在一起后，因为相位相差 180° 而抵消相互间的信号干扰，绞距越紧，抵消效果越好，也就越能支持较高的数据传输速率。在端接施工时，为减少串扰，打开绞接的长度不能超过 13mm。

近端串扰用近端串扰损耗值来度量，其值为导致该串扰的发送线对上发送信号值(dB)与被测线对上发送信号感应值(dB)的差值，单位是 dB。测量的近端串扰损耗值越大，表示线对间受到的串扰越小，线路性能就越好，反之就越差。

《综合布线系统工程验收规范》(GB 50312—2007)规定，3 类和 5 类水平链路及信道测试项目及性能指标应符合表 6-2 所示的要求。

表 6-2　3 类和 5 类水平链路及信道近端串扰和衰减指标　　　　　　　　　　dB

频　率 (MHz)	3 类电缆				5 类电缆			
	基本链路		信　道		基本链路		信　道	
	近端串扰	衰　减	近端串扰	衰　减	近端串扰	衰　减	近端串扰	衰　减
1.00	40.1	3.2	39.1	4.2	60.0	2.1	60.0	2.5
4.00	30.7	6.1	29.3	7.3	51.8	4.0	50.6	4.5
8.00	25.9	8.8	24.3	10.2	47.1	5.7	45.6	6.3
10.00	24.3	10.0	22.7	11.5	45.5	6.3	44.0	7.0
16.00	21.0	13.2	19.3	14.9	42.3	8.2	40.6	9.2
20.00	—	—	—	—	40.7	9.2	39.0	10.3
25.00	—	—	—	—	39.1	10.3	37.4	11.4
31.00	—	—	—	—	37.6	11.5	35.7	12.8
62.00	—	—	—	—	32.7	16.7	30.6	18.5
100.00	—	—	—	—	29.3	21.6	27.1	24.0
长度(m)	94		100		94		100	

同时，各类布线系统永久链路(或 CP 链路)和信道的每一线对和布线两端的最小近端串扰值可参考表 6-3 所示的关键频率建议值。

5．综合近端串扰

近端串扰是一对发送信号的线对对被测线对在近端的串扰，实际上，在 4 对双绞线电缆中，当其他 3 个线对都发送信号时，也会对被测线对产生串扰。综合近端串扰(Power Sum NEXT，PSNEXT)就是 4 对双绞线电缆中的 3 个发送信号的线对向另一相邻接收线对产生的近端串扰之和。

表 6-3　永久链路(或 CP 链路)和信道近端串扰建议值　　　　　　　　　　dB

频率 (MHz)	永久链路						信　道					
	A 级	B 级	C 级	D 级	E 级	F 级	A 级	B 级	C 级	D 级	E 级	F 级
0.1	27.0	40.0	—	—	—	—	27.0	40.0	—	—	—	—
1	—	25.0	40.1	60.0	65.0	65.0	—	25.0	39.1	60.0	65.0	65.0
16	—	—	21.1	45.2	54.6	65.0	—	—	19.4	43.6	53.2	65.0
100	—	—	—	32.3	41.8	65.0	—	—	—	30.1	39.9	62.9
250	—	—	—	—	35.3	60.4	—	—	—	—	33.1	56.9
600	—	—	—	—	—	54.7	—	—	—	—	—	51.2

在《综合布线系统工程验收规范》(GB 50312—2007)中规定，综合近端串扰只应用于 D、E、F 级，布线系统永久链路(或 CP 链路)和信道的每一线对和布线两端的最小 PSNEXT 值可参考表 6-4 所示的关键频率建议值。

表 6-4　永久链路(或 CP 链路)和信道最小综合近端串扰建议值　　　　　　dB

频率 (MHz)	永久链路			信　道		
	D 级	E 级	F 级	D 级	E 级	F 级
1	57.0	62.0	62.0	57.0	62.0	62.0
16	42.2	52.2	62.0	40.6	50.6	62.0
100	29.3	39.3	62.0	27.1	37.1	59.9
250	—	32.7	57.4	—	30.2	53.9
600	—	—	51.7	—	—	48.2

6. 衰减串扰比和综合衰减串扰比

信号在传输过程中，衰减与串扰会同时存在，串扰反映的是电缆系统内的噪声，衰减反映的是线对本身的传输质量，两者的混合效应(信噪比)可以反映出电缆链路的实际传输质量。

衰减串扰比(Attenuation-to-Crosstalk Ratio，ACR)是被测线对受相邻发送线对串扰的近端串扰损耗与本线对传输信号衰减值的差值，单位是 dB，即：

$$ACR = NEXT - A$$

ACR 表示信号强度与串扰产生的噪声强度的相对大小，近端串扰损耗越高而衰减(A)越小，则 ACR 就越高，这意味着干扰噪声强度与信号强度相比微不足道，接收端接收到的原信号远大于串扰信号，因此，衰减串扰比越大越好。

综合衰减串扰比(Power Sum Attenuation-to-Crosstalk Ratio，PSACR)是综合近端串扰损耗与衰减的差值，即：

$$PSACR = PSNEXT - A$$

在《综合布线系统工程验收规范》(GB 50312—2007)中规定，衰减串扰比和综合衰减串扰比只应用于布线系统的 D、E、F 级，布线系统永久链路(或 CP 链路)和信道的每一线对和布线两端的最小 ACR 值和 PSACR 值分别参考表 6-5 和表 6-6 所示的关键频率建议值。

表 6-5 永久链路(或 CP 链路)和信道最小衰减串扰比(ACR)建议值 dB

频率 (MHz)	永久链路			信 道		
	D 级	E 级	F 级	D 级	E 级	F 级
1	56.0	61.0	61.0	56.0	61.0	61.0
16	37.5	47.5	58.1	34.5	44.9	56.9
100	11.9	23.3	47.3	6.1	18.2	42.1
250	—	4.7	31.6	—	−2.8	23.1
600	—	—	8.1	—	—	−3.4

表 6-6 永久链路(或 CP 链路)和信道最小综合衰减串扰比建议值 dB

频率 (MHz)	永久链路			信 道		
	D 级	E 级	F 级	D 级	E 级	F 级
1	53.0	58.0	58.0	53.0	58.0	58.0
16	34.5	45.1	55.1	31.5	42.3	53.9
100	8.9	20.8	44.3	3.1	15.4	39.1
250	—	2.0	28.6	—	−5.8	20.1
600	—	—	5.1	—	—	−6.4

7. 等效远端串扰和综合等效远端串扰

远端串扰(FEXT)是信号从近端出发,而链路的另一侧(远端)发送信号的线对对其同侧其他相邻(接收)线对所产生的串扰。

因为信号的强度与它所产生的串扰及信号的衰减有关,所以,电缆长度对测量到的远端串扰损耗值影响很大,以至于所测量的远端串扰损耗不能反映远端的真实串扰值。在实际测量中,用等效远端串扰损耗值代替远端串扰损耗值的测量。

等效远端串扰(Equal Level Far End Crosstalk,ELFEXT)是指某线对上远端串扰损耗与该线路传输信号衰减的差值,也称为远端 ACR。即:

$$ELFEXT = FEXT - A$$

综合等效远端串扰(Power Sum ELFEXT,PSELFEXT)是几个同时传输信号的线对在接收线对形成的串扰总和。对 4 对 UTP 而言,它组合了其他 3 对远端串扰对第 4 对的影响,这种测量具有 8 种组合。

在《综合布线系统工程验收规范》(GB 50312—2007)中规定,等效远端串扰和综合等效远端串扰只应用于布线系统的 D、E、F 级,布线系统永久链路(或 CP 链路)和信道的每一线对的最小 ELFEXT 值和 PSELFEXT 值可参考表 6-7 和表 6-8 所示的关键频率建议值。

8. 传输延迟和延迟偏差

传输延迟是指信号从电缆一端传输到另一端所需的时间。它是衡量信号在电缆中传输快慢的物理量,测量的标准是信号在 100m 电缆上的传输时间,单位是 ns。

延迟偏差(Delay Skew)是指同一 UTP 电缆中传输速度最快的线对和传输速度最慢的线对的传输延迟差值。它以同一电缆中信号传播延迟最小的线对的时延值为参考,其余线对

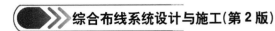

与参考线对都有时延差值，最大的时延差值就是电缆的延迟偏差。

表 6-7　永久链路(或 CP 链路)和信道最小等效远端串扰建议值　　　　　　dB

频率 (MHz)	永久链路			信　道		
	D 级	E 级	F 级	D 级	E 级	F 级
1	58.6	64.2	65.0	57.4	63.3	65.0
16	34.5	40.1	59.3	33.3	39.2	57.5
100	18.6	24.2	46.0	17.4	23.3	44.4
250	—	16.2	39.2	—	15.3	37.8
600	—	—	32.6	—	—	31.3

表 6-8　永久链路(或 CP 链路)和信道最小综合等效远端串扰建议值　　　　　dB

频率 (MHz)	永久链路			信　道		
	D 级	E 级	F 级	D 级	E 级	F 级
1	55.6	61.2	62.0	54.4	60.3	62.0
16	31.5	37.1	56.3	30.3	36.2	54.5
100	15.6	21.2	43.0	14.4	20.3	41.4
250	—	13.2	36.2	—	12.3	34.8
600	—	—	29.6	—	—	28.3

延迟偏差的测量对 UTP 中 4 对线对同时传输信号的 100Base-T4 和 1000Base-T 等高速以太网来说是十分重要的参数。这是因为信号传送时，在发送端分组到不同线对并行传送，到接收端后重新组合，如果线对之间传输的时差过大，接收端就会丢失数据，从而影响信号的完整性而产生误码。

在《综合布线系统工程验收规范》(GB 50312—2007)中规定，布线系统永久链路(或 CP 链路)和信道的每一线对的最大传输延迟值和最大延迟偏差可分别参考表 6-9 和表 6-10 所示的关键频率建议值。

9. 回波损耗

回波损耗(Return Loss，RL)又称反射损耗，是电缆与接插件构成布线链路阻抗不匹配导致的一部分能量反射。

表 6-9　永久链路(或 CP 链路)和信道最大传输延迟建议值　　　　　　　μs

频率 (MHz)	永久链路						信　道					
	A 级	B 级	C 级	D 级	E 级	F 级	A 级	B 级	C 级	D 级	E 级	F 级
0.1	19.400	4.400	—	—	—	—	20.000	5.000	—	—	—	—
1	—	4.400	0.521	0.521	0.521	0.521	—	5.000	0.580	0.580	0.580	0.580
16	—	—	0.496	0.496	0.496	0.496	—	—	0.553	0.553	0.553	0.553
100	—	—	—	0.491	0.491	0.491	—	—	—	0.548	0.548	0.548
250	—	—	—	—	0.490	0.490	—	—	—	—	0.546	0.546
600	—	—	—	—	—	0.489	—	—	—	—	—	0.545

表6-10　永久链路(或 CP 链路)和信道最大延迟偏差建议值　　　　μs

等　级	频率(MHz)	永久链路	信　道
A	f = 0.1	—	—
B	0.1≤f≤1	—	—
C	1≤f≤16	0.044	0.050
D	1≤f≤100	0.044	0.050
E	1≤f≤250	0.044	0.050
F	1≤f≤600	0.026	0.030

该参数是衡量布线链路特性阻抗一致性的。布线链路的特性阻抗随着信号频率的变化而变化，如果布线链路所用的线缆和相关接插件阻抗不匹配而引起阻抗变化，会造成终端传输信号量被反射回去，被反射到发送端的一部分能量会形成噪声，导致信号失真，影响综合布线系统的传输性能。反射的能量越少，意味着信道采用的电缆和相关连接件一致性越好，传输信号越完整，在信道上的噪声越小。回波损耗的计算公式为：

回波损耗 = 发送信号值 / 反射信号值

由公式可见，回波损耗越大，则反射信号越小，意味着布线链路采用的电缆和相关连接硬件阻抗的一致性越好，传输信号越完整，在链路上的噪声越小，因此回波损耗越大越好。

在《综合布线系统工程验收规范》(GB 50312—2007)中规定，回波损耗只应用于布线系统的 C、D、E、F 级，布线系统永久链路(或 CP 链路)和信道的每一线对和布线两端的最小回波损耗值可参考表6-11 所示的关键频率建议值。

表6-11　永久链路(或 CP 链路)和信道最小回波损耗建议值　　　　dB

频率 (MHz)	永久链路				信　道			
	C 级	D 级	E 级	F 级	C 级	D 级	E 级	F 级
1	15.0	19.0	21.0	21.0	15.0	17.0	19.0	19.0
16	15.0	19.0	20.0	20.0	15.0	17.0	18.0	18.0
100	—	12.0	14.0	14.0	—	10.0	12.0	12.0
250	—	—	10.0	10.0	—	—	8.0	8.0
600	—	—	—	10.0	—	—	—	8.0

10．直流环路电阻

任何导线都存在电阻，直流环路电阻是指一对双绞线电阻之和。当信号在双绞线中传输时，在导体中会消耗一部分能量，且转变为热量。

在《综合布线系统工程验收规范》(GB 50312—2007)中规定，布线系统永久链路(或 CP 链路)和信道的每一线对的最大直流环路电阻的建议值如表6-12 所示。

表6-12　永久链路(或 CP 链路)和信道最大直流环路电阻建议值　　　　Ω

	A 级	B 级	C 级	D 级	E 级	F 级
永久链路	530	140	34	21	21	21
信　道	560	170	40	25	25	25

6.2.2　光纤链路测试参数

光纤链路的测试目的，是为了检测光缆敷设和端接是否正确。根据我国国家标准《综合布线系统工程验收规范》(GB 50312—2007)的规定，光纤链路主要测试以下两项内容。

(1) 在施工前，进行器材检验时，一般检查光纤的连通性，必要时采用光纤损耗测试仪(稳定光源和光功率计组合)对光纤链路的插入损耗和光纤长度进行测试。

(2) 对光纤链路(包括光纤、连接器和熔接点)的衰减进行测试，同时测试光纤跳线的衰减值，可作为设备连接光缆的衰减参考值，整个光纤信道的衰减值应符合设计要求。

1．光纤链路的长度

光纤链路包括光纤布线系统两个端接点之间的所有部件，包括光纤、光纤连接器和光纤接续子等。TIA/EIA 568-B.3 标准中定义的光纤链路段模型为两个光纤接线段：水平链路段和主干链路段。典型的水平链路段为自电信出口/连接器到水平交叉线；典型的主干链路有 3 种：从主跳接到中间跳接、从中间跳接到水平跳接和从主跳接到水平跳接。

(1) 水平光纤链路。

水平光纤链路从水平跳接点到工作区插座的最大长度为 100m，它只需 850nm 和 1300nm 的波长，要在一个波长内单方向进行测试。

(2) 主干多模光纤链路。

主干多模光纤链路应该在 850nm 和 1300nm 波段进行单向测试，链路在长度上有如下几项要求：

- 从主跳接到中间跳接的最大长度是 1700m。
- 从中间跳接到水平跳接的最大长度是 300m。
- 从主跳接到水平跳接的最大长度是 2000m。

(3) 主干单模光纤链路。

主干单模光纤链路应该在 1310nm 和 1550nm 波段进行单向测试，链路在长度上有如下几项要求：

- 从主跳接到中间跳接的最大长度是 2700m。
- 从中间跳接到水平跳接的最大长度是 300m。
- 从主跳接到水平跳接的最大长度是 3000m。

2．光纤链路的衰减

衰减是光纤链路的一个重要的传输参数，它是指光沿光纤传输过程中光功率的损失。衰减测试就是对光功率损耗的测试。损耗是与光纤的长度成正比的，但由于在综合布线系统中，光纤链路的距离较短，因此，与波长有关的衰减可以忽略。光纤连接器损耗和光纤接续子损耗是水平光纤链路的主要损耗。

(1) 布线系统所采用的光纤的性能指标及光纤信道指标应符合设计要求。不同类型的光缆在标称的波长下，每公里的最大衰减值应符合表 6-13 所示的规定。

(2) 光缆布线信道在规定的传输窗口测量出的最大光衰减应不超过表 6-14 所示的规定，该指标已包括接头与连接插座的衰减在内。

表6-13 最大光缆衰减   dB/km

项　目	OM1、OM2 及 OM3 多模		OS1 单模	
波长(nm)	850	1300	1310	1550
衰减	3.5	1.5	1.0	1.0

表6-14 最大光缆信道衰减范围   dB

级　别	单　模		多　模	
	1310nm	1550nm	850nm	1300nm
OF-300	1.80	1.80	2.55	1.95
OF-500	2.00	2.00	3.25	2.25
OF-2000	3.50	3.50	8.50	4.50

注：每个连接处的衰减值最大为 1.5dB

(3) 光纤插入损耗是指光发射机与光接收机之间插入光纤或元器件产生的信号损耗，通常指衰减。光纤链路的插入损耗极限值可用以下公式计算：

$$光纤链路损耗 = 光纤损耗 + 连接器件损耗 + 光纤连接点损耗$$

$$光纤损耗 = 光纤系统损耗(dB/km) \times 光纤长度(km)$$

$$连接器件损耗 = 连接器件损耗/个 \times 连接器件个数$$

$$光纤连接点损耗 = 光纤连接点损耗/个 \times 光纤连接点个数$$

如表 6-15 所示列出了 GB 50312—2007 标准中规定的光纤链路损耗的参考值。

表6-15 光纤链路损耗参考值

种　类	工作波长(nm)	衰减系数(dB/km)
多模光纤	850	3.5
多模光纤	1300	1.5
单模室外光纤	1310	0.5
单模室外光纤	1550	0.5
单模室内光纤	1310	1.0
单模室内光纤	1550	1.0
连接器件衰减	0.75dB	
光纤连接点衰减	0.3dB	

6.3　综合布线测试仪器

"工欲善其事，必先利其器"。所有的测试理论都需要通过现场的测试仪器来实现。测试仪器是综合布线系统测试和工程验收的重要工具，测试仪器的功能、技术指标、测量等级、权威认证等在综合布线系统测试和工程验收过程中起着不可替代的作用。

布线系统现场认证测试使用的测试仪器在技术上非常复杂，要保证测试准确、快捷和测试结果的权威性，就需要认真选择适合用户需求的测试仪器。从国内众多的综合布线商所采用的测试仪器情况看，较权威的测试仪器是 Fluke 网络公司生产的网络测试仪系列。

6.3.1　综合布线测试仪的选择

测试仪的选择就是依据不同的测试功能和性能要求来选择合适的测试仪。首先应从测试仪的功能上进行考察。在综合布线的测试与维护方面，根据测试仪的功能，可以将测试仪分成三个大类：验证测试仪、认证测试仪和鉴定测试仪。虽然这三个类别的测试仪在某些功能上可能有重叠，但每个类别的测试仪都有其特定的使用目的。

验证测试仪可以解决的问题是："线缆连接是否正确？"。验证测试仪具有最基本的连通测试功能(如接线图测试等)。有些验证测试仪还有其他一些附加功能(如用于测试线缆长度或对故障定位的 TDR 技术)，还可以检测到线缆是否已接入交换机或检查同轴线缆的连接等。验证测试仪在现场环境中随处可见，简单易用，价格便宜，通常作为解决线缆故障的首选仪器。对于光缆来说，可视故障定位仪也可以看成是验证测试仪，因为它能够验证光缆的连续性和极性。

认证测试仪可以解决的问题是："布线系统符合有关标准吗？"

这类仪器适用于布线系统的专业人员，以确保综合布线系统完全满足相关标准的要求，如 Fluke DTX 系列电缆认证分析仪。认证测试仪可在预设的频率范围内进行许多种测试，并将结果同相关标准中的极限值相比较，这些测试结果可以判断链路是否满足某类或某级(如超 5 类、6 类、D 级)的要求。此外，验证测试仪和鉴定测试仪通常是以信道模型进行测试，认证测试仪还可以测试永久链路模型。认证测试仪通常还支持光缆测试，提供先进的图形终端能力并提供内容更丰富的报告。一个重要的不同点，只有认证测试仪能提供一条链路是"通过"或"失败"的判定能力。

鉴定测试仪是一种新的测试仪类别，它可以解决的问题是："布线系统能支持所选用的网络技术吗？"。

鉴定测试仪在验证测试仪的功能基础上有所加强，其最主要的一个能力，就是判定被测试链路所能承载的网络信息量的大小。如 Fluke Networks 新开发的 CableIQ 鉴定测试仪可以确定现有布线链路是否支持特定的网络速度和技术。假如有两根链路，但不知道它们的传输能力，链路 A 和链路 B 都通过了接线图验证测试。然而，鉴定测试结果可能是链路 A 最高只能支持 10Base-T，而链路 B 却能支持千兆以太网。鉴定测试仪能生成测试报告，可用于安装布线系统时文档备案和管理。这类测试仪有一个独特的能力，就是可以诊断常见的可导致布线系统传输能力受限制的线缆故障，该功能远远超出了验证测试仪的基本连通性测试。

合理选择综合布线测试仪，除了考察其功能和适用范围外，还应考察其性能指标是否符合要求。综合布线测试仪的性能指标主要包括精度、速度和故障定位能力等方面。

精度是综合布线测试仪的基础，测试仪的精度决定了测试仪对被测链路的可信程度，即被测链路是否真地达到了测试标准的要求。在 ANSI/TIA/EIA 568-B.2-1 附录 B 中给出了永久链路、基本链路和信道的性能参数，以及对衰减和近端串扰测量精度的计算。针对不同布线系统等级，测试仪应具有相应的精度。一般地说，测试 5 类电气性能时，测试仪要求达到 UL 规定的第 II 级精度，超 5 类也只要求测试仪的精度达到第 IIe 级就可以了，但 6 类要求测试仪的精度达到第 III 级精度。因此，综合布线认证测试最好都使用 III 级精度的测试仪。

理想的电缆测试仪在性能指标上应同时满足永久链路和信道的第 II 级精度要求，同时还应在现场测试中具有较快的测试速度。在要测试成百上千条链路的情况下，测试速度哪怕相差几秒，都将对整个综合布线工程的测试时间产生很大的影响，并将影响工程进度。

目前，公认最快的认证测试仪是 Fluke 公司推出的 DTX 系列电缆认证分析仪，9 秒可以完成一条 6 类链路自动测试。

此外，测试仪的故障定位能力也是十分重要的，因为测试目的是要得到良好的链路，而不仅仅是辨别好坏。测试仪应能迅速告诉测试人员在一条坏链路中的故障部件的位置，从而迅速加以修复。

其他要考虑的方面还有以下几点：

- 测试仪是否支持近端串扰的双向测试。
- 测试结果是否可转储打印。
- 测试仪是否能提供所有测试项目的详细报告。
- 操作简单且使用方便。
- 是否支持其他类型电缆的测试。

6.3.2 常用综合布线测试仪简介

1. 验证测试仪

验证测试仪用在施工过程中，由施工人员边施工边测试，它主要用于测试电缆的连通性，所以又称为连通性测试仪。连通性测试仪有简易的，如图 6-5(a)所示，也有较复杂的，如美国 Fluke 网络公司的 MicroMapper 电缆线序检测仪，如图 6-5(b)所示。一般由基座部分和远端部分组成，测试时，基座部分放在链路的一端，远端部分放在链路的另一端。基座部分可以沿双绞线电缆的所有线对加电压，远端部分与线对相连的每一个部分都有一个 LED 发光管，根据发光管的闪烁次序，就能判断双绞线 8 芯线的连通情况，包括检测开路、短路、跨接、反接等问题。当与音频控头(MicroProbe)配合使用时，MicroMapper 内置的音频发生器可追踪到穿过墙壁、地板、天花板的电缆。

虽然使用这类连通性测试仪一个人就可以方便地完成电缆和用户跳线的测试，但一般的连通性测试仪不具有确定故障点位置的功能。

(a) 简易连通性测试仪

(b) MicroMapper 电缆线序检测仪

图 6-5　验证性测试仪

Fluke 公司推出的 MicroScanner 2 电缆检测仪是一个功能强大、专为防止和解决电缆安装问题而设计的工具，如图 6-6 所示。

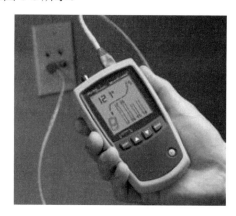

图 6-6　MicroScanner 2 电缆检测仪

它既可以检测电缆的连通性、电缆的连接线序，还可以检测出电缆故障的位置，从而节省了测试的时间和费用。

MicroScanner 2 可以在屏幕上显示图形化布线图、线对长度、到故障点的距离、电缆 ID 以及远端设备等内容。而且，它集成了 RJ-11、RJ-45 和同轴电缆测试端口，几乎支持任何类型的低压电缆测试，而不需要笨拙的适配器，从而可以实现比以前更加有效的高质量安装。

2．认证测试仪

认证测试仪既可以进行基本的连通性测试，也可以进行比较复杂的电缆性能测试，能够完成指定频率范围内衰减、近端串扰等各种认证测试参数的测量，从而确定是否能够支持高速网络。

这类测试仪一般也包括基座和远端两个部分，基座部分可以模拟高速局域网设备生成高频信号，将高频信号输入双绞线布线系统，来测试它们在系统中的传输性能。

综合布线系统工程中，经常使用的认证测试仪主要有 Fluke DSP-4×××系列、DTX 系列电缆认证分析仪等。DSP-4×××系列数字式综合电缆测试仪包括 DSP-4000、DSP-4100 和 DSP-4300 等型号，获得 UL 和 ETL 双重Ⅲ级精度认证，能满足 ANSI/TIA/EIA 568-B 规定的 3、4、5、6 类及 ISO/IEC 11801 规定的 B、C、D、E 级信道进行认证和故障诊断的精度要求。

DTX 系列电缆认证分析仪是 Fluke 网络公司最新推出的既可满足当前要求而又面向未来技术发展的高技术测试平台，目前有 DTX-LT、DTX-1200 和 DTX-1800 三种型号。其测试速度很快，6 类链路测试时间仅 9 秒钟，可满足 TIA 568-C 和 ISO 11801—2002 标准对结构化布线系统的认证要求，达到 IV 级认证测试精度；具有双光缆双向双波长认证测试功能，并集成 VFL 可视故障定位仪，可以生成详细的图形测试报告；特别是其测试带宽高达 900MHz，可以满足 7 类布线系统测试要求。

DTX 系列电缆认证分析仪外观如图 6-7 所示。

图 6-7　Fluke DTX 系列电缆认证分析仪

3．鉴定测试仪

Fluke 网络公司生产的 CableIQ 电缆鉴定测试仪是首台专为需要鉴定和维护布线系统带宽的网络维护人员所设计的布线系统维护仪器。该产品可以快速显示包含跳线的一条链路是否能满足语音、10/100/1000 兆以太网及 VoIP 等应用要求；具有故障诊断功能，能显示为什么现有布线系统不能支持网络带宽需求(如 11m 处有串扰)；能检测电缆另一端连接了什么设备，显示设备配置(如速度/双工模式/线对)；能识别未使用的交换机端口，便于进行再分配；智能接线图可显示接线图配置以及至故障点的距离；可以测试所有类型的铜缆介质，包括双绞线、同轴电缆及音频电缆等。Fluke CableIQ 电缆鉴定测试仪的外观如图 6-8 所示。

图 6-8　Fluke CableIQ 电缆鉴定测试仪

6.4　双绞线测试技术

目前，在综合布线系统工程中，超 5 类和 6 类双绞线是主要的布线产品。本节以 Fluke 网络公司生产的 DTX-1800 电缆认证分析仪为例，重点介绍在认证测试过程中电缆分析仪的使用，及常见问题的解决方法。

6.4.1　DTX-1800 电缆认证分析仪的功能特性

DTX-1800 电缆认证分析仪是一种手持式电缆分析设备，可用于认证、故障排除以及为双绞线和光缆安装提供布线文档。它具有以下功能特性：

- 可在不到 25s 内依照 F 等级极限值(600MHz)认证双绞线和同轴电缆布线，能在不到 10s 的时间内完成对 6 类布线的认证。符合第 III 等级和第 IV 等级准确度要求。
- 彩色显示屏能清楚地显示"通过/失败"结果。
- 自动诊断报告到常见故障的距离及可能的原因。
- 音频发生器功能帮助定位插孔及检测到音频时自动开始"自动测试"。

- 可选的光缆模块可用于认证多模及单模光缆布线。
- 可选件 DTX-NSM 模块可以用于验证网络服务。
- 可选件 DTX10G 组件包可用于针对 10G 以太网应用对 6 类和增强型 6 类布线进行测试和认证。
- 内部存储器可保存 250 项 6 类自动测试结果，包含图形数据。
- 可充电锂离子电池组可以连续运行至少 12 小时。
- 可利用 LinkWare 软件将测试结果上传到 PC，并创建专业水平的测试报告；利用 LinkWare Stats 选件，可产生线缆测试统计数据的图形报告。

6.4.2 使用 DTX-1800 进行双绞线认证测试

1．基准设置

基准设置程序可用于设置插入损耗及 ELFEXT 测量的基准。通常每隔 30 天就需要运行测试仪的基准设置程序，以确保取得准确度最高的测试结果。如果要将测试仪用于不同的智能远端，可将测试仪的基准设置为两个不同的智能远端。

设置基准的步骤如下。

(1) 连接永久链路适配器及信道适配器，如图 6-9 所示。

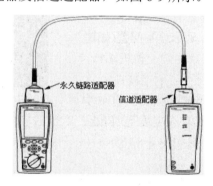

图 6-9　连接永久链路适配器及信道适配器(双绞线基准连接)

(2) 将测试仪的旋转开关旋转到 SPECIAL FUNCTIONS(特殊功能)位置，并且开启智能远端。

(3) 选择 Set Reference(设置基准)，然后按 Enter 键。如果同时连接了光缆模块及铜缆适配器，按下来，选择 Link Interface Adapter(链路接口适配器)。

(4) 按 TEST 键开始设置。

2．线缆类型及相关测试参数的设置

在用测试仪测试之前，需要选择测试依据的标准(北美、国际或欧洲标准等)，选择测试链路类型(基本链路、永久链路、信道)，选择线缆类型(是 3 类、5 类、超 5 类、6 类双绞线，还是多模光纤或单模光纤)。同时，还需要对测试时的相关参数(如测试极限、NVP、插座配置等)进行设置。具体操作方法是将测试仪旋转开关转到 SETUP(设置)位置，用方向键选中 Twisted Pair(双绞线)，然后按 Enter 键，对相关参数进行设置。

3．连接被测线路

将测试仪主机和智能远端连入被测链路，如果是信道测试，需要使用两个信道适配器；如果用于测试永久链路，则需要使用两个永久链路适配器。图 6-10 所示为 DTX-1800 电缆分析仪的永久链路测试连接，图 6-11 所示为 DTX-1800 电缆分析仪的信道测试连接。

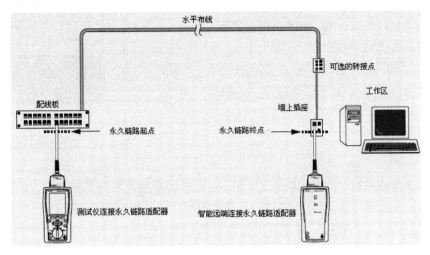

图 6-10　DTX-1800 电缆分析仪的永久链路测试连接

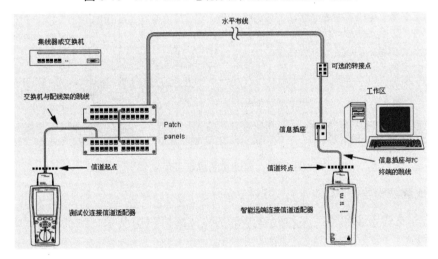

图 6-11　DTX-1800 电缆分析仪的信道测试连接

4．进行自动测试

将测试仪旋转开关转至 AUTOTEST(自动测试)位置，开启智能远端，按图 6-11 连接好后，再按测试仪或智能远端的 TEST 键进行测试。测试时，测试仪面板上会显示测试在进行，若要停止测试，可随时按 EXIT 键。

5．测试结果的处理

测试仪会在测试完成后显示"自动测试概要"屏幕，如图 6-12 所示。
图 6-12 所示的各项如下。

① 通过：所有参数均在极限范围内。失败：有一个或一个以上的参数超出极限值。通过*/失败*：有一个或一个以上的参数在测试仪准确度的不确定性范围内，且特定的测试标准要求有"*"注记。

② 按 F2 或 F3 键来滚动屏幕画面。

③ 如果测试失败，按 F1 键来查看错误信息。

④ 屏幕画面操作提示。

⑤ √：测试结果通过。i：参数已被测量，但选定的测试极限内没有通过/失败极限值。×：测试结果失败。*：参见"通过*/失败*"。

⑥ 测试中找到最差余量。

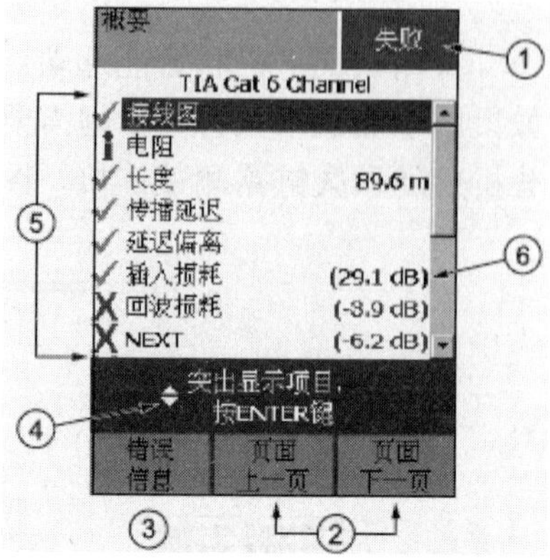

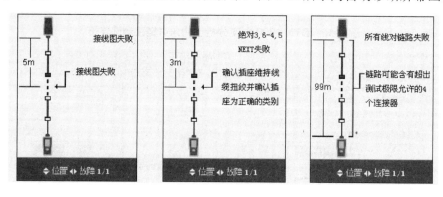

图 6-12 双绞线布线自动测试概要

6. 自动诊断

如果自动测试失败，按 F1 错误信息键，可以查阅有关失败的诊断信息。诊断屏幕画面会显示可能的失败原因及建议采取的解决问题的措施。测试失败可能产生一个以上的诊断屏幕，此时可按"上下翻页"键来查看其他屏幕。图 6-13 所示为自动诊断屏幕画面实例。

图 6-13 自动诊断屏幕画面实例

7. 生成测试报告

对于综合布线系统的每一条布线链路，都应该向用户提供一个测试报告，以表明布线电缆是否合格。

通常，UTP 电缆测试报告由接线图、电缆长度、时延、衰减、近端串扰、远端串扰等参数组成。报告可以手工完成，也可以由计算机自动生成。

DTX 系列电缆认证分析仪中包含 Fluke 网络公司功能强大的 LinkWare 电缆测试管理软件。将 DTX-1800 电缆认证分析仪通过 RS-232 串行接口或 USB 接口与安装有该软件的 PC 机相连，导入测试仪中的测试数据后，该软件可以帮助技术人员快速地对测试结果进行编辑修改、图形化显示、打印和保存，生成的测试报告可以有两种文件格式：ASCII 文件文件格式和 AcrobatReader 的 .PDF 格式，用户可以根据需要任意选择。

使用 LinkWare 软件生成的测试报告中会明确给出每条被测链路的测试结果。如果链路的测试合格，则给出 Pass 的结论，如图 6-14 所示，否则会给出 Fail 的结论。对测试报告中每条被测链路的测试结果进行统计，就可以知道整个工程的达标率。要想快速地统计出整个被测链路的合格率，可以借助于 LinkWare Stats 软件，该软件生成的统计报表会显示出被测链路的合格率。

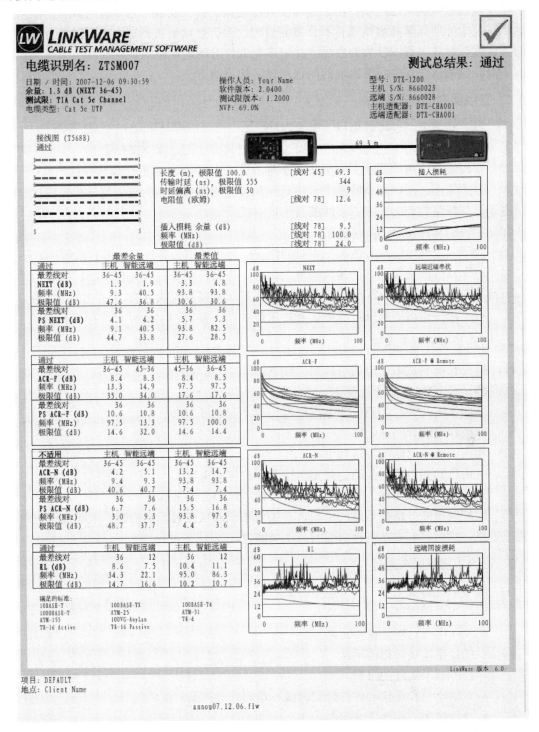

图6-14 LinkWare 软件生成的测试报告样例(PDF 格式)

6.4.3 常见问题的解决方法

在双绞线电缆测试过程中，由于线缆及其相连接的硬件安装工艺不合格或者产品质量不达标，经常会遇到某些测试项目不合格的情况。要有效地解决测试中出现的各种问题，就必须认真理解各项测试参数的内涵，并依靠测试仪准确地定位故障。

下面介绍测试过程中经常出现的问题及相应的解决方法。

1. 接线图测试未通过

(1) 该项测试未通过可以由以下因素造成。

① 双绞线电缆两端的接线顺序不对，造成测试接线图出现交叉现象。

② 双绞线电缆两端的接头有短路、断路、交叉、破裂的现象。

③ 跨接错误。某些网络特意需要发送端和接收端跨接，当为这些网络构建测试链路时，由于设备线路的跨接，测试接线图会出现交叉。

(2) 相应的解决问题的方法如下。

① 对于双绞线电缆端接线顺序不对的情况，可以采取重新端接的方式来解决。

② 对于双绞线电缆两端的接头出现的短路、断路等现象，首先根据测试仪显示的接线图断定是双绞线电缆哪一端出现的问题，然后重新端接双绞线电缆。

③ 对于跨接错误的问题，应确认其是否符合设计要求。

2. 链路长度测试未通过

(1) 链路长度测试未通过的可能原因如下。

① 测试仪 NVP 设置不正确。

② 实际长度超长，如双绞线电缆信道长度不应超过 100m。

③ 双绞线电缆开路或短路。

(2) 相应的解决问题的方法如下。

① 可用已知的电缆重新确定并重新校准标称传播速度。

② 对于电缆超长问题，只能采用重新布设电缆的方法来解决。

③ 双绞线电缆开路或短路的问题，首先要根据测试仪显示的信息，准确地定位电缆开路或短路，然后采取重新端接电缆的方法来解决。

3. 近端串扰测试未通过

(1) 近端串扰测试未通过的可能原因如下。

① 双绞线电缆端接点接触不良。

② 双绞线电缆远端连接点短路。

③ 双绞线电缆线对扭绞不良。

④ 存在外部干扰源的影响。

⑤ 双绞线电缆和连接硬件性能问题或不是同一类产品。

⑥ 双绞线电缆的端接质量问题。

(2) 相应的解决问题的方法如下。

① 端接点接触不良的问题，经常出现在模块压接和配线架压接方面，因此，应对电

缆所端接的模块和配线架进行重新压接加固。

② 对于远端连接点短路的问题，可以通过重新端接电缆来解决。

③ 如果双绞线电缆在端接模块或配线架时，线对扭绞不良，则应采取重新端接的方法来解决。

④ 对于外部干扰源，只能采用金属槽或更换为屏蔽双绞线电缆的手段来解决。

⑤ 对于双绞线电缆及相应连接硬件的性能问题，只能采取更换硬件的方式来彻底解决，将所有线缆及连接硬件更换为相同类型的产品。

4．衰减测试未通过

(1) 衰减测试未通过的原因可能如下。

① 双绞线电缆超长。

② 双绞线电缆接点接触不良。

③ 电缆和连接硬件性能问题或不是同一类产品。

④ 电缆的端接质量问题。

⑤ 现场温度过高。

(2) 相应的解决问题的方法如下。

① 对于超长的双绞线电缆，只能采取更换电缆的方式来解决。

② 对于双绞线电缆端接质量问题，可采取重新端接的方式来解决。

③ 对于电缆和连接硬件的性能问题，应采取更换硬件的方式来彻底解决，将所有线缆及连接硬件更换为相同类型的产品。

6.5 光纤测试技术

随着计算机高速网络的不断发展，光纤在计算机网络中的应用越来越广泛。由于在光纤布线系统的施工过程中涉及光缆的敷设、光缆的弯曲半径、光纤的连接、光纤跳线，更由于设计方法及物理布线结构的不同，会导致光纤信道上光信号的传输衰减等指标发生变化，所以，当综合布线工程结束时，除了要进行铜缆的测试外，还必须对光缆链路进行认真的测试。以确认光纤布线系统达到设计的要求和网络应用的要求。

本节在前面介绍光纤链路测试参数的基础上，根据《综合布线系统工程验收规范》(GB 50312—2007)的有关规定，介绍常用光纤测试设备及光纤传输信道的测试方法。

6.5.1 常用的光纤测试设备

与双绞线测试一样，在进行光纤测试过程前，首先必须选购合适的光纤测试设备，即光纤测试仪。

不同的测试设备具有不同的测试功能，应用于不同的测试环境，一些设备只可以进行基本的连通性测试，有些设备则可以在不同的波长上进行全面测试。

光纤测试设备主要包括闪光灯、光纤识别仪和故障定位仪、光功率计、光纤测试光源、光损耗测试仪、光时域反射仪等。

1．光功率计

光功率计是测量光纤布线链路损耗的基本设备。它可以在接收端测量光纤的输出功率，在光纤链路段，用光功率计可以测量传输信号的损耗和衰减。大多数光功率计是手提式设备，用于测试多模光纤链路的光功率计的工作波长是 850nm 和 1300nm，用于测试单模光纤链路的光功率计的测试波长是 1310nm 和 1550nm。

图 6-15 所示为 Fluke 网络公司生产的 SimpliFiber Pro 光缆测试工具包所配的光功率计的外观。它是支持多种波长(850/1300/1310/1550nm)的功率表，可以精确地测量多模和单模光缆的功率损耗和衰减。

2．光纤测试光源

在进行光功率测量时，必须使用一个稳定的光源。光纤测试光源可以产生稳定的光脉冲。目前的光源主要有 LED(发光二极管)光源和激光光源两种，LED 光源造价比较低，主要用于短距离的局域网；激光光源设备较昂贵，主要用于长距离的主干网。

Fluke 网络公司生产的 SimpliFiber Pro 光缆测试工具包所配的光纤测试光源如图 6-16 所示。

图 6-15　SimpliFiber Pro 光功率计　　　图 6-16　SimpliFiber Pro 光源

光纤测试光源与光功率计组合在一起，可以测量光纤系统的光损耗，所以两者合成的一套仪器常称为光损耗测试仪(或称作光万用表)。

Fluke 公司的 SimpliFiber Pro 工具包就是光源和光功率计的集合，它为基于光缆的以太网、Token Ring 和 FDDI 的网络设计，允许用户快速、准确地评估光缆传输信道和设备上功率的损耗，可以存储 100 条测试记录，并用 LinkWare 软件打印测试报告。

3．光时域反射仪

光时域反射仪(OTDR)是专门用于光缆布线故障诊断和认证测试的光纤测试设备。

OTDR 基于回波反射的工作方式，通过测量回波散射的量来检测链路中的光纤连接器和接续子。使用 OTDR 可以测试光纤的长度、光纤衰减以及衰减分布情况，还可以确定光纤链路的故障原因和故障位置。

Fluke 网络公司推出的 OptiFiber 光缆认证分析仪是目前综合布线工程中常用的光时域反射仪，如图 6-17 所示。OptiFiber 可以满足最新光缆认证和测试需求。它将插入损耗和光缆长度测量、OTDR 分析和光缆连接头端接面洁净度检查集成在一台仪器中，提供更高级

高职高专立体化教材　计算机系列

的光缆认证和故障诊断。随机附带的 LinkWare 软件可以管理所有的测试数据，对它们进行文档备案、生成测试报告。

图 6-17　OptiFiber 光缆认证分析仪

此外，Fluke 公司在 DSP 和 DTX 系列电缆测试仪上配套的光缆测试适配器也是一种进行光纤测试时较为方便、集成度高的解决方案。这种结构紧凑的适配器可以确保被测试的光缆和网络的传输光源相匹配，可以自动地对所有类型的光缆进行双光缆、双波长的测试和认证，它们使 DSP 和 DTX 系列电缆认证分析仪变成了全功能的网络测试仪。

6.5.2　光纤链路的测试方法

《综合布线系统工程验收规范》(GB 50312—2007)规定，在两端对光纤逐根进行双向(收与发)测试时，光纤链路测试连接方式如图 6-18 所示。其中，光连接器件可以为工作区 TO、电信间 FD、设备间 BD、CD 的 SC、ST、SFF 连接器件；光缆可以分为水平光缆、建筑物主干光缆和建筑群主干光缆。光纤链路不包括光纤跳线在内。

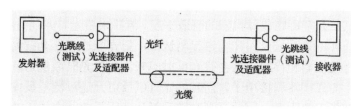

图 6-18　光纤链路测试连接(单芯)

对光纤链路的测试通常是对每一条光纤链路的两端在双波长(单模光纤为 1310/1550nm，多模光纤为 850/1300nm)情况下测试收/发情况(水平光纤链路的测量可以除外，因为光纤长度短，因波长变化而引起的衰减不明显)。根据光纤的测试内容，可将光纤的测试分为 4 个方面，即光纤的连通性测试、端—端损耗测试、收发功率测试、回波损耗测试。

1．连通性测试

连通性测试的目的，是为了确定光纤中是否存在断点。通常，在购买光缆时，采用这种方法进行测试。连通性测试比较简单，只须在光纤一端注入光线(如手电光)，在光纤的另外一端查看是否有闪光即可。

2．端—端损耗测试

对已敷设的光缆，可用插损法测试端—端损耗，即用一个功率计和一个光源来测量两个功率的差值：第一个是从光源注入光缆的能量，第二个是从光缆段的另一端射出的能量。两个功率的差值，即为每个光纤链路的损耗。测量时，为确定光纤的注入功率，必须对光源和功率计进行校准。校准后的结果可为所有被测光缆的光功率损耗测试提供一个基点。具体步骤如下。

(1) 将光源和光功率计分别连接在参照测试光纤的两端，通常用两个测试用光缆跳线作参照，用参照适配器把测试用光缆跳线两端连接起来，这样，测量出光源到直接相连的光功率计之间的参考损耗值 P_1。

(2) 将两段光纤跳线分别接到被测光纤两端后，再将光源和光功率计连入光纤链路，测量从发送器到接收器的实际损耗值 P_2。

(3) 端—端的功率损耗 A 即为参考度量与实际度量之差：$A = P_1 - P_2$。

3．收发功率测试

收发功率测试，是测定光纤链路的有效方法，使用的设备主要是光功率计和一段跳线。在实际应用中，链路的两端可以相距很远，但只要测得发送端和接收端的光功率，即可判定光纤链路的运行状况。具体的操作过程如下。

(1) 在发送端将被测光纤取下，用跳线代替。跳线一端为原来的发送器，另一端为光功率计。使光发送器工作，即可在光功率计上测得发送端的光功率值。

(2) 在接收端，用跳线取代原来的跳线，接入光功率计。在发送端的光发送器工作的情况下，即可测得接收端的光功率值。

(3) 发送端与接收端的光功率值之差，就是该光纤链路所产生的损耗。

4．回波损耗测试

回波损耗测试是光纤链路故障检修的有效手段。需要采用光时域反射计(OTDR)来测量光纤链路的回波损耗。光时域反射计在进行测试时，把光脉冲注入光纤后，再测试反射回来的光，因为光纤连接器和接续子处会有光反射回来，所以光时域反射计可根据反向散射来探测光纤链路中的连接器和接续子。同时，光时域反射计通过测量反向散射信号的返回时间来确定光纤连接点的距离。因此，光时域反射计适用于故障定位，特别是用于确定光缆断开或损坏的位置。

6.5.3　光纤链路测试的注意事项

在对光纤链路进行测试时，必须注意以下几个方面。

(1) 对光纤信道进行连通性、端—端损耗、收发功率和回波损耗 4 种测试，要严格区分单模光纤和多模光纤的基本性能指标、基本测试标准和测试仪器或测试附件。

(2) 要保证测试仪器的精度，为此，应选用动态范围大的，通常为 60dB 或更高的测试仪器。在这一动态范围内功率测量的精确度通常被称为动态精确度或线性精确度。

(3) 要校准好测量仪器。为使测量结果更准确，测试前，应对所有的光连接器件进行清洗，并将测试接收器校准到零位。值得注意的是，即使是经过了校准的功率计也有大约

±5%(0.2dB)的不确定性，测量时，所使用的光源与校准时所用的波长必须一致；其次，要确保光纤中的光有效地耦合到功率计中，最好是在测试中采用发射电缆和接收电缆(电缆损耗低于 0.5dB)；最后还必须使全部光都照射到测试仪的接收面上，又不使测试仪过载。

本 章 小 结

　　综合布线工程实施完成后，需要对布线工程进行全面的测试工作，以确保系统的施工质量达到设计要求。综合布线工程测试一般分为两类：验证测试和认证测试。我国执行的最新国家标准为《综合布线系统工程验收规范》(GB 50312—2007)，该标准包括了目前使用最广泛的 5 类电缆、超 5 类电缆、6 类电缆和光缆的测试方法，规定了 3 种测试模型：基本链路模型、永久链路模型和信道模型，3 类和 5 类布线系统按照基本链路模型和信道模型进行测试，超 5 类和 6 类布线系统按照永久链路模型和信道模型进行测试。

　　目前综合布线系统工程中使用的传输介质主要是双绞线和光缆。对于不同等级的电缆，需要测试的参数不相同。双绞线链路测试参数主要包括长度、接线图、衰减和近端串扰、衰减串扰比、传输延迟、回波损耗和直流环路电阻等；光纤链路测试参数主要包括光纤链路的长度和光纤链路的衰减。

　　根据测试仪的功能，可以将测试仪分为验证测试仪、认证测试仪和鉴定测试仪三大类。综合布线测试仪的性能指标主要包括精度、速度和故障定位能力等方面。合理选择综合布线测试仪，除了考察其功能和适用范围外，还应考察其性能指标是否符合要求。

　　DTX-1800 电缆认证分析仪是一种功能强大、性能优越的手持式电缆分析设备，可用于认证、故障排除以及为双绞线和光缆安装提供布线文档，使用该电缆认证分析仪，可在很短时间内完成对各类布线系统的认证测试，其准确度符合第 III 等级和第 IV 等级的要求。

　　常用的光纤测试设备主要包括光功率计、光源、光时域反射仪等。光功率计是测量光纤布线链路损耗的基本设备，光纤测试光源可以产生稳定的光脉冲。光纤测试光源与光功率计组合在一起，可以测量光纤系统的光损耗，所以将两者合成的一套仪器常称为光损耗测试仪。光时域反射仪是专门用于光缆布线故障诊断和认证测试的光纤测试设备。

　　对光纤链路的测试通常是对每一条光纤链路的两端在双波长情况下测试收/发情况。根据光纤的测试内容，可将光纤的测试分为 4 个方面，即光纤的连通性测试、端—端损耗测试、收发功率测试、回波损耗测试。

本 章 实 训

1. 实训目的

通过本次实训，学生将能够：

● 学会使用综合布线工程测试过程中常用的测试仪。

● 完成综合布线系统电缆传输通道和光缆传输通道的测试。

● 解决在测试过程中发现的各种问题。

2. 实训内容

以一座综合布线大楼为目标(最好为在建工程),运用所配备的电缆测试仪和光缆测试仪,对电缆和光缆进行测试,生成测试报告。

3. 实训步骤

(1) 利用验证测试仪完成对双绞线电缆传输通道的连通性测试。

(2) 利用电缆认证测试仪(如 Fluke DTX 系列电缆分析仪)完成双绞线链路的认证测试,生成测试报告,并分析测试报告,解决测试中发现的问题。

(3) 利用光时域反射计(如 Fluke OF-500)完成光纤链路的认证测试,生成测试报告,并分析测试报告,解决测试中发现的问题。

复习自测题

1. 填空题

(1) 综合布线工程测试一般分为_____和_____两类。

(2) 在综合布线的测试与维护方面,根据测试仪的测试功能,可以分成_____、_____、_____三类。综合布线认证测试最好都使用____级精度的测试仪。

(3) 我国目前使用的最新国家标准为_____。

(4) 我国国家标准规定了_____、_____和_____三种测试模型,3 类和 5 类布线系统按照_____和_____进行测试,超 5 类和 6 类布线系统按照_____和_____进行测试。

(5) 双绞线链路测试的主要参数包括_____、_____、_____、_____、_____、_____、_____、_____、_____、_____、_____等。

(6) 光纤链路测试的主要参数包括_____和_____。

(7) 常用的光纤测试设备主要包括_____、_____和_____等,_____和_____的组合常称为光损耗测试仪。

(8) 根据光纤的测试内容,可将光纤的测试分为_____、_____、_____和_____4 个方面。

2. 简答题

(1) 什么是验证测试?什么是认证测试?两者有何区别?

(2) 简述目前综合布线领域所遵循的测试标准。

(3) 电缆认证测试模型有哪些?试分析各个模型的异同点。

(4) 测试仪器分为哪几类?每类仪器的主要功能是什么?

(5) 简述双绞线链路和光纤链路测试的主要参数。

(6) 简述光时域反射仪(OTDR)的工作原理。

(7) 常用的光缆测试设备有哪些?分别可以进行什么测试?

(8) 光纤链路的测试包括哪些方面?

第7章 综合布线系统的验收和鉴定

综合布线系统在当今建筑与建筑群的建设中，得到了极其广泛的应用。但是，如果综合布线系统工程存在施工质量问题，将给通信网络和计算机网络造成潜在的隐患，影响信息的传送。因此，为确保工程质量，应按照国家标准和规范，提出切实可行的验收要求，有效组织验收人员，对施工过程中及竣工后的工程施工质量进行严格验收和鉴定。对综合布线系统工程的验收是施工方向用户方移交的正式手续，也是用户对工程的认可。

通过本章的学习，学生将能够：
- 掌握综合布线系统工程验收与鉴定所需要的知识。
- 掌握综合布线系统验收与鉴定的一般步骤。

本章的核心概念： 验收标准与规范、综合布线系统工程验收、综合布线系统工程鉴定。

7.1 综合布线系统工程验收概述

验收是用户对综合布线系统工程施工工作的认可，目的是检查工程施工是否符合设计要求和符合有关施工规范。用户要确认工程施工是否达到了设计目标，质量是否符合要求，是否遵照了有关施工规范和标准。验收过程分两部分进行，第一部分是现场验收(即物理验收)，第二部分是文档验收。

对综合布线系统工程的验收，应从以下各个方面进行验收：环境检查、器材检验、设备安装检验、线缆的敷设和保护方式检验、线缆的敷设、保护措施、线缆终接、工程电气测试、工程文档验收等。

综合布线系统工程的验收小组应包括工程双方单位的行政负责人、有关项目主管、主要工程项目的监理人员、建筑设计施工单位的相关技术人员、第三方验收机构或相关技术人员组成的专家组。

7.1.1 工程验收的依据

由于综合布线系统的广泛应用，综合布线系统的测试与验收对保障工程施工质量和保护用户工程投资效益显得愈加重要。鉴于用户需求和综合布线市场的激烈竞争，国家有关部门也及时制订和逐步更新了综合布线系统工程的验收规范及标准，为新建、扩建、改建的建筑与建筑群的综合布线工程的测试验收提供了依据。其中，《综合布线系统工程验收规范》(GB 50312—2007)是由信息产业部(现为工业与信息化部)主编、建设部批准，2007年10月1日施行的综合布线系统工程验收的国家标准。

工程技术文件、承包合同文件要求采用国际标准时，应按要求采用适用的国际标准，但不应低于《综合布线系统工程设计规范》的规定。以下国际标准可供参考：
- 用户建筑综合布线(ISO/IEC 11801)。
- 商业建筑电信布线标准(TIA/EIA 568)。

- 商业建筑电信布线安装标准(TIA/EIA 569)。
- 商业建筑通信基础结构管理规范(TIA/EIA 606)。
- 商业建筑通信接地要求(TIA/EIA 607)。
- 信息系统通用布线标准(EN 50173)。
- 信息系统布线安装标准(EN 50174)。

7.1.2 工程验收的原则

综合布线系统的验收应遵循以下几个原则。

(1) 综合布线系统工程的验收首先必须以工程合同、设计方案、设计修改变更为依据。

(2) 布线链路性能测试应符合《综合布线系统工程设计规范》(GB 50311—2007)。

(3) 竣工验收的项目内容和方法应按《综合布线工程验收规范》(GB 50312—2007)执行。

(4) 由于综合布线工程是一项系统工程，不同的项目会涉及通信、机房、防雷、防火问题，因此，综合布线工程验收还需符合以下等多项技术规范：

- 本地网通信线路工程验收规范(YD 5051—1997)。
- 通信管道工程施工及验收技术规范(YD 5103—2003)。
- 建筑物防雷设计规范(GB 50057—94)。
- 电子计算机机房设计规范(GB 50174—93)。
- 计算机场地技术要求(GB 2887—2000)。
- 计算机场地安全要求(GB 9361—88)。
- 建筑设计防火规范(GBJ 16—87)。

在综合布线工程施工与验收中，当遇到上述各种规范未包括的技术标准和技术要求时，可按有关设计规范和设计文件的要求办理。由于综合布线技术日新月异，技术规范内容在不断地进行修改和补充，因此，在验收时，应注意使用最新的技术标准。

7.2 综合布线系统工程验收的内容

在《综合布线系统工程验收规范》(GB 50312—2007)中，规定了综合布线系统的工程验收项目及内容。在验收中，如发现有些检验项目不合格，应查明原因，分清责任，提出解决办法，迅速补正，以确保工程质量。检查验收项目和内容如表 7-1 所示。

表 7-1 综合布线系统工程检验项目和内容

阶　　段	验收项目	验收内容	验收方式
施工前的检查	1. 环境要求	(1)土建施工情况：地面、墙面、门、电源插座及接地装置。(2)土建工艺：机房面积、预留孔洞。(3)施工电源。(4)地板铺设。(5)建筑物入口设施检查	施工前检查
	2. 器材检验	(1)外观检查。(2)形式、规格、数量。(3)电缆及连接器件电气性能测试。(4)光纤及连接器件特性测试。(5)测试仪表和工具的检查	

阶　段	验收项目	验收内容	验收方式
施工前的检查	3. 安全、防火要求	(1)消防器材。(2)危险物的堆放。(3)预留孔洞防火措施	
设备安装	1. 电信间、设备间、设备机柜、机架	(1)规格、外观。(2)安装垂直、水平度。(3)油漆不得脱落、标志完整齐全。(4)各种螺钉必须紧固。(5)抗震加固措施。(6)接地措施	随工检验
	2. 配线模块及八位模块式通用插座	(1)规格、位置、质量。(2)各种螺钉必须拧紧。(3)标志齐全。(4)安装符合工艺要求。(5)屏蔽层可靠连接	
电缆、光缆的布放(楼内)	1. 电缆桥架及线槽布放	(1)安装位置正确。(2)安装符合工艺要求。(3)符合布放线缆的工艺要求。(4)接地	随工检验
	2. 线缆暗敷(包括暗管、线槽、地板等方式)	(1)线缆规格、路由、位置。(2)符合布放线缆的工艺要求。(3)接地	隐蔽工程签证
电缆、光缆的布放(楼间)	1. 架空线缆	(1)吊线规格、架设位置、装设规格。(2)吊线垂度。(3)线缆规格。(4)卡、挂间隔。(5)线缆的引入符合工艺要求	随工检验
	2. 管道线缆	(1)使用管孔孔位。(2)线缆规格。(3)线缆走向。(4)线缆的防护设施的设置质量	隐蔽工程签证
	3. 埋式线缆	(1)线缆规格。(2)敷设位置、深度。(3)线缆防护设施的设置质量。(4)回土夯实质量	
	4. 隧道线缆	(1)线缆规格。(2)安装位置，路由。(3)土建设计符合工艺要求	
	5. 其他	(1)通信线路与其他设施的距离。(2)进线室安装、施工质量	随工检验或隐蔽工程签证
线缆终接	1. 八位模块式通用插座	符合工艺要求	随工检验
	2. 光纤连接器件	符合工艺要求	
	3. 各类跳线	符合工艺要求	
	4. 配线模块	符合工艺要求	
系统测试	1. 工程电气性能测试	(1)连接图。(2)长度。(3)衰减。(4)近端串扰(两端都应测试)。(5)相邻线对综合近端串扰。(6)衰减串扰比。(7)综合衰减串扰比。(8)等效远端串扰。(9)综合等效远端串扰。(10)回波损耗。(11)传播时延。(12)传播时延偏差。(13)插入损耗。(14)直流环路电阻。(15)设计中特殊规定的测试内容。(16)屏蔽层的导通	竣工检验
	2. 光纤特性测试	(1)衰减。(2)长度	
管理系统	1. 管理系统级别	符合设计要求	竣工检验
	2. 标识符与标签设置	(1)专业标识符类型及组成。(2)标签设置。(3)标签材料及色标	
	3. 记录和报告	(1)记录信息。(2)报告。(3)工程图纸	
工程总验收	1. 竣工技术文件	清点、交接技术文件	竣工检验
	2. 工程验收评价	考核工程质量，确认验收结果	

注：① 系统测试内容的验收亦可在随工中进行。
　　② 在工程验收时，如对隐蔽工程有疑问，需要进行重复检查

7.3 综合布线系统工程的验收

在《综合布线系统工程验收规范》(GB 50312—2007)中，规定了综合布线系统工程的验收测试形式，其中，自检测试由施工单位进行，主要验证布线系统的连通性和终接的正确性；竣工验收测试则由测试部门根据工程的类别，按布线系统标准规定的连接方式完成性能指标参数的测试。因此，在施工过程中，施工单位必须严格执行《综合布线系统工程验收规范》(GB 50312—2007)有关施工质量检查的规定。建设单位应通过工地代表或工程监理人员加强工地的随工质量检查，及时组织隐蔽工程的检验和验收。

7.3.1 环境检查

1. 工作区、电信间、设备间的检查内容

(1) 房屋地面平整、光洁，门的高度和宽度应符合设计要求。

(2) 房屋预埋线槽、暗管、孔洞和竖井的位置、数量、尺寸均应符合设计要求。

(3) 铺设活动地板的场所，活动地板防静电措施及接地应符合设计要求。

(4) 电信间、设备间应提供 220V 带保护接地的单相电源插座。

(5) 电信间、设备间应提供可靠的接地装置，接地电阻值及接地装置的设置应符合设计要求。

(6) 电信间、设备间的位置、面积、高度、通风、防火及环境温度、湿度等应符合设计要求。

2. 建筑物进线间及入口设施的检查内容

(1) 引入管道与其他设施，如电气、水、煤气、下水道的位置间距应符合设计要求。

(2) 引入线缆采用的敷设方法应符合设计要求。

(3) 管线入口部位的处理应符合设计要求。

(4) 进线间的位置、面积、高度、照明、电源、接地、防火、防水等应当符合设计要求。

7.3.2 配套器材的检查

1. 配套型材、管材与铁件的检查

(1) 各种型材的材质、规格、型号应符合设计文件的规定，表面应当光滑、平整，不得变形、断裂。预埋金属线槽、过线盒、接线盒及桥架等表面涂覆或镀层应均匀、完整，不得变形、损坏。

(2) 室内管材采用金属管或塑料管时，其管身应光滑、无伤痕，管孔无变形，孔径、壁厚应符合设计要求。

(3) 室外管道应当按通信管道工程验收的相关规定进行检验。

(4) 各种铁件的材质、规格均应符合相应的质量标准。

(5) 铁件的表面处理和镀层应均匀、完整，表面光洁，无脱落、气泡等缺陷。

2．线缆的检验

(1) 工程使用的电缆和光缆形式、规格及线缆的防火等级应符合设计要求。

(2) 线缆所附标志、标签内容应齐全、清晰，外包装应注明型号和规格。

(3) 线缆外包装和外护套应完整无损，当外包装损坏严重时，有没有经过测试合格后再在工程中使用。

(4) 电缆应附有本批量的电气性能检验报告。

(5) 光缆开盘后应先检查光缆端头封装是否良好。

(6) 光纤接插软线或光跳线检验是否符合下列规定：

● 两端的光纤连接器件端面应装配合适的保护盖帽。

● 光纤类型应符合设计要求，并应有明显的标记。

3．连接器件的检验

(1) 配线模块、信息插座模块及其他连接器件的部件应当完整，电气和机械性能等指标应当符合相应产品生产的质量标准。

(2) 信号线路浪涌保护器各项指标应当符合有关规定。

(3) 光纤连接器件及适配器使用的型号和数量、位置应当与设计相符。

7.3.3　设备安装检验

1．机柜、机架安装检验

(1) 机柜、机架安装完毕后，垂直偏差度应不大于 3mm。机柜、机架安装位置应符合设计要求。

(2) 机柜、机架上的各种零件不得脱落或碰坏，漆面如有脱落应予以补漆，各种标志应完整、清晰。

(3) 机柜、机架的安装应牢固，如有抗震要求时，应按施工图的抗震设计进行加固。

2．各类配线部件安装检验

(1) 各部件应完整，安装就位，标志齐全。

(2) 安装螺丝必须拧紧，面板应保持在一个平面上。

3．八位模块通用插座安装检验

(1) 安装在活动地板或地面上，应固定在接线盒内，插座面板采用直立和水平等形式。接线盒盖可开启，并应具有防水、防尘、抗压功能。接线盒盖面应与地面齐平。

(2) 对于八位模块式通用插座、多用户信息插座或集合点配线模块来说，安装位置应符合设计要求。

(3) 八位模块式通用插座底座盒的固定方法按施工现场条件而定，宜采用预置扩张螺丝钉固定等方式。

(4) 固定螺丝需拧紧，不应产生松动现象。

(5) 各种插座面板应有标识，以颜色、图形、文字表示所接终端的设备类型。

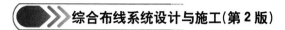

4．电缆桥架及线槽的安装检验

(1) 桥架及线槽的安装位置应符合施工图规定，左右偏差不应超过 50mm。

(2) 桥架及线槽水平度每米偏差不应超过 2mm。

(3) 垂直桥架及线槽应与地面保持垂直，并无倾斜现象，垂直度偏差不应超过 3mm。

(4) 线槽截断处及两线槽拼接处应平滑、无毛刺。

(5) 吊架和支架安装应保持垂直，整齐牢固，无歪斜现象。

(6) 金属桥架及线槽节与节之间应接触良好，安装牢固。

5．机柜、机架等接地体的检验

安装机柜、机架、配线设备屏蔽层及金属钢管、线槽使用的接地体应符合设计要求。

7.3.4　线缆的敷设和保护方式检验

1．线缆的敷设

线缆一般应按下列要求敷设。

(1) 线缆的形式、规格应与设计规定相符。

(2) 线缆的布放应自然平直，不得产生扭绞、打圈接头等现象，不应受外力的挤压和损伤。

(3) 线缆两端应贴有标签，应标明编号，标签书写应清晰、端正和正确。

(4) 线缆终接后应有余量。

(5) 线缆的弯曲半径应符合规定。

2．预埋线槽和暗管敷设线缆的规定

(1) 敷设线槽的两端宜用标志表示出编号和长度等内容。

(2) 敷设暗管宜采用钢管或阻燃的硬质 PVC 管。

3．设置电缆桥架和线槽敷设线缆的规定

(1) 电线缆槽、桥架宜高出地面 2.2m 以上。

(2) 槽内线缆布放应顺直，尽量不交叉，在线缆进出线槽部位、转弯处应绑扎固定，其水平部分的线缆可以不绑扎。

(3) 电缆桥架内线缆垂直敷设时，在线缆的上端和每间隔 1.5m 处应固定在桥架的支架上；水平敷设时，在线缆的首、尾、转弯及每间隔 5～10m 处进行固定。

(4) 在水平、垂直桥架和垂直线槽中敷设线缆时，应对线缆进行绑扎。双绞电缆、光缆及其他信号电缆应根据线缆的类别、数量、缆径、线缆芯数分束绑扎。

(5) 楼内的光缆宜在金属线槽中敷设，在桥架敷设时，应在绑扎固定段加装垫套。

4．保护措施

(1) 水平子系统的线缆敷设保护方式应符合设计要求。

(2) 干线子系统的线缆敷设保护方式应符合设计要求。

(3) 建筑群子系统的线缆敷设保护方式应符合设计要求。

7.3.5　线缆终接

1．线缆终接的一般要求

线缆终接的一般要求有以下几个。

(1)　线缆在终接前，必须核对线缆标识内容是否正确。

(2)　线缆中间不允许有接头。

(3)　线缆终接处必须牢固、接触良好。

(4)　线缆终接应符合设计和施工操作规程。

(5)　双绞电缆与插接件连接应认准线号、线位色标，不得颠倒和错接。

2．双绞电缆芯线终接的要求

终接时，每对双绞线应保持扭绞状态，扭绞松开长度对于 5 类线不应大于 13mm。对绞线在与八位模块式通用插座相连时，必须按色标和线对顺序进行卡接。插座类型、色标和编号应符合相关的规定。

3．光缆芯线终接的要求

光缆芯线终接的要求有以下几个。

(1)　采用光纤连接盒对光纤进行连接、保护，在连接盒中，光纤的弯曲半径应符合安装工艺的要求。

(2)　光纤熔接处应加以保护和固定，使用连接器以便于光纤的跳接。

(3)　光纤连接盒面板应有标志。

(4)　光纤连接损耗值应符合表 7-2 所示的规定。

表 7-2　光纤连接损耗　　　　　　　　　　　　　　　　　　　　　　dB

连接类别	多　　模		单　　模	
	平　均　值	最　大　值	平　均　值	最　大　值
熔接	0.15	0.3	0.15	0.3

4．各类跳线终接的要求

各类跳线终接的要求如下。

(1)　各类跳线线缆和接插件间接触是否良好，接线无误，标志齐全。跳线选用类型应符合系统设计要求。

(2)　各类跳线长度是否符合设计要求，一般双绞电缆跳线不应超过 5m，光缆跳线不应超过 10m。

7.3.6　工程电气测试

综合布线工程的电缆系统需要做电气性能测试及光纤系统性能测试，其中，电缆系统测试内容分别为基本测试项目和任选项目测试。各项测试应有详细的记录，以作为竣工资料的一部分，测试记录格式如表 7-3 所示。

表7-3 光纤综合布线系统工程电气性能测试记录

序号	编号			内容								记录
				电缆系统						光缆系统		
	地址号	线号	设备号	长度	接线图	衰减	近端串扰(2端)	电缆屏蔽层连通情况	其他任选项目	衰减	长度	
	测试日期、人员及测试仪表型号											
	处理情况											

电气性能测试仪按二级精度,应达到表7-4规定的要求。

表7-4 测试仪精度最低性能要求

序 号	性能参数	1～100MHz
1	随机噪声最低值	$65-15\log(f100)$dB
2	剩余近端串音(NEXT)	$55-15\log(f100)$dB
3	平衡输出信号	$37-15\log(f100)$dB
4	共模抑制	$37-15\log(f100)$dB
5	动态精确度	±0.75dB
6	长度精确度	±1m±4%
7	回损	15dB

注:动态精确度适用于从0dB基准值至优于NEXT极限值10dB的一个带宽,按60dB限制

现场测试仪应能测试3类、5类双绞电缆布线系统及光纤链路。测试仪表应有输出端口,以将所有存储的测试数据输出至计算机和打印机,进行维护和文档管理。此外,电、光缆测试仪表应具有合格证及计量证书。

7.3.7 工程验收

工程竣工后,施工单位应在工程验收以前,将工程竣工技术资料交给建设单位。
综合布线系统工程的竣工技术资料应包括以下内容:

* 安装工程量。
* 工程说明。
* 设备、器材明细表。
* 竣工图纸(施工中更改后的施工设计图)。
* 测试记录(宜采用中文表示)。
* 工程变更、检查记录及施工过程中,需更改设计或采取相关措施,由建设、设计、

施工等单位之间的双方洽商记录。

● 随工验收记录。

● 隐蔽工程签证。

● 工程决算。

竣工技术文件要保证质量，做到外观整洁，内容齐全，数据准确。在验收中发现不合格的项目，应由验收机构查明原因，分清责任，提出解决办法。

7.4　综合布线系统工程的鉴定

综合布线系统工程的鉴定是对综合布线系统工程施工的水平做评价。鉴定评价来自专家、教授组成的鉴定小组，用户只能向鉴定小组客观地反映使用情况，鉴定小组组织人员对新系统进行全面的考察；鉴定小组写出鉴定书提交上级主管部门备案。鉴定是由专家组和甲、乙双方共同进行的。当验收通过后，进入综合布线系统工程的鉴定程序。一般以召开鉴定会议的形式完成这一过程。

现以某职业学院新校区已完工的校园网工程为例，介绍综合布线系统工程的鉴定过程。

7.4.1　基本情况介绍

某学院新校区面积 1100 多亩，现已建成使用的各类大楼共 15 栋，其校园网覆盖办公、教学、教工宿舍等整个校区，为办公、教学、管理等方面的信息获取、共享及发布带来了很大效益。该校园网的综合布线系统工程主要分为大楼间布线和楼内布线两部分。楼间布线通过光缆系统连接各大楼到网络中心，包括学院办公大楼 A(1 栋)、各系部教学楼 B、C、D(3 栋)、综合教学楼 E、F(2 栋)、综合实验楼 G(1 栋)、图书信息楼 H(1 栋)、教工宿舍楼 X(6 栋一期工程)。楼间骨干采用 6 芯单模光缆，各建筑物之间有电缆沟，故采用电缆沟敷设方法。楼内垂直干线子系统采用 4 芯多模光缆，采用垂直桥架敷设。各楼内水平子系统布线采用超 5 类 UTP(cat5e)，通过桥架和墙内预设穿线管连接各信息点至大楼各层配线间或直接连接到大楼设备间。网络中心设置在图书信息大楼的 8 层。各楼信息点分布情况统计如表 7-5 所示。

表 7-5　各建筑物信息点分布情况统计表

建筑物名称	信息点数(个)	需求简单说明
图书信息楼 H(8 层) 及附楼(3 层)	300	网络中心、教学机房(内部 LAN)、多媒体电子阅览室、学院电台、电视台、演播室、视频会议室、图书馆、阅览室、电子期刊室、学生自习室等
办公大楼 A(6 层)	51	院领导办公室、会议室、财务处、各处室等
教学楼 B、C、D(5 层)	130	各系部办公室、教室等
综合教学楼 E、F(4 层)	60	多媒体教室、管理室等
综合实验楼 G(5 层)	27	实验室、实习场等
教工宿舍楼区 X(5 层、6 栋)	190	教工宿舍
合计	758	—

楼间的综合布线系统如图 7-1 所示。

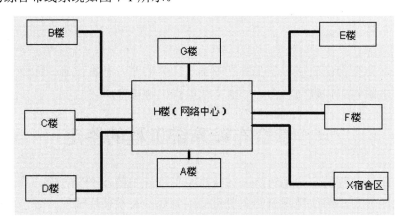

图 7-1　楼间综合布线工程的布线图

7.4.2　验收与鉴定报告

该学院的综合布线系统工程竣工后，召开综合布线系统工程验收会议。验收小组由某网络系统集成公司、该学院主管领导、技术主管以及邀请的专家组成，验收小组和代表听取了综合布线系统工程的方案设计和施工报告、测试报告、资料审查报告和用户试用情况报告，实地考察了该学校网络中心、主要布线系统现场。验收小组经过认真的讨论，对以下几项内容的鉴定意见达成了一致。

(1)　工程系统设计符合要求。

该综合布线系统工程是一个较大的项目，遍及 15 个楼宇、758 个信息点。该工程按照 TIA/EIA 568-A 布线国际标准设计，按照《综合布线工程系统设计规范》(GB 50311—2007)施工，遵循了开放性、标准性、灵活性、先进性、可扩充性、模块化的设计原则，既能满足目前的需求，又可兼顾未来发展的需要。

(2)　工程技术先进，设计合理。

该综合布线系统工程采用南京普天布线系统，按照 TIA/EIA 568-A 布线国际标准设计。综合布线系统工程中，建筑群子系统采用 6 芯单模光纤，垂直干线子系统采用 4 芯多模光纤，设备间子系统设立水平配线架和主干配线架，工作区子系统选用普天八位模块化插座，水平干线子系统采用金属线槽、PVC 管和塑料线槽规范布线。除室内明线槽外，其余均在天花板吊顶内，布局合理，符合国家标准(GB 50311—2007)。

(3)　施工质量达到设计标准。

在工程实施中，由该学院网络中心和某网络系统集成公司联合组成了工程指挥组、协调工程施工组、布线工程组和工程监测组，双方人员一起进行协调，监督工程施工质量。由于措施得当，保障了工程的质量和进度。工程实施完全按照设计的标准完成，做到了布局合理，施工质量高。对所有的信息点、电缆进行了自动测试，测试的各项指标全部达到了规定的标准。

(4)　文档资料齐全。

某网络系统集成公司为该工程提供了翔实的文档资料。这些文档资料为工程的验收、计算机网络的管理和维护，提供了必不可少的依据。

综合上述，该综合布线系统工程的方案设计合理、技术先进、工程实施规范、质量好。该综合布线系统工程具有较好的实用性、扩展性，各项技术指标全部达到设计要求。验收小组一致同意通过该综合布线系统工程的验收。

7.5　验收技术文档的内容

综合布线系统工程文档资料的编写具有如下要点。

(1)　工程竣工后，施工单位应在工程验收以前，将工程竣工技术资料交给建设单位。

(2)　施工单位提供如下几项符合技术规范的结构化综合布线技术档案材料：

● 安装工程量如表 7-6 所示。

● 工程说明。

● 设备、器材明细表。

● 竣工图纸(施工中更改后的施工设计图)。

● 验收记录表，如表 7-7 所示。

● 工程变更、检查记录及施工过程中须更改设计或采取相关措施时，由建设、设计、施工等单位之间多方洽商的记录。

● 随工验收记录。

● 隐蔽工程签证。

● 工程决算。

(3)　综合布线系统的配置图。

(4)　光纤端接架上的光纤分配表。

(5)　光纤的测试报告。

(6)　电缆系统的测试报告。

(7)　双绞线的测试报告。

表 7-6　安装工程量

序　号	型　号	描　述	厂　家	单　位	数　量

表 7-7　综合布线系统性能检测分项工程质量验收记录表

单位(子单位)工程名称			子分部工程	综合布线系统
分项工程名称	系统性能检测		验收部位	
施工单位			项目经理	
施工执行标准名称及编号				
分包单位			分包项目经理	
检测项目(一般项目) (执行本规范第×××条的规定)			检测评定记录	备注
1	工程电气性能检测	连接图		执行 GB 50312 ×××条的规定
		长度		
		衰减		
		近端串扰(两段)		
		其他特殊规定的测试内容		
2	光纤特性检测	连通性		
		衰减		
		长度		
检测意见 监理工程师签字　　　　　　　　　　　　　　　检测机构负责人签字 (建设单位项目专业技术负责人) 日　期　　　　　　　　　　　　　　　　　　　日　期				

本 章 小 结

综合布线系统的验收与鉴定工作包括验收的依据和原则、验收的项目和内容。

综合布线系统的验收是施工方向用户方移交的正式手续，也是用户对综合布线系统工程的认可。用户要确认工程是否达到了原来的设计目标，质量是否符合要求，综合布线系统直接对将来的网络系统集成项目有着重大的影响。我国也对国家标准《综合布线工程系统设计规范》(GB 50311—2007)及《综合布线工程验收规范》(GB 50311—2007)不断地修订和完善，所以，一定要对综合布线系统的验收与鉴定工作加以重视。

本 章 实 训

1．实训目的

通过本次实训，学生将能够：

● 掌握现场验收的内容和过程。

● 掌握验收文档的内容。

2．实训内容

实训内容有如下两项。

(1) 现场验收。

(2) 文档验收。

3．实训过程

由老师带领监理员、项目经理、布线工程师对工程施工质量进行现场验收，对技术文档进行审核验收。

4．实训步骤

(1) 工作区子系统的验收：

● 线槽走向、布线应美观大方，符合规范。

● 信息插座应按规范进行安装。

● 信息插座安装应做到一样高、平、牢固。

● 信息面板应当固定牢靠。

● 标志应当齐全。

(2) 水平干线子系统的验收：

● 槽安装应符合规范。

● 槽与槽，槽与槽盖应接合良好。

● 托架、吊杆应安装牢靠。

● 水平干线与垂直干线、工作区交接处不应出现裸线，应按规范去做。

- 水平干线槽内的线缆应当固定。
- 接地应当正确。

(3) 垂直干线子系统的验收。

垂直干线子系统的验收除了类似于水平干线子系统的验收内容外，还要检查楼层与楼层之间的洞口是否封闭。

(4) 管理间、设备间子系统的验收：

- 检查机柜安装的位置是否正确、符合规定，型号、外观是否符合要求。
- 跳线制作是否规范，配线面板的接线是否美观整洁。

(5) 线缆的布放：

- 线缆规格、路由是否正确。
- 线缆的标号是否正确。
- 线缆转弯处是否符合规范。
- 竖井的线槽、线固定是否牢靠。
- 是否存在裸线。
- 竖井层与楼层之间是否采取了防火措施。

(6) 架空布线：

- 架设竖杆位置是否正确。
- 吊线规格、垂度、高度是否符合要求。
- 卡挂钩的间隔是否符合要求。

(7) 管道布线：

- 使用的管孔、管孔位置是否合适。
- 线缆规格。
- 线缆走向路由。
- 防护设施。

(8) UTP认证测试报告。

(9) 网络拓扑图。

复习自测题

1. 填空题

(1) _____是于2007年10月1日施行的综合布线系统工程验收国家标准，适用于新建、扩建、改建的建筑及建筑群综合布线系统工程的验收。

(2) 综合布线系统工程的竣工技术资料应包括的内容为_____、_____、_____、_____、_____、_____、_____。

(3) 综合布线工程竣工文件要保证质量，做到_____、_____、_____。

(4) 相关规范规定了综合布线系统工程的验收形式，其中，自检测试由施工单位进行，主要验证布线系统的_____和_____，竣工验收测试则由测试部门根据工程的类别，按布线系统规定的连接方式来完成_____。

2. 简答题

(1) 综合布线系统工程验收的依据是什么？

(2) 综合布线系统工程检验项目及内容是什么？

(3) 对综合布线系统工程验收来说，应从哪几个方面进行验收？

(4) 综合布线系统工程的竣工技术资料有哪些？

(5) 工作区子系统主要验收哪些部分？

(6) 简述竣工验收的步骤、标准。

第8章 综合布线系统的项目管理

综合布线系统工程的项目管理是对综合布线系统施工质量的保证，作为综合布线系统工程的技术人员，必须熟练掌握综合布线系统工程管理的质量规范要求、工程招标与投标的文档编写及操作程序、施工管理、工程监理，以及工程项目的验收和鉴定等项目管理的全过程。

通过本章的学习，学生将能够：
- 进行工程招标、投标文档的编写，并熟悉操作程序。
- 掌握施工管理和工程监理的作用及要点。
- 会按照工程的验收和鉴定程序进行一般综合布线系统工程的验收和鉴定。

本章的核心概念： 工程招投标、施工管理、工程监理、工程验收和鉴定。

8.1 工 程 招 标

工程招标是综合布线系统工程的起步阶段，包括招标文件的编写，招标的方式和程序，以及招标中工程的预算等。

8.1.1 招标方案的编写

在编写招标方案时，要注意相关招标文件的编写要求，确保符合相应的规范。

1. 工程施工招标文件的编制要点

综合布线系统工程招标文件是由用户根据自己本身的需求编制的招标文档。它不仅是投标单位进行投标的根据，也是招标工作实施的关键文件。因此，招标文件编制的质量将直接影响到今后工程施工的质量。在编制综合布线工程施工招标文件时，必须做到完整、系统和规范。

(1) 按照国家《工程建设施工招投标管理办法》的有关规定，工程建设单位应具备如下相应的条件：
- 必须是依法成立的法人单位。
- 有组织编制招标文件的能力。
- 有审查投标单位资质的能力。
- 有与投标工程相应的经济来源。
- 有组织开标、评标和定标的能力。
- 工程投资预算已经得到相关部门批准。
- 可提供满足施工需要的图纸和技术资料。
- 建设资金、主要设备和材料的来源已经落实。
- 已完成所在地规划部门批准的手续和文件。

(2) 招标文件必须符合国家的合同法、经济法、招标投标法等多项有关法规。

(3) 招标文件应准确、详细地反映项目的真实情况，减少签约和履约过程中的争议。

(4) 招标文件涉及投标者须知、合同条件、规范、工程量表等内容，力求统一、规范。

(5) 坚持公正原则，不受部门、行业、地区限制，招标单位不得有亲有疏，特别是对于外部门、外地区的投标单位，应提供方便，不得借故阻碍。

(6) 在编制较大的工程招标技术文件时，往往综合布线系统应作为一个单项子系统分列编制。

2．工程施工招标文件的内容

施工招标文件主要包括：招标邀请函、投标方须知、合同条件、规范、土建工程图纸、工程量、投标书和投标书保证形式、补充资料、合同协议书及其他保证性材料等。

(1) 招标邀请函。

招标邀请函包含以下内容：

- 建设单位招标项目的性质。
- 资金来源。
- 工程概况(综合布线系统的功能要求、信息点及分布情况等)。
- 承包方为完成任务所需提供的服务内容(如施工安装、设备和材料采购劳务等)。
- 发售招标文件的地点、时间和售价。
- 投标书送达地点、时间和截止时间。
- 开标日期、时间和地点。
- 现场勘察和召开项目说明会议的日期、时间和地点。

(2) 投标方须知。

投标方须知是招标文件的重要内容，包括以下几项。

- 资格要求：包含投标者资质等级要求、投标者的施工业绩、设备及材料的相关证明、施工技术人员的相关资料等。
- 投标文件要求：包括投标书及其附件、投标保证金、辅助资料表等。
- 投标有效期：从投标截止日起到中标为止的一段时间，一般为15～25天。
- 投标保证金：招标文件中规定必须提供投标保证金，额度通常为投标总额的2%。

8.1.2 招标方式

工程的招标方式主要有以下3种类型。

(1) 公开招标。

公开招标是招标单位通过在国家指定的报刊、网络或其他媒介上发布招标公告的方式邀请投标单位。这种方式为所有投标单位提供一个平等竞争的平台。

由于投标单位较多，从而有利于选择优良的施工单位，可以控制工程造价和质量，但会增加资格预审和评标的工作量。

(2) 邀请招标。

邀请招标方式属于有限竞争招标。根据工程的规模大小，邀请具有一定施工能力、资信度较高的设计施工单位进行招标，一般要求有3家以上的单位来投标。这种招标可能会有一定的局限性,但会降低评标的工作量。目前,综合布线系统工程的招标往往以邀请招标方式为主。

(3) 议标。

议标也称为非竞争性招标或指定招标,由用户单位邀请 1～2 家比较有能力、有资质、信誉度较高的综合布线系统工程施工单位进行协商谈判,形成意向,签订施工合同。议标方式适用于工程规模较小的项目。

8.1.3　招标程序

工程施工公开招标程序一般有以下 16 个环节。

(1) 建设工程项目报建。

建设工程项目报建主要包括工程名称、建设地点、投资规模、资金来源、结构类型、发包方式、计划竣工日期、工程筹建情况等。

(2) 审查建设单位资质。

对建设工程的建设单位进行相应的资质审核,确保建设工程顺利实施。

(3) 招标申请。

招标单位填写"建设工程施工招标申请表",凡招标单位有上级主管部门的,须经该主管部门批准同意后,连同"工程建设项目报建登记表"报招标管理机构审批。主要包括以下内容:工程名称、建设地点、招标建设规模、结构类型、招标范围、招标方式、要求的施工企业等级、施工前期准备情况、招标机构组织情况等。

(4) 资格预审文件、招标文件编制与送审。

公开招标采用资格预审时,只有资格预审合格的施工单位才可以参加投标,不采用资格预审的公开招标不进行资格预审,即在开标后进行资格审查。

(5) 工程标底价格的编制。

建设工程的标底价格为建设单位自行确定的工程价格,该项价格为建设单位决策层内部掌握的,带有一定的机密性。因此,在招投标前是不得外传的。

(6) 发布招标通告。

由相关招标中心在报刊、电视、网络等媒体发布该项目的招标通告。一般工程规模较小的项目,可以不需要该环节。

(7) 单位资格审查。

由招标管理机构对申请招标单位进行资格审查,审查通过后,以书面形式通知申请单位。一般工程规模较小的项目,可以不需要该环节。

(8) 招标文件发放。

由招标管理机构或工程建设单位将招标文件发给预审通过的投标单位。投标单位对招标文件中有不清楚的问题,应该在收到招标文件 7 日内向招标单位提出,由招标单位以书面形式解答。招标单位如果需要对招标文件进行修改,应该通过招标管理机构的审查,然后以补充文件形式发放。

(9) 实地现场勘察。

有的综合布线系统工程较为复杂,为了确保标书的完整和正确,投标单位尽可能地到施工现场进行勘察,以确定具体的布线方案。现场勘察时间往往招标单位会统一组织实施。

(10) 投标预备会。

投标预备会一般安排在发出招标文件 7～28 日内进行，由参与投标的各单位派员参加，主要是解答现场勘察中所提出的问题等。如果工程规模不是太大，该环节可以不实施。

(11) 投标文件管理。

在投标截止时间前，投标单位必须按时将投标文件送达招标单位的相关管理部门，招标单位应注意检查相关招标文件是否进行了密封，同时，在开标前确保投标文件的完好。

(12) 工程标底价格的报审。

开标前，招标单位必须按照投标有关管理规定，将工程标底价格以书面形式上报招标管理机构或招标单位。如果工程规模不是太大，该环节可以不实施。

(13) 开标。

在招标管理机构或招标单位组织下，所有投标单位代表在指定时间内到达开标现场。并且由招标单位或招标管理机构以公开的形式启封各投标单位的投标文件，然后按照一定顺序报出投标单位的竞标价格。

(14) 评标。

由招标单位或招标管理机构组织的相关评标专家对各单位的投标文件进行评审。评审的主要内容如下：

● 投标单位是否具有相应的招标资质。
● 投标文件是否符合招标文件的规范要求。
● 专家根据原则给各投标单位进行评分。
● 根据评分分值大小排出中标单位的顺序。

作为工程建设单位，应为每位评委印制一份类似于表 8-1 的评标打分表，供评委在评标时使用(其中每项的分值仅供参考)。评标打分表一般分为商务标和技术标两大部分。另外，还要包括工程投标报价部分，这部分内容另外进行评标。

表 8-1　评标打分表(供参考)

投标单位		XXX				总 报 价	XXXX
商务标		项目	得分			备注	
	基本概况 (12 分)	公司注册资金及资质证书	2	1	0	无资质证书，为 0 分，不够资格做工程	
		通过 ISO 9000 认证	2	0	2	—	
		企业等级	2	1	0	一级为 2 分，二级为 1 分，三级以下 0 分	
		企业负债状况	2	1	0	—	
		人员素质	2	1	0	拥有 5 名高级职称人员为 2 分，没有为 0 分	
		工程业绩	2	1	0	—	
	施工管理 (18 分)	施工进度计划	6	3	0	施工进度合理 6 分，施工进度不明确 3 分	
		管理职责分工	6	3	0	管理人员职责明确 6 分，职责不明确 3 分	
		施工队伍	6	3	0	有本单位施工队伍 6 分，委托施工 3 分	
	服务(10 分)	服务响应周期	5	2	0	2 小时响应，半天内到现场 5 分	
		技术培训	5	2	0	施工单位担任全面培训 5 分	

投标单位						总 报 价		XXXX
		XXX						
		项目	得分			备注		
技术标	技术方案 (48 分)	产品选型	5	4	3			
		方案特点	2	1	0			
		方案完整性	5	2	0			
		方案经济性	5	4	3			
		方案安全性	5	4	3			
		方案灵活性	5	2	0			
		方案实用性	7	4	2			
		方案扩展性	7	4	2			
		方案先进性	7	4	2			
	方案叙述 (12 分)	标书条理性	2	1	0			
		口头表达能力	2	1	0			
		标书针对性	2	1	0			
		对提问的反应力	2	1	0			
		对回答问题的满意度	2	1	0			
		产品的配置	2	1	0			

(15) 中标。

由招标单位召开会议,对专家推荐的评标结果进行审议,最后确定中标单位。招标单位以书面形式通知中标单位,并要求中标单位在指定时间内签订工程建设合同。

(16) 签订合同。

工程建设合同由招标单位与中标单位的代表共同签订。合同主要包括以下内容:

● 工程造价。

● 施工日期。

● 竣工验收条件。

● 付款方式。

● 售后服务承诺、技术培训等。

8.1.4 工程方案说明会

如果综合布线系统工程规模较大,招标单位发出工程招标文件并组织投标单位到施工现场勘察后,为了解答投标单位对招标文件及现场勘察的各种疑问,招标单位可以组织方案说明会。在方案说明会上,招标单位技术主管就投标单位提出的问题进行解答。

1. 参加方案说明会的人员及职责

参加方案说明会的人员主要由招标单位、投标单位的代表组成。招标单位主要由工程负责人、技术主管、采购主管和招标管理机构的代表参加。工程负责人是会议的主持人,主要介绍工程项目的总概况和注意事项;技术主管负责说明招标中的技术文档及解答投标单位代表提出的有关技术问题;采购主管通过会议掌握整个工程的运作过程;招标管理机构代表对会议起到监督作用。

投标单位主要由投标负责人和技术人员参加，一般为2～3人。投标负责人负责了解工程的总概况及工程项目中商务部分的要求；技术人员主要对招标文件和现场勘察中的有关技术问题提问，以便进一步了解工程的技术状况。

2．方案说明会需要的文件

招标单位为了开好方案说明会，往往需要准备相应的文件。一般为以下几项。

(1) 会议议程。

(2) 工程项目概述。

(3) 工程项目技术方案。

(4) 参加会议人员的签到表等。

3．方案说明会的程序

召开方案说明会的主要程序如下。

(1) 召开会议前7天，向投标单位和招标管理机构发出会议邀请函。

(2) 召开会议前1天，安排做好参加会议人员的接待工作。

(3) 召开会议前，请参加会议的人员签到并登记相应的信息，以便今后联系。

(4) 招标单位工程负责人主持会议，介绍参加会议的人员并说明工程项目的概况。

(5) 招标单位的技术主管介绍工程项目的技术要点。

(6) 由投标单位就工程项目中的疑点进行提问，招标单位的相关人员进行解答。

(7) 会议结束前，由工程负责人做会议小结。

(8) 欢送参加会议的各单位代表。

8.2 工 程 投 标

投标单位根据得到的招标文件，进行综合布线系统工程的投标工作。其中主要包括工程方案的设计和编写投标文件两方面内容。

8.2.1 工程方案设计

通过用户需求分析，掌握了综合布线系统工程的全面情况后，施工单位可以组织设计人员进行相应工程方案的设计，综合布线系统工程方案设计的主要流程如下。

(1) 综合布线系统的结构设计。

综合布线系统的结构反映了整个综合布线系统各个子系统的分布情况，以及各个子系统之间连接的状况。通过设计，绘制出综合布线系统的结构图，通过综合布线系统结构图得出信息点的分布、工作区与水平子系统的连接、水平子系统与垂直子系统的连接，以及设备间、配线间的连接和建筑群之间的连接等信息。

(2) 综合布线系统产品选型。

综合布线系统产品选型要根据用户单位的系统使用时间需求，选择性价比高的产品。同时，为了保证施工的统一性和高质量，在综合布线系统产品选型中，最好选用同一厂家的产品，确保其相互匹配。

(3) 建筑物综合布线系统的设计。

建筑物综合布线系统设计主要包括工作区、水平子系统、垂直子系统、设备间和管理子系统的设计，设计时，设计人员必须抓住各个子系统的设计要点，结合建设单位的具体使用需求，设计出合理的方案，切记不可生搬硬套。

(4) 管槽系统的设计。

要根据综合布线系统中各个子系统的设计要求，分别进行相应管槽系统的设计。管槽系统设计的关键在于选择安装路由、管槽类型及规格、管槽敷设方式。同时，还要考虑到屏蔽和电气保护等问题。

(5) 建筑群系统的设计。

建筑群子系统的设计主要是确定建筑物之间使用光缆的类型和型号，选择符合实际的布线方案。考虑光缆的敷设方式(明敷或暗敷)，以及屏蔽和电气保护等问题。

(6) 综合布线系统防护工程的设计。

为了提高抗干扰能力和电气保护能力，要严格按照有关设计标准和规范进行设计，设备间和配线间具有良好的接地，解决防火和防雷等问题。

(7) 综合布线系统设备及材料预算。

根据上述各系统的设计情况，必须认真统计整个工程所需的综合布线设备以及材料的型号和数量，从而计算出整个工程的投标报价。这项工作直接关系到投标的成败和工程的效益，需要认真审核，尽量不出现差错。

8.2.2 编写工程投标文件

根据国家计委、建设部 1985 年 6 月颁布的《工程设计招标投标暂行办法》规定，投标方应向招标机构提供相应的投标文件正本和副本，并在上面注明有关字样，评标时以正本为准。投标文件包括如下几项。

(1) 投标函(非企业法人参加时，附委托代理人证明)。

(2) 投标方资质及参与相应工程的证明材料(可以为复印件)。

(3) 投标项目具体方案及有关说明。

(4) 投标设备数量、型号和价格表。

(5) 投标文件中规定提交的其他资料或投标方认为需加以说明的其他内容。

(6) 投标保证金，一般为投标设备、材料金额的 2%，或招标单位统一规定的保证金价格。如为汇票或转账形式时，需要出具银行证明并得到招标机构的认可。

8.2.3 综合布线工程项目投标文件实例

本节以某商务大楼综合布线工程项目为例，说明投标文件的结构和主要内容。

1. 投标文件封面

2. 投标函

3. 投标方资质及参与相应工程的证明材料

(1) 企业简介

(2) 人员与施工能力的说明

(3) 已建设的工程案例介绍

(4) 企业投标证明材料复印件

4．目录

第一部分 项目概况

第二部分 系统方案设计

第三部分 布线系统的安装施工

第四部分 布线系统工程概算

第五部分 项目实施与工程管理

第六部分 系统测试与工程验收

第七部分 质量保证与售后服务

5．第一部分 项目概况

某商务大楼有楼层11层，第1层为办公大厅、电梯、通道和物业管理办公区及机房，第2层至11层为各办公区。电信网络进线间在大楼第一层，并配备中心网络设备，通过室内多模光缆和大对数电缆，接入独立的建筑物配线设备间。

商务大楼各楼层内均设有独立的楼层管理间，可以根据用户的实际需求配备交换设备和配线设备，楼层配线架连接用户水平电缆，数据主干光缆采用相应的模块式铜缆配线架和光纤配线架，语音主干缆线采用110系列配线架。

商务大楼各楼层配线子系统均采用超5类4对非屏蔽双绞线。将来可根据设备连接需求，随时连接任一 UTP 信息点。

在商务大楼综合布线系统线缆上传输的信号种类可为数据信息号、语音信息号、图像视频信号等，各楼层工作区信息点的分布，可根据实际需求进行设计与配置。

大楼第2层至第11层的由各楼层的管理间完成系统配置，经由大楼提供的千兆光纤及大对数电缆接入大楼的信息化系统。

6．第二部分 系统方案设计

(1) 设计原则与标准

为了保证办公大楼的综合布线系统具有长久性和实用性，应遵守以下设计原则：

● 树立长期规划思想，保证在较长时间内的适应性。

● 应将综合布线系统设施和管线建设纳入到建筑建设的相应规划中，水平(配线)布线尽量到位。

● 应根据建筑的性质、功能、环境条件和近、远期用户需求，并按技术可能和经济合理等要求进行设计。

● 必须选用符合技术标准的定型产品。

● 综合布线系统应与大楼办公自动化、通信自动化、楼宇自动化等设施一起考虑，分别实施。

● 应符合国家现行的相关强制性或推荐性标准的规定。

系统设计应该遵循以下一般原则：

● 兼容性原则。

- 开放性原则。
- 灵活性原则。
- 可靠性原则。
- 先进性原则。
- 可扩展性原则。
- 经济性原则。
- 标准化和规范化原则。

设计标准与规范有:

- YD/T926 1-2-1997《大楼通信综合布线系统行业标准》
- JGJ/T 16-92 GA/T 74-94《民用建筑电器设计规范》
- ISO/IEC 1180《建筑物综合布线规范》
- EIA/TIA 568A、568B《商务建筑物通信布线系统标准》
- EIA/TIA 569A《商务建筑物电信通道和空间标准》
- EIA/TIA 570《住宅和小型商用通信布线标准》
- EIA/TIA 606《商务建筑物电信基础设施管理标准》
- EIA/TIA 607《商务建筑物接地和接线规范》
- EIA/TIA TSB-67《商务建筑物电信布线测试标准》
- EIA/TIA TSB-72《集中光纤布线指导原则》
- EIA/TIA TSB-95《新五类布线标准及测试标准》
- GB 50311—2007《综合布线系统工程设计规范》
- GB50312—2007《综合布线系统工程验收规范》

(2) 系统线缆选型

① 双绞线选型

双绞线选用一舟 5 类 4 对的非屏蔽双绞线电缆。质保年限要求 15 年以上,5 类 4 对的非屏蔽双绞线和相应的模块,面板的传输性能应满足项目施工的技术要求。传输性能满足 ANSI/TIA/EIA-568-A 和 CSA T529-95 和 ISO/IEC 1180 所要求的技术规范。

② 光纤类型选用

光纤选用一舟 4 芯室内多模光缆。多模光纤使用普通中心束管轻铠式光缆,主要应用在 850nm 波长区及 1310nm 波长区开通近距离 1Gbps 及其以下系统。

③ 室内大对数电缆

室内大对数电缆选用一舟 50 对室内大对数电缆。该型号电缆符合国际标准 YD/T 1019—2001;ANSI/EIA/TIA-568-B.2—2001;ISO/IEC 11801。大对数电缆适用于副主干主线系统及开放式办公室,其传播性能与 4 对水平电缆相当,能满足项目的设计要求。

(3) 系统结构设计

本综合布线系统主要有 5 个子系统:即工作区子系统、水平子系统、干线子系统、管理子系统、设备间子系统,大楼综合布线系统如图 8-1 所示。

① 工作区子系统设计

工作区由终端转换适配器和信息点面板组成。一个独立的需要设置终端设备的区域可划分为一个工作区。工作区电缆采用超 5 类 4 对非屏蔽双绞线,满足 100Mbps 速率到桌面。

高职高专立体化教材 计算机系列

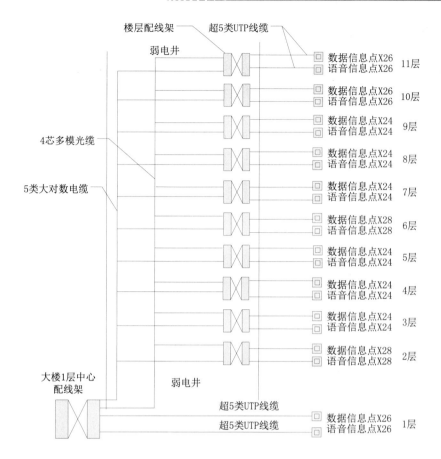

图 8-1　办公大楼综合布线系统

工作区布线由信息插座至终端设备的连接组成，一般是指用户的各办公区域。在信息插座的选择方面，办公室及其他房间采用墙面或地面安装方式，信息插座选用 5e 类信息模块，支持 100Mbps 高速数据传输和支持语音传输。墙面安装插座底盒边距地 300mm，且采用 86 型金属预埋盒或塑料墙面安装盒；地面安装选用多用户型信息插座。

针对客户需求，工作区的 UTP 跳线为软线(Patch Cable)材料，即双绞线的芯线为多股细铜丝，连线采用超 5 类非屏蔽双绞线，RJ-45 跳线，T568B 规格长度为终端设备到插座的距离，两米长。

②　水平子系统的设计

水平布线子系统指从楼层配线间至工作区用户信息插座。由用户信息插座、水平电缆、配线设备等组成。由 UTP 线缆构成。最大水平距离是 90m，指从管理间子系统中的配线架端口至工作区的信息插座的电缆长度。

水平线缆(包含语音和数据系统线路)采用超 5 类 4 对非屏蔽双绞线。它既可以在 100m 范围内保证 100Mbps 的传输速率，又可以做到语音和数据线路随意互换。过道和房间水平线缆沿房顶墙边的塑料线槽敷设。

水平线缆平均距离(米) = (最远点距离+最近点距离)/2×1.1 + 6

所需线缆的数量(箱) = (信息点数量×水平线平均距离)/305 + 1

经过测量，水平线的平均距离约 31 米，线缆用量约 58 箱。

③ 干线子系统的设计

干线子系统的作用，是把各座的设备间主配线架与各楼层分配线架连接起来，干线电缆沿弱电竖井中架设的金属桥架接入大楼数据系统和语音系统。

干线子系统语音主干主要选用 3 类 25 对或 100 对大对数 UTP 电缆，该线缆对语音应用有着良好的支持，并可保证主干容量为总信息点数量 2 倍的冗余要求，满足系统对余量的要求。语音主干的两端端接选用 GCI 110 型配线架。作为语音系统的干线，连接大楼语音系统，支持语音传输。

干线子系统数据主干主要选用多芯多模室内光缆，对应在楼层配线间使用 24 口架装光纤配线架或 48 口架装光纤配线架端接。光纤连接选用多模 SC 耦合器和多模 SC 双芯跳线作为尾纤来熔接光纤。平均损耗为 0.1dB。作为数据传输干线，连接大楼数据系统，支持高速数据传输。其优点是传输损耗小、抗干扰能力强、频带较宽，可适应将来信息技术发展的要求。

干线子系统线缆长度的计算：

各层干线线缆的长度(m) =

(距离设备间层数×层高+弱电井到主配线架的距离+端接容限)×每层根数

端接容限：光纤 10m，双绞线 6m。

经过计算，需要 5 类 50 对室内大对数电缆 328m，4 芯室内光缆 420m。

④ 管理间子系统的设计

管理间子系统设置在楼层弱电间，是水平系统电缆端接的场所，也是主干系统电缆端接的场所；由大楼的楼层分配线架、跳线、转换插座等组成。管理子系统提供了与其他子系统连接的手段，使整个布线系统与其连接的设备和器件构成一个有机的整体。管理子系统中设置配线架，它由交接、互连配线架组成，其作用是为连接其他子系统提供连接手段，交接、互连允许将通信线路定位或重新定位到建筑物的不同部分，以便更容易地管理通信线路。

以第 2 层为例，在弱电间里安装标准的 19in 机柜，配置交换设备和配线设备，用于把各公共系统的不同设备分别互连起来。语音配线架用于垂直干线电缆与由程控交换机引入的电缆相连，选用 110 型配线架，即可满足电话通信的要求；数据信息传输选用光纤配线架与数据主干光缆相连，接入网络交换机和相应的模块式铜缆配线架，连接用户水平电缆。

管理间子系统的三种应用：水平/干线连接；主干线系统互相连接；入楼设备的连接。线路的色标标记管理可在管理间子系统中实现。

⑤ 设备间子系统的设计

由于设备统一放置在一个配线间内，所以该配线间称为设备间。设备子系统由设备间的电缆、连接器和相关的其他支持硬件构成，用于把各公共系统的不同设备分别互连起来。语音主配线架用于垂直干线电缆与主程控交换机引入的电缆相连，选用的 S110 配线架安装在 19in 机柜中，能满足电话通信的要求。计算机信息传输用配线架选用 24 口机柜式配线架安装在 19in 机柜中，为了使设备间内的设备正常运转，室温应保持在 18～27℃，相对湿度保持在 30%～50%之间，通风良好、亮度适宜并配备消防设施。

7. 第三部分 布线系统的安装施工

(1) 配线子系统的安装

配线子系统宜安装于走廊吊顶内，采用电缆桥架敷设，到工作区的线路采用穿钢管，选择最短捷的路径。

安装过程由三个方面完成：管道安装、拉线安装和配件端接。在实施工程安排作业时，根据划分好的小组进行施工，每个小组根据需要，由相应的人员组成。

① 管道安装由具有电信部门二级通信工程安装资格的工程队完成，工艺质量满足国家电信部门有关的施工规范和 EIA/TIA 569 标准。布线桥架的安装，线槽的过渡连接满足国家电工标准中对强电安装的工艺和安全要求。

② 拉线安装，开放式布线系统对拉线施工的技能要求较其他布线高得多，这主要是由传输介质的特点决定的。在开放式布线系统中，采用的传输介质有两种类型，一类为双绞线，另一类为光纤，它们的材料构成和传输特征虽然不同，但在拉线时都要求轻拉轻放，不规范的施工操作有可能导致传输性能降低，甚至损伤线缆。

③ 配件端接的工艺水平将直接影响布线系统的性能，所有的端接操作都将由经过专业培训的工程师完成。

(2) 布线要点

管道或桥架内穿放电缆时，直线管路的管径利用率一般为 50%～60%；弯管路的管径利用率一般为 40%～50%。金属电线管、金属软管、金属桥架及配线架均需整体连接后接地。弯管路的中心夹角不应小于 90°。

电缆穿放中，要避免过紧地缠绕电缆，不要损坏线缆的外皮，不要切断缆内导线。在牵引和捆绑电缆时，应消除线缆中的应力。垂直布放的干缆，必须每隔 1.5m 将电缆固定在梯级电缆桥架上。根据配线间内需要放置网络设备的供电要求，在配备分配线架的配线间内必须配置两个以上 220V 的电源插座，条件允许时，可配备 UPS。

施工人员必须遵照电缆色码做接续，穿线时，每根电缆都必须在两头做出相同的标记，并与施工图吻合。电源线与综合布线管线要尽量减少交叉，两管交叉时应相距 5cm 以上，两管并行时应相距 15cm 以上。配线架的安装位置和所占墙面空间需按设计图纸要求而定。建议在配线架的安装墙面上先固定一块 2cm 厚的涂有防火漆的木板，以便于安装。

光纤布线的传输质量与光纤 ST 连接头的制作质量有直接关系。因此，在光纤布放需弯曲时，不能超过最小弯曲半径：安装时为光纤直径的 20 倍；安装后为光纤直径的 10 倍。敷设光纤的牵引力不能超过最大敷设张力。

① 在施工中，应着重注意下列情况：

● 双绞线外包覆皮起皱或撕裂，这是由于拉力过大和线槽的转角、过渡连接不符合要求造成的。

● 由于拉线时拉力过大，会使双绞线的长度拉长，绞合拉直。这种情况由于双绞线外包覆皮光滑，看不出问题，但用仪表测量时，会发现传输性能达不到要求。

对于上述问题，用于语音和 10Mbps 以下的数据传输时，影响也许不太大，但用于高速数据传输时，则会产生严重的问题。如果是光纤，则会没有光信号通过，这是由于拉线时操作不当，线缆严重弯折，使纤芯断裂造成的。这种情况常见于光纤布线的弯折之处。

② 为了避免施工中出现上述问题，ISO/IEC 11801 标准和 EIA/TIA 569 标准中规定：

● 双绞线(尤其是超 5 类双绞线)拉线时的拉力不能超过 13 磅。

● 光纤的拉力不能超过 5 磅。

③ 为了保证施工的质量，规定：

● 拉线时，每段线的长度不超过 20m，超过部分必须有人接送。

● 在线路转弯处必须有人接送。

● 每个拉线小组需配置 6 人。

8. 第四部分　布线系统的工程概算

(1) 布线设备与材料清单

本综合布线系统所用设备和材料用量清单如表 8-2 所示。

表 8-2　布线设备和材料用量清单

序　号	名　　　称	单　位	数　量	备　注
1	超 5 类模块	个	556	
2	双口面板	个	278	
3	4 芯室内光缆	m	420	
4	5 类 50 对室内大对数电缆	m	328	
5	超 5 类非屏蔽双绞线电缆	箱	58	
6	100 对 110 型配线架	个	21	
7	24 口光缆配线架	个	11	
8	24 口模块式配线架	个	20	
9	ST 耦合器	个	72	
10	ST 多模光纤尾纤	个	72	
11	12U 壁挂式机柜	个	9	
12	42U 机柜	个	2	

(2) 综合布线工程总报价(略)

9. 第五部分　项目实施与工程管理

(1) 产品订货与工程准备

在合同签订的当天或次日，公司即按合同规定的材料型号迅速向原厂商订货。在签订合同的当周内，公司项目经理将根据系统的环境要求，建议对方项目负责人对场地进行适当准备。

(2) 到货与验货

在合同签订的第 4 周，将合同订购的所需施工材料，运至承建方指定的场地，并检验到货材料的货号及数量是否与设备订货清单一致。确保检验到货的材料完好无损，验收结果应该提供一份由参与验收的用户、材料供应商签名的验收清单，并注明日期。一旦完成施工材料的验收，则在验货后，开始进行布线施工。

(3) 项目实施

工程分三个阶段。

第一阶段：设计阶段。完成布线系统的详细施工设计。

第二阶段：工程实施阶段。分穿线、端接、测试三个部分。

第三阶段：系统认证和文档。

(4) 工程管理

工程的全部施工由公司独立完成。

公司组织由经过认证的、有丰富光缆施工建设经验的项目工程师率领的专业施工队进行施工。确保施工进度，确保施工质量。

进行施工的人员一律佩戴胸卡，以标识身份，便于承建方的监督和管理。

充分重视施工过程中的安全工作，并由本公司负责项目的施工安全。

保证不损毁承建方的设备，事后清场，保证文明施工。

遇到任何问题时，要积极、主动地与承建方有关负责人协调、沟通，以确保工程质量和工程进度。

10. 第六部分 系统测试与工程验收

系统测试包括以下几个方面。

- 测试对象：对信息点进行全部测试。
- 测试设备：选用先进的综合布线测试设备。
- 测试参数：以 ISO/IEC 11801 标准为依据，测试双绞线和光纤。

(1) 双绞线测试

阻抗：变化范围在 100 ± 15 欧姆。

衰减：最大衰减值如表 8-3 所示。

表 8-3 双绞线的最大衰减值

频率(MHz)	1.0	4.0	10.0	16.0	20	31.25	62.5	100.0
最大衰减(dB)	2.5	4.8	7.5	9.4	10.5	13.1	18.4	23.2

近端串扰：近端串扰损耗允许值如表 8-4 所示。

表 8-4 近端串扰损耗值

频率(MHz)	1.0	4.0	10.0	16.0	20	31.25	62.5	100.0
近端串扰损耗(dB)	54	45	39	36	35	32	27	24

(2) 光纤测试

衰减：光纤的最大衰减值如表 8-5 所示。

(3) 现场验收

① 工作区子系统的验收：

- 线槽走向、布线是否美观大方，符合规范。
- 信息座是否按规范进行安装。
- 信息座安装是否做到一样高、平、牢固。
- 信息面板是否都固定牢靠。
- 标志是否齐全。

表 8-5　光纤的最大衰减值

布线系统	连接长度(m)	衰减值(dB)	
		850(nm)	1300(nm)
水平子系统	100	2.2	2.2
垂直干线子系统	500	3.9	2.6
建筑群子系统	1500	7.4	3.6

② 水平干线子系统的验收：

● 槽安装是否符合规范。

● 槽与槽、槽与槽盖是否接合良好。

● 托架、吊杆是否安装牢靠。

● 水平干线与垂直干线、工作区交接处是否出现裸线？有没有按规范去做。

● 水平干线槽内的线缆有没有固定。

● 接地是否正确。

③ 垂直干线子系统的验收

垂直干线子系统的验收除了类似于水平干线子系统的验收内容外，要检查楼层与楼层之间的洞口是否封闭，以防火灾出现时，成为一个隐患点。此外还要检查：线缆是否按间隔要求固定了？拐弯线缆是否留有弧度？

④ 管理间、设备间子系统的验收：

● 检查机柜安装的位置是否正确；规定、型号、外观是否符合要求。

● 跳线制作是否规范，配线面板的接线是否美观整洁。

⑤ 线缆布放：

● 线缆规格、路由是否正确。

● 对线缆的标号是否正确。

● 线缆拐弯处是否符合规范。

● 竖井的线槽、线固定是否牢靠。

● 是否存在裸线。

● 竖井层与楼层之间是否采取了防火措施。

⑥ 架空布线：

● 架设竖杆位置是否正确。

● 吊线规格、垂度、高度是否符合要求。

● 卡挂钩的间隔是否符合要求。

⑦ 管道布线：

● 使用管孔、管孔位置是否合适。

● 线缆的规格。

● 线缆走向路由。

● 防护设施。

(4) 验收资料

① Fluke 的 UTP 认证测试报告。

② 网络拓扑图。

③ 综合布线逻辑图。

④ 信息点分布图。

⑤ 机柜布局图。

11. 第七部分 质量保证与售后服务

(1) 方针策略

我公司将负责整个系统的安装、调试及优化等工作；提供全面和及时的培训、维护、咨询服务，并配合用户管理系统的运行和使用；与原设备供应商合作，定期对系统中的关键设备进行预防性检测，以防患于未然，而对一般性设备，也会在一定的周期内进行全面的检测，并对有关设备提出替换或改正意见。

在整个系统运行期内，我们将免费接受用户的电话技术咨询和书函技术咨询，帮助用户解决在应用过程中遇到的各种技术问题。并且根据需要到现场进行技术支持。

(2) 方案措施

① 备件服务

为保证用户系统的故障能及时克服，我公司将会同原设备供应商做好备件服务工作。一方面，我们可为用户购买一些必要的备品备件，另一方面，也是更主要的方面，是建立一整套备件支持体系，为此，我们公司设立零备件应急供应体系，防止由于一些零配件的故障对用户系统造成影响。

② 故障的检测与排除

系统所有故障问题的检测和恢复均由我公司负责，并做现场测试和恢复。在故障问题发生时，我公司将及时派出富有经验的工程师(或工程师小组)，利用有关工具和测试设备，检测问题所在，并及时提出解决方案。

③ 服务响应时间

我公司能够快速响应用户的服务要求，对于非设备性故障或一般性故障以及电话技术咨询，我公司承诺在1小时内给予响应，若用户的确需要，我公司可在2小时内派出专业技术人员到达现场予以解决。

对于设备性故障，一方面在系统设计时，我们尽可能避免了单点故障，另一方面，我们将利用我公司的零备件应急供应体系，及时排除故障，保证不影响系统的正常运行。

(3) 保修期内的服务

① 光纤网络产品的材料质量

工程经产品生产商授权的认证工程公司施工并经检测合格后，产品生产商将对光缆系统材料提供十年质量保证。除人为因素(如机械性损伤等)、鼠害、不可抗力(洪水、地震或战争)外，在光缆材料交付用户后十年内，如出现质量问题，产品生产商将无偿提供有关材料。

② 工程质量

我公司承诺提供一年的工程质量保证，除人为因素(如机械性损伤及不可抗力等)外，在工程完工后一年内，我公司将免费提供工程维修服务。

③ 保修期后的服务

系统中的所有设备，均由我公司保证享有终身维护的服务，但在免费保修期之后，须收取一定的维护成本费。

④　其他服务

我公司将长期为系统硬件和网络的扩充提供参考意见，并配合用户组织和完成相关的扩充任务。

8.3　施　工　管　理

综合布线系统工程不仅仅体现在设备和材料上，工程施工在整个系统中也占有重要的地位。施工管理对整个工程的质量起到一个保障的作用。

8.3.1　施工方案设计

在全面熟悉施工图纸的基础上，依据图纸并根据施工现场情况、技术力量、器材设备情况以及工程设备材料供应的情况，做出合理的施工方案。施工方案的内容主要包括施工组织、施工进度，施工方案要做到组织合理、安排有序、管理有力，充分明确综合布线系统工程与其他工程的交叉配合，确保综合布线系统工程施工过程中不破坏建筑物的强度、外观，不与其他工程发生位置的冲突，保证工程的整体质量。

1．编制原则

坚持统一计划，认真做好综合平衡，切合实际，留有余地，严格按照施工工序进行施工，注意施工的整体性和连续性。

2．编制依据

编制施工方案时，应以原工程合同的要求、施工图、概预算和施工组织计划，施工单位的人力和资金、保证条件等作为主要依据来制定。

3．施工组织机构的编制

计划安排主要采用分工序施工作业法，根据施工情况分阶段、分步骤地进行，合理安排交叉作业，提高工效。

8.3.2　施工组织

为了使综合布线系统工程在保证质量的前提下按期或提前完成，需要对整个工程进行有效的组织和管理，按照 ISO 9000 质量管理体系的标准，建立工程管理机构，确保工程安全、优质高效，最终实现相应的工程施工目标。具体目标如下。

- 施工进度目标：加强协调管理，使得各施工顺序衔接关系密切，施工科学合理，一切按照工程进度计划实施。
- 质量管理目标：遵循 ISO 9000 质量管理体系的标准，加强质量检查管理，严格控制施工过程，确保各子系统均达到优良等级。
- 安全生产目标：成立专业的安全机构，建立完整的安全管理体系。力争确保整个工程期间杜绝伤亡事故。

1．施工前的组织工作

一旦工程设计方案确定后，就要进入工程的施工阶段，只有做好施工前的准备工作，才能保证工程的顺利施工。

施工前的组织工作主要有以下几点：

- 制定综合布线系统工程的施工蓝图，提供给相关的施工人员和监理人员使用。
- 制定综合布线系统工程施工的总进度表，确保工程按期保质保量完工。
- 准备各项施工需要的材料，确保质量和供货日期，包括各类器材、设备和线缆等。
- 及时向建设单位提交开工报告。

2．施工过程中的组织工作

在施工现场遇到不可预见的问题时，要及时向建设单位汇报，并提出相应的解决办法供建设单位研究决定，以免影响工程进度。

施工过程中的组织工作主要有以下几点：

- 对由于建设单位计划不周出现的问题，要及时配合，妥善解决。
- 施工监理人员要认真负责，对有关工段和子项目及时进行检查验收，对出现的问题和情况，协调处理各方意见，确保工程质量。
- 制定综合布线系统工程各子项目的进度表。

3．工程完工后的组织工作

在工程完工时，组织工作主要应包括以下几项：

- 及时清理现场，保持施工现场清洁、美观。
- 对墙洞、竖井等交接处进行必要修补。
- 对各类剩余材料清点登记归库。
- 对各类文档资料进行归档，包括开工报告、综合布线系统工程图和施工过程报告等。

8.3.3　施工进度计划

为了确保综合布线系统工程施工能按期保质保量完工，对于具有一定规模的工程项目，施工单位必须建立施工组织进度计划，用于协调在施工过程中各工种之间的关系，避免在施工过程中发生冲突和延误工期等现象。对于施工进度之间的协调和时间进度的安排，可以采用表 8-6 所示的进度表。

8.3.4　项目管理措施

项目管理包括现场管理、质量保证管理、成本控制管理和安全保障管理等内容，在实施管理时，需要采取相应的管理措施。

1．现场管理措施

为了保证工程优质安全，应该在领导力量配置、施工队伍选择、设备和材料计划等方面采取相应的措施。

表 8-6　综合布线系统工程组织施工进度表

时　间	2010 年 6 月															
项　目	1	3	5	7	9	11	13	15	17	19	21	22	23	25	27	29
1. 合同签订	▬															
2. 设备材料的采购	▬	▬	▬	▬	▬	▬										
3. 主干线槽线管的安装			▬	▬	▬											
4. 水平线槽线管的安装				▬	▬	▬	▬									
5. 机柜、信息插座底盒的安装							▬	▬								
6. 光缆敷设、铜缆敷设								▬	▬	▬	▬					
7. 安装信息插座											▬	▬	▬			
8. 安装配线架及机架											▬	▬	▬			
9. 内部测试及调整														▬		
10. 编制竣工文件														▬	▬	
11. 组织验收																▬

(1) 针对工程项目配备相应的工程负责人和管理员。必须由具有丰富工程管理经验的人员担任工程总负责人，配备具有现场管理经验的人员担任现场施工管理员。

(2) 认真落实施工计划。在制定施工总计划的前提下，安排好施工月度计划、周计划和每日计划，做到任务层层分解，责任到人。

(3) 按照施工进度要求备足所需的物料，确保工期进度。施工人员进入现场时严格执行安全操作规则，确保安全施工。

2．质量保证管理措施

在综合布线系统工程中，除了良好的设计方案外，还需要一支专业的施工管理队伍，才能保证工程质量达到规定的要求。

(1) 为了确保施工质量，在施工中，从项目经理，到技术主管、质检和监理人员都应共同按照施工规范把牢施工质量。

(2) 施工时，严格按照施工图纸和规程要求进行施工，层层把关，人人监督。

(3) 认真落实技术管理制度，每道施工工序必须进行技术、工序和质量的交底，严把质量关。

(4) 建立明确的质量管理体系，全面推行质量管理，认真执行各岗位的质量标准。

(5) 认真做好技术资料和文档工作。对各类图纸资料进行归档，确保工程今后应用和维护的需要。

3．成本控制管理措施

要想在综合布线系统行业立足，关键之一是如何控制工程成本，提高工程的性价比。成本控制贯穿于工程的全过程，对于每个阶段都要认真总结分析，做好各时期的计划，力求把成本降到最低。

(1) 施工前的计划控制。在开工前，项目经理部做好前期准备工作，选定施工方案，制定出详细的项目成本计划，同时组织签订相应的工程材料合同，以便采取各种手段控制成本。

(2) 施工过程的计划控制。根据选定的施工技术方案，严格按照成本计划实施和控制，降低材料成本，节约现场管理费用，确保人、财、物的合理进场。

(3) 工程完工的计划控制。对已经完工的工程要认真总结分析，认真考核前期制定的各项指标，对做得好的方面继续保持，对出现的问题，及时进行分析检查和修正，以便在下一个工程中达到新的成本控制目标。

4．安全保障管理措施

制定出切实可行的、合理的安全制度和安全计划，对整个工程项目起到保障作用。

(1) 建立安全生产岗位责任制。把安全生产贯穿于整个工程中，在安排各项生产任务时，编制安全技术措施，做好各项防护工作。

(2) 设立安全管理员。把安全生产落实到每个施工人员的心中，做到班前班后宣讲安全知识，提高现场施工人员的安全意识。对于安全隐患及时处理，发生事故及时救护。

8.3.5 工程文档的管理

综合布线系统工程中的文档管理是非常重要的，它不仅在现场施工管理中必不可少，也为未来的工程维护、故障处理和工程的扩展节省了大量的时间，减少了不必要的麻烦，带来极大的方便。

综合布线系统的工程文档一般包括以下几项。

(1) 综合布线系统工程文档。主要有综合布线系统工程逻辑图、综合布线系统工程施工图、交换机与配线架接口对照表、配线架与信息插座对照表、设备间中各网络互连设备的连接图和测试报告等。

(2) 综合布线系统工程的结构文档。主要有综合布线系统工程逻辑拓扑结构图、IP 地址分配表、各网段的关联图、设备间中的设备配置图等。

(3) 综合布线系统工程系统文档。主要有服务器文档：包括服务器硬件和软件文档；各类设备文档，包括服务器、工作站、路由器、交换器等设备；用户使用权限对照表和各类应用软件文档。

8.4 工 程 监 理

根据国家和地区建设行政部门制定的有关工程建设和工程监理的法律、法规的规定，在工程施工时，必须执行工程监理，以确保工程的施工质量，控制工程的投资。因此，综合布线系统工程也同样需要工程监理。

8.4.1　工程监理的目的

工程监理的全称为工程建设项目监理，它的定义可以表述为对一个工程建设项目采取全过程、全方位、多层次的方式进行公正、客观、全面的科学监督管理。从一个工程建设项目的策划决策、工程设计、工程施工、竣工验收，到维护服务的整个阶段，对其投资、工期和质量等多方位的事前、事中和事后进行严格控制和科学的管理。

在建设部、国家计委于 1995 年联合颁布的《工程建设监理规定》的文件和有关规定中明确表述，对工程监理的目的是为了确保工程建设的质量，提高工程建设项目的管理水平，充分发挥投资效益，使我国工程建设监理适应国际建设市场要求，建立具有中国特色的工程建设监理制度，促进我国各项工程建设的健康发展。

工程建设监理是一项综合性的监督管理。它的主要任务，是按照行政法规和有关制度进行监督管理，内容既有经济的(如工程概算、预算)，又有技术的(如技术要求和标准)等多方面管理。要求工程建设监理人员依据工程建设行政法规和技术规范，约束所有参加工程建设的单位和人员，减少不必要的盲目性和随意性，避免造成错误和不良后果，保证工程建设项目在整个过程中的活动和行为的科学性与合法性，实现工程建设项目的最佳综合效益。

8.4.2　工程监理的作用

工程建设监理体制的实施，已经成为工程建设领域中的一项制度。实践证明，工程建设监理制度的实施，对于确保工程质量、加快工程建设和减少工程成本以及协调工程建设各方的关系发挥了非常重要的作用，这是对国家和社会单位都有益的，因此，工程建设监理工作必须严格执行。

通过实施工程建设监理，具有以下一些效果和作用。

(1)　充分发挥各方面的潜力，采取切实可行的措施，全面控制工程建设投资成本，在确保工程质量和工程进度的前提下，节省工程建设费用。

(2)　有利于提高基本建设领域中的工作效率，缩短工程建设周期，加快建设进度。

(3)　引入先进的工程建设监理体制，不仅可以提高工程建设的管理水平，也可以尽快与国际接轨，参与国际市场的竞争。

(4)　全面提高工程建设的整体质量，确保工程建设项目正常进行，保质保量完成工程建设。

8.4.3　工程监理的内容

工程监理的主要职责，是依法进行工程项目的监督与管理。要根据国家的有关法规、技术规范和标准，采用法律和行政手段，对工程建设项目实施过程进行重点、全面和精准的监理。因此，工程监理要求具有强制性、执法性、全面性和宏观性，对于监理职能具有服务性、公正性、独立性和科学性等特点，工作方式主要为审批和抽查等。

工程监理工作的主要内容如下。

(1) 协助用户做好需求分析。

监理人员在建设单位工程实施前，要了解和掌握用户相关工程各方面的信息，与建设单位的相关人员共同探讨分析，提出切实可行的工程系统需求。

(2) 协助用户选择施工单位。

为了确保工程质量，工程监理人员可以协助建设单位选择好的施工单位。作为一个好的施工单位，应该具有较强的经济实力和技术实力，丰富的综合布线系统工程的施工经验，良好的信誉和完备的服务体系。

(3) 控制工程进度，严把工程质量关。

工程监理人员可以帮助建设单位掌握工程进度，分阶段对工程验收，对每一环节的质量进行把关，保证工程按期、高质量地完成。

(4) 帮助用户做好各项测试工作。

工程监理人员要严格遵循相关规范和标准，对综合布线系统工程进行布线、相关连接设备等各方面的测试工作。

(5) 组织工程竣工验收。

工程监理人员组织协调工程施工各方人员对工程项目进行全面验收，对规定保修期内的工程质量督促相关责任单位进行确认，并提出竣工验收报告。

8.4.4　工程监理的实施步骤

综合布线系统工程的工程建设监理一般分为三个阶段：施工准备阶段、施工阶段和工程保修阶段的监理。

1．施工准备阶段的监理

工程施工前，监理人员必须明确自己的职责，认真熟悉设计方案和有关文件，到施工现场进行检查和复查相应的施工图纸，做好以下几项监理工作。

(1) 审查开工报告。

(2) 召开第一次施工工地会议。

(3) 审批工程进度计划，审查施工组织设计方案。

(4) 审查施工承包单位的质量保证体系和施工环境及安全保证体系。

(5) 检测进场的设备和材料。

(6) 审查承包单位的资质、保险和担保，签发预付款支付凭证等。

(7) 检查施工现场环境、技术和管理。

(8) 组织建设单位、设计单位、承包单位和监理单位共同进行设计交底工作。

2．施工阶段的监理

(1) 施工的环境检查。

施工的环境检查有如下几项：

● 检查楼层工作区、配线间和设备间的土建工程是否已经全部竣工。

● 检查建筑物内预留地槽、暗管、孔洞的位置、数量、尺寸是否符合实际要求。

● 检查楼层配线间、设备间是否提供了可靠的施工电源和接地装置。

- 检查楼层配线间、设备间的面积、环境、湿度是否符合设计要求和相关规定。

(2) 施工前对施工单位的器材进行确认。

施工前对施工单位的器材进行如下几项确认：

- 对施工设备和器材的规格、质量进行检查，确保符合施工要求。
- 检查线缆的电气指标，在同一批线缆中抽取 2～3 箱，每箱截出大约 100m 进行抽样检查。
- 对光缆进行光纤衰减测试，检查是否满足相应的指标。

(3) 线缆的施工检查。

线缆的施工检查有如下几项：

- 检查电缆桥架、管槽是否安装正确，符合工艺要求。
- 检查线缆的路由、位置是否正确，符合线缆工艺要求。
- 对隐蔽工程进行随工检查，是否符合施工要求。

(4) 线缆的终端连接检查。

线缆的终端连接检查主要检查接线模块、信息插座、光纤插座和各类跳线是否良好，标识是否规范、整齐。

(5) 设备安装的检查。

设备安装的检查有如下几项：

- 检查设备机架和信息插座的规格、外观是否符合设计要求。
- 检查机柜和安装件是否良好，符合工艺要求。
- 检查线缆及器材是否连接良好，接地措施是否可靠。

(6) 工程电气测试检查。

工程电气测试检查有如下几项：

- 系统相关指标的测试检查。
- 线缆及相应器件电气性能的测试检查。
- 系统接地情况的检查。

(7) 工程验收。

工程验收有以下两项内容：

- 相关竣工技术文件的整理和交接。
- 考核工程质量，确保工程成果。

3. 工程保修阶段的监理

在工程保修阶段主要是对竣工验收的监理工作，监理的内容包括竣工验收的范围、依据、验收要求、程序和相应文档的归档等工作。

8.4.5　工程监理的组织结构

工程监理主要是根据国家的有关法律法规、技术规范和标准进行监督和协调，理顺建设单位和施工单位之间的各种关系。

我国现行的建设监理体制的基本框架为"一个体系、两个层次"。

一个体系是指监理单位在组织和法规上形成一个系统，实行社会监理的开放体制和让社会监理工作自成体系，监理既不受委托监理的建设单位随意指挥，也不受施工单位和材料供应单位的干扰。

两个层次是指如下两个方面。

一是政府机构制定监理法规，定期对社会监理单位考核、审批、监督和调查，对监理工程师进行考核和监督；二是工程监理单位由政府监理机构确认、批准并获得证书，向工商管理机构申请注册登记，遵循相应的法律法规，便可以开展业务活动，为建设工程提供优质的服务。

工程监理单位根据相关的原则，成立相应的部门，确定相应的人员，包括领导配置和业务部门配置，如监理部、经营部、后勤部等。工程监理单位可以是全民、集体或个体所有制的。

在综合布线系统工程建设中，根据工程规模大小，组成相应的工程项目监理组。监理组由总监理工程师、监理工程师和监理人员等组成。总监理工程师是监理公司的代表，也是项目监理的总指挥，拥有对所监理项目的决策、组织和指挥权等。

8.5　项　目　鉴　定

综合布线系统工程的验收与鉴定是施工单位向建设单位移交的正式手续，也是用户对工程施工工作的认可。一般采用在现场召开项目鉴定会的方式进行。

8.5.1　项目鉴定会程序

1. 项目鉴定会前的准备工作

项目鉴定会一般聘请具有高级专业技术职称、有较丰富的专业理论知识和实践经验并具有良好的职业道德素养的专家组成鉴定验收组，同时，在项目鉴定会召开前十天左右将全套技术资料和召开项目鉴定会的通知送达参加项目鉴定会的专家，不能在项目鉴定会的现场临时发放资料。如果需要进行现场测试的，项目鉴定组中的测试专家有必要在项目鉴定会召开前完成相应的测试工作，写出测试报告，并经测试专家签字认可。

项目鉴定会的组织者应当做好会议的准备工作，主持鉴定的单位以及鉴定组的正副主任在项目鉴定会前应召开预备会议，听取施工单位关于项目鉴定会准备情况的汇报，并商定会议的具体议程。

2. 项目鉴定会的一般程序

项目鉴定会的一般程序如下。

(1) 主持鉴定单位的负责人宣布项目鉴定会开始，宣读鉴定的批复文件，报告出席项目鉴定会的专家人数，宣布鉴定组人员名单，宣布由鉴定组的主任或副主任主持技术鉴定。

(2) 在鉴定组主任的主持下，施工单位、测试组、用户建设单位等分别做施工总结报告、技术研究报告、测试报告和工程应用情况报告等。

(3) 鉴定组的主任或副主任在鉴定会上宣布鉴定意见。

(4) 有关领导讲话。

(5) 鉴定会结束。

3．项目鉴定会资料整理

在项目鉴定会结束后，施工单位将工程施工、竣工文档资料，验收、鉴定会议上使用的相关资料，以及项目鉴定意见书等，一起交给建设单位的相关部门整理归档。

8.5.2　项目鉴定会准备的材料

在项目鉴定会召开前，施工单位为项目鉴定会议一般准备以下材料。

(1) 工程项目的建设报告。

(2) 工程项目的测试报告。

(3) 工程项目的资料审查报告。

(4) 工程项目的建设单位意见报告。

(5) 工程项目的竣工报告。

施工单位对于所提供的材料必须做到客观、准确、详细、不弄虚作假。

为了证明材料的真实性，所提供的材料必须由项目负责人签名，并盖上施工单位的印章。工程项目的测试报告、工程项目的建设报告和工程项目的竣工报告也必须由施工方、建设方和监理方三方代表共同签名确认。

本 章 小 结

综合布线系统工程的质量必须依靠一个严格的工程项目管理体系来保障。

本章阐述了综合布线系统工程项目管理的各个环节，涉及从工程的招标、工程的投标、工程监理、工程验收，直至工程项目鉴定等一系列的步骤。

工程招标是综合布线系统工程的起步阶段，包括招标文件的编写，招标的方式和程序，以及招标中工程的预算等方面。投标单位根据得到的招标文件，进行综合布线系统工程的投标工作。

作为综合布线系统工程的管理人员和技术人员，应该非常熟悉综合布线系统工程项目管理的各个环节，并且自觉地遵循相关规范标准的实施。

施工管理对整个工程的质量起到一个保证作用。在工程施工时，必须执行工程监理，以确保工程的施工质量，控制工程的投资。

综合布线系统工程的验收与鉴定是施工单位向建设单位移交的正式手续，也是用户对工程施工工作的认可。一般采用在现场召开项目鉴定会的方式进行。

在综合布线系统工程项目管理中，工程文档是必不可少的，它直接作用于工程项目的施工、验收，以及今后的维护，贯穿于整个工程项目的全过程。因此，在工程实施过程中，综合布线系统工程的管理人员和技术人员必须认真做好各阶段的工程文档资料的收集、整理和保管工作。

本 章 实 训

1．实训目的

通过本次实训，学生将能够：

● 熟悉综合布线系统工程招标、投标和评标的基本过程。

● 会编制及理解招标文件和投标文件。

2．实训内容

以一座综合布线系统工程为目标(最好为在建工程)，让学生参与工程招标、投标、施工管理和监理全过程，收集相关资料，撰写实训报告。

3．实训步骤

(1) 参加综合布线系统工程的招标、投标会，熟悉综合布线系统工程招标、投标和评标的基本过程。

(2) 熟悉招标文件和投标文件的基本内容和结构。

(3) 参与综合布线系统工程的项目监理和鉴定工作，了解综合布线系统工程的项目监理和鉴定内容。

复习自测题

1．填空题

(1) _____是综合布线系统工程的起步阶段。

(2) 在编制综合布线工程施工招标文件时，必须做到_____、_____、_____。

(3) 建设工程项目报价主要包括_____、_____、_____、资金来源、结构类型、发包方式、_____和_____。

(4) 评标时，除工程投标报价部分外，评标打分表一般分为_____、_____两大部分。

(5) 工程建设合同由_____与_____的代表共同签订。主要包括的内容为_____、_____、_____、_____和_____。

(6) 工程的招标方式主要有_____、_____和_____三种类型。

(7) 综合布线系统工程的投标工作包括_____和_____两个方面。

(8) 在施工组织中，要实现相应的目标，有_____、_____和_____。

(9) 施工前的准备工作是确保工程质量的前提，主要包括_____、_____、_____和_____。

(10) 项目管理包括_____、_____、_____和_____等内容，在实施管理时，需要采取相应的管理措施。

(11) 综合布线系统工程的工程建设监理一般分为_____、_____和_____

三个阶段。

2. 简答题

(1) 详细论述工程施工招标文件的内容是什么。

(2) 工程施工公开招标程序有几个环节？

(3) 在综合布线工程系统工程方案设计中的设计准备工作主要包括的内容是什么？

(4) 简述综合布线系统工程方案设计的内容。

(5) 工程投标文件包括哪几个部分？

(6) 施工方案设计的编制原则和依据是什么？

(7) 在项目管理中的现场管理措施是什么？

(8) 综合布线系统工程文档一般包括哪些部分？

(9) 什么是工程监理？工程建设监理的作用有哪些？

(10) 简述项目鉴定会的一般程序。

参 考 文 献

[1] 余明辉，贺平，陈海. 综合布线技术与工程[M]. 北京：高等教育出版社，2004.

[2] 于鹏，丁喜纲. 网络综合布线技术[M]. 北京：清华大学出版社，2009.

[3] 刘省贤，李建业. 综合布线技术教程与实训[M]. 北京：北京大学出版社，2006.

[4] 梁裕. 综合布线设计与施工技术[M]. 北京：科学出版社，2005.

[5] 王公儒. 综合布线工程实用技术[M]. 2版. 北京：中国铁道出版社，2015.

[6] 福禄克公司：http://www.fluke.com.cn